Die roten Seiten bringen dich ganz nah an die

- Chemie im Alltag
- Chemie in Projekten
- Chemie in Berufen
- Chemie in Theorien

Und auf den grünen Seiten lernst du wichtige Methoden kennen – angewandt und leicht verständlich.

METHODE

Symbolgleichungen aufstellen
Genau wie für Elemente und Verbindungen gibt es auch für Reaktionsgleichungen eine Kurzschreibweise. Diese Kurzschreibweise bezeichnet man als *Symbolgleichung*.
Das Aufstellen einer Symbolgleichung wird hier am Beispiel der Reaktion zwischen Aluminium und Chlor beschrieben: 025-1

CHEMIE IM ALLTAG

Politik
Früheste Nachweise einer Salzsteuer und der Einführung eines Salzmonopols des Staates stammen aus China (ca. 650 v. Chr.). Dort wurden erstmals Salzbe-

Salzlösungen

Meerwasser schmeckt salzig, weil es Salz enthält. In einem Liter Meerwasser sind ungefähr 40 g Salz gelöst.
Am Mittelmeer wird Salz aus Meerwasser gewonnen: Man leitet das Salzwasser am Ufer in flache Becken und lässt das Wasser verdunsten. Das Salz bleibt in den Becken zurück. Nachdem es gereinigt wurde, kann es verwendet werden. ↑1

Auch als Konservierungsmittel hat Kochsalz eine lange Tradition. Das Salzen von Fisch und Fleisch ist ein altes Verfahren, um Nahrungsmitteln das Wasser zu entziehen. Die Nahrungsmittel werden so haltbarer gemacht. Kochsalz ist auch in der Medizin von großer Bedeutung. Eine 0,9%ige Kochsalzlösung wird für Infusionen eingesetzt. Dies ist wichtig, wenn der Körper viel Flüssigkeit verloren hat.

Ergänzung: Vom Steinsalz zum Kochsalz
Nur etwa 30 % des weltweiten Bedarfs an Kochsalz werden aus Meerwaser gedeckt. 70 % stammen aus Steinsalzbergwerken. Dort wird Steinsalz in riesigen Mengen unterirdisch abgebaut.
Steinsalz ist ein graues Gemisch aus Kochsalz und Gesteinen. Da Kochsalz gut in Wasser löslich ist, kann es aus diesem Gemisch herausgelöst werden. Die entstehende Salzlösung wird als Sole bezeichnet. Wasser hat eine niedrigere Siedetemperatur als Kochsalz. Somit kann das Wasser aus der Sole „abgekocht" werden. Zurück bleibt das „Koch"-salz. Bevor es verwendet werden kann, muss es allerdings noch gereinigt werden.

Kochsalz ist aufgrund seiner Eigenschaften in unserem Alltag ein unverzichtbarer Stoff.

Interessantes

4 Kochsalz mit Zusätzen

Kochsalz ist nicht gleich Kochsalz. Schau doch in eurer Küche auf die Salzpackung! Dort wirst du wahrscheinlich die Bezeichnung Iodsalz finden. Iodsalz besteht zu fast 100 % aus Kochsalz. Allerdings werden geringe Spuren einer iodhaltigen Substanz (Iodat genannt) zugesetzt. Mit der Verwendung von iodhaltigem Salz wird einer Erkrankung der Schilddrüse (Kropfbildung) vorgebeugt.

Aufgaben

1 Nenne Lebensmittel, die durch Einsalzen oder durch Einlegen in Salzwasser haltbar gemacht werden.

2 Nenne die Eigenschaften von Kochsalz, die es möglich machen, Kochsalz aus Steinsalz zu gewinnen.

3 Beschreibe anhand der Abbildungen 5–7 die Entstehung von Salzlagerstätten.

4 Wie verlief die Mumifizierung im alten Ägypten? Recherchiere im Internet oder in Büchern.

5–7 Bildung von Salzlagerstätten

ORIENTIEREN 405

Fachliche Grundlagen und Ergänzungen

Der erste Text enthält die grundlegenden Informationen, mit denen du das neue chemische Thema schnell verstehst.

Der zweite Text führt dich umfassender und tiefer in das Thema ein.

Verschiedene Aufgaben

Die ersten Aufgaben gelingen bestimmt, wenn du die Seite bearbeitet hast.

Die schwarz markierten Aufgaben sind kniffliger.

Hinweise „Orientieren", „Verstehen" und „Vertiefen" zur Einordnung in das Anforderungsniveau

Natur und Technik

Chemie

Interaktiv

Differenzierende Ausgabe
Gesamtschule
Nordrhein-Westfalen

1

Cornelsen

Natur und Technik

Chemie

Interaktiv

Herausgegeben von: Prof. Dr. Claus Bolte; Prof. Dr. Ingo Eilks

Autorinnen und Autoren: Halldis Alxneit, Basel; Nina Bertels, Berlin; Prof. Dr. Claus Bolte, Berlin; Prof. Dr. Ingo Eilks, Bremen; Dr. Stephan Kienast, Werl; Andrea Osswald, Wehr; Carsten Kuck, Rheinfelden; Gabriele Leerhoff, Oldenburg; Dr. Ralf Marks, Bremen; Bettina Most, Dortmund; Dr. Jörg Saborowski, Köln; Dr. Torsten Witteck, Bielefeld

Redaktion: Dr. Ulrich Strunk

Bildrecherche: Susanne Finke

Grafik: Marina Goldberg, Berlin; Karin Mall, Berlin

Umschlaggestaltung: SOFAROBOTNIK, Augsburg und München

Layoutkonzept und technische Umsetzung: Klein & Halm, Berlin

Das Buch setzt die neue EU-Verordnung zur Einstufung und Kennzeichnung von Chemikalien um (Globally Harmonised System of Classification and Labelling of Chemicals, GHS).

www.cornelsen.de/chemie-interaktiv
Unter dieser Adresse befinden sich multimediale Zusatzangebote.
Die Buchkennung ist: CHIA015573.

www.cornelsen.de
Die Internetadressen und -dateien, die in diesem Lehrwerk angegeben sind, wurden vor Drucklegung geprüft. Der Verlag übernimmt keine Gewähr für die Aktualität und den Inhalt dieser Adressen und Dateien oder solcher, die mit ihnen verlinkt sind.

1. Auflage, 1. Druck 2011

Alle Drucke dieser Auflage sind inhaltlich unverändert
und können im Unterricht nebeneinander verwendet werden.

Druck: CS-Druck CornelsenStürtz, Berlin

ISBN 978-3-06-015573-6

Inhalt gedruckt auf säurefreiem Papier aus nachhaltiger Forstwirtschaft.

Inhaltsverzeichnis

Chemie – ein neues Unterrichtsfach 6

Speisen und Getränke untersuchen 14

Inhaltsverzeichnis

Brände und Brandbekämpfung 56

Die Welt der Metalle 88

Gute Luft – schlechte Luft 126

Wasser – mehr als H_2O 152

Anhang

Chemie – ein neues

Unterrichtsfach

STORY 007-1

Chemie – was ist das überhaupt? Was sind eigentlich Chemikalien?
Siehe S. 8 / 9

Wie experimentiere ich richtig?
Siehe S. 10 / 11

Wie funktioniert der Gasbrenner?
Siehe S. 12 / 13

Chemie – was ist das?

Um uns herum findest du viele Dinge: Möbel, Kleidung, Lebensmittel oder Häuser. Diese Dinge – in der Chemie nennen wir sie *Gegenstände* – sind aus ganz unterschiedlichen Materialien hergestellt. Zu den Materialien sagen wir in der Chemie *Stoffe*.
Und die Chemie? Die Chemie beschäftigt sich mit all diesen Stoffen, stellt viele von ihnen her, verändert und untersucht sie.

1 *Der Stuhl – ein Gegenstand aus dem Stoff Holz*

2 *Wasser – auch ein Stoff*

3 *Ein Fahrrad besteht unter anderem aus den Stoffen Eisen und Kunststoff.*

4 *Ausrüstung aus Baumwolle, Mikrofaser, Kunststoff ...*

5 *Wecker aus Metall und Kunststoff*

Morgens vor Beginn der Schule – am „Tag ohne Chemie"

Es ist morgens, halb sieben. Der Wecker klingelt und wieder steht mir ein langer anstrengender Tag in der Schule bevor. Aber irgendetwas ist heute anders. Ach ja, heute ist mal wieder der Tag ohne Chemie. Kein Wunder, dass mein Bett ein wenig stinkt und ziemlich kratzt. Am Tag ohne Chemie gibt es weder Waschmittel noch Weichspüler.

An diesem Tag ohne Chemie bin ich immer ganz hin- und hergerissen. Einerseits kann ich länger schlafen, weil das Waschen schneller geht. Keine Seife, keine Zahnpasta, kein warmes Wasser. Und dann die kratzigen Handtücher, da wasche ich mich immer ganz schnell.

Andererseits gibt es ohne Chemie auch keinen Schulbus, kein Fahrrad und das Auto meiner Eltern ist auch nicht da. Und das heißt für mich laufen. Beim letzten Tag ohne Chemie gab es nicht einmal so richtig etwas zum Frühstück. Das Essen war schlecht geworden, weil am Tag ohne Chemie auch der Kühlschrank nicht geht. Essen wollte ich davon natürlich nichts. Nachher werde ich noch krank. Und das ohne Medikamente ...

Da dachte ich, trinke ich eben nur eine Cola und gehe los. Aber auch die gab es natürlich nicht. Das macht einen alles schon ein wenig nachdenklich. Die Wände und sogar meine Kleidung so ganz ohne Farbe, nicht einmal die Jeans ist blau, keine CDs, kein Computer, kein Handy ...

Morgens, kurz vor sieben. Der Wecker klingelt. Wirklich! Ein Glück, dass dieser komische Traum jetzt vorbei ist. Ein Tag ohne Chemie, gibt es das überhaupt? Das Bett und die Bettwäsche, in denen ich geschlafen habe, das Wasser zum Waschen und alles, was ich gleich zum Frühstück essen werde: Alles besteht doch aus Stoffen und gehört damit zur Chemie. Und wie ist es eigentlich mit mir selbst?

6 *Lebensmittel aus verschiedenen Stoffen: Zucker, Fett, Mehl ...*

Wie experimentiere ich richtig?

Befolge bei Schülerversuchen genau die Anweisungen deines Lehrers oder deiner Lehrerin.
Fange mit den Experimenten erst an, wenn die Lehrkraft dich dazu auffordert.
Beim Experimentieren musst du dich schützen, z. B. mit Schutzbrille und Schutzhandschuhen.
Im Experimentierraum darfst du weder essen noch trinken.

Bei der Verwendung von Stoffen musst du die Gefahrenpiktogramme auf den Gefäßen und in den Versuchsbeschreibungen beachten.
Dein Arbeitsplatz soll ordentlich sein.
Wirf keine Abfälle weg, sondern entsorge sie so, wie es dein Lehrer oder deine Lehrerin vorgibt.
Die Hinweise zum Gasbrenner auf den Seiten 12 und 13 musst du unbedingt beachten.

GHS01	GHS02	GHS03	GHS04	GHS05	GHS06	GHS07	GHS08	GHS09
explosionsgefährlich	leicht entzündlich	brandfördernd (oxidierend)	Gase unter Druck	ätzend	giftig	gesundheitsschädlich	gesundheitsgefährdend	umweltgefährdend

Im Experimentierraum darfst du weder essen noch trinken!

Vor dem Experimentieren die Versuchsanleitung genau lesen oder besprechen!
Die Gefahren-Codes, z. B. (GHS05), und die Sicherheitsratschläge beachten!
Den Versuchsaufbau immer vom Lehrer bzw. von der Lehrerin kontrollieren lassen!

Trage beim Experimentieren immer eine Schutzbrille!

Vorsicht beim Umgang mit dem Brenner!
Wenn du lange Haare hast, müssen sie zusammengebunden werden.
Halte den Brenner nur so lange in Betrieb, wie er benötigt wird!

Wenn du eine kleine Flüssigkeitsmenge im Reagenzglas erhitzt, halte das Glas schräg und nur kurz über die Flamme! Schüttle den Inhalt vorsichtig hin und her! Die Glasöffnung nie auf Personen richten!
Fülle Reagenzgläser nur bis zu einem Drittel.

Willst du eine Geruchsprobe durchführen? Dann fächle dir die aufsteigenden Dämpfe vorsichtig mit der Hand zu. Halte niemals deine Nase direkt über das Gefäß!

Arbeite immer nur mit kleinen Mengen!
Gieße gebrauchte Stoffe nie in die Gefäße zurück!
Fasse Chemikalien nicht mit den Fingern an; benutze dafür immer einen sauberen Spatel oder Löffel!
Probiere nie den Geschmack von Chemikalien!

Entsorge nach dem Experimentieren Chemikalien und Reaktionsprodukte nur in die vom Lehrer oder von der Lehrerin dafür vorgesehenen Behälter.
Entferne verspritzte oder verstreute Chemikalien niemals selbst.
Melde jede Panne sofort.

Der Gasbrenner

**Der Gasbrenner ist eines der wichtigsten Geräte im Chemieunterricht.
Hier kannst du den Umgang mit ihm lernen. Vielleicht erhältst du dann zum Schluss auch deinen persönlichen Brennerführerschein.**

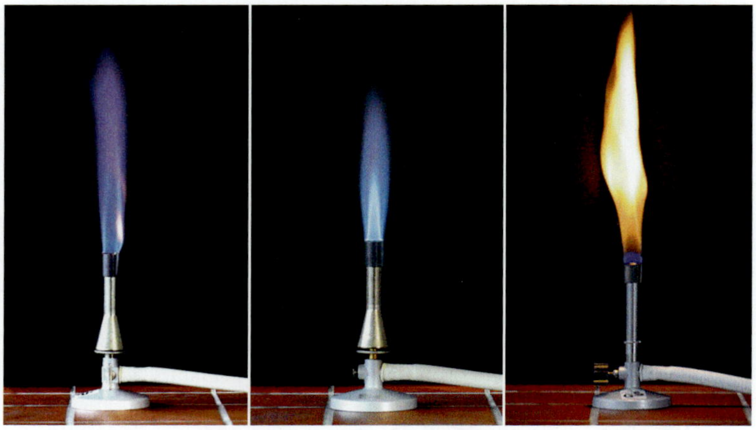

1–3 *Gasbrenner können unterschiedlich aussehen, sie funktionieren aber immer nach dem gleichen Prinzip.*

Beobachten Untersuchen **Experimentieren**

1 Die Brennerflamme entzünden und löschen

a Zu Beginn der Arbeit mit dem Brenner müssen die Gasregulierung und die Luftregulierung am Brenner geschlossen sein. Überprüfe es!

b Um die Brennerflamme zu entzünden, musst du zuerst den gelben Gashahn am Tisch öffnen. Erst danach drehst du die Gasregulierung am Brenner auf. Entzünde sofort das ausströmende Gas seitlich an der Brennermündung.

c Um die Brennerflamme zu löschen, drehst du zuerst die Gasregulierung und die Luftregulierung am Brenner zu. Erst danach schließt du den gelben Gashahn am Tisch. Lass anschließend den Brenner abkühlen.

2 Unterschiedlich heiße Flammen

a Entzünde die Brennerflamme so, wie du es in Versuch 1 gelernt hast.

b Mit der Gasregulierung am Brenner stellst du nun die Höhe der rötlich gelben Flamme auf ca. 10 cm ein. Diese Flamme rußt stark und leuchtet. ↑1

c Öffne jetzt vorsichtig die Luftregulierung, bis die Flamme bläulich leuchtet. Diese Flamme rußt nicht. ↑2

d Öffne die Luftregulierung weiter, bis sich ein hellblauer Innenkegel bildet und die Flamme zu rauschen beginnt. ↑3

e Halte ein Magnesiastäbchen in die verschiedenen Flammen der Versuchsteile b–d. ↑4
Welche Flamme ist an welcher Stelle besonders heiß?

3 Den Ruß sichtbar machen

a Stelle eine leuchtende Flamme wie in Bild 3 ein. Halte ein Reagenzglas über diese Flamme, sodass sich der Ruß unten auf dem Reagenzglas absetzt und sammelt.

b Stelle dann eine rauschende Flamme wie in Bild 2 ein. Halte wieder ein Reagenzglas in die Flamme. Welchen Unterschied stellst du fest?

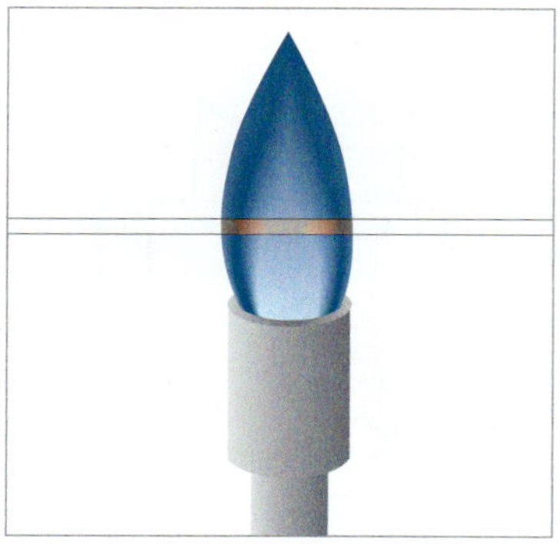

4 *Magnesiastäbchen in der rauschenden Brennerflamme*

Wie der Gasbrenner funktioniert

An der oberen Öffnung des Brenners wird ein brennbares Gas verbrannt. Meistens handelt es sich um Erdgas. Mit der *Gasregulierung* kann man einstellen, wie viel Gas in den Brenner strömt. ↑5
Eine kräftige Flamme erhält man aber nur, wenn auch genug Luft in den Brenner strömt. Mit der *Luftregulierung* kann man den Spalt für die Luftzufuhr weiter öffnen.
Innen im Brennerrohr vermischen sich das Gas und die Luft. An der Brennermündung brennt dann dieses Gemisch.

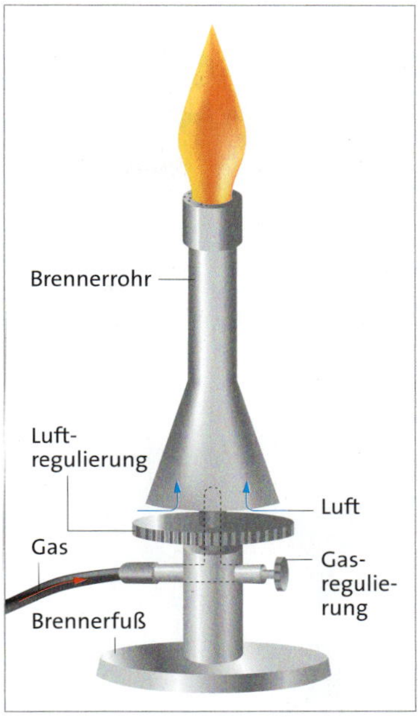

5 *Aufbau des Gasbrenners*

Ergänzung: Unterschiedlich heiße Flammen
Je nachdem, wie groß die Luftzufuhr ist, sind drei verschiedene Flammen möglich:

- **Leuchtende Flamme:** Diese Flamme erhält man, wenn die Luftzufuhr sehr gering ist. Die Temperatur der Flamme beträgt höchstens 1000 °C. Außerdem stellt man fest, dass die Flamme stark rußt. ↑6
- **Nicht-leuchtende Flamme:** Um eine solche Flamme zu erhalten, muss man die Luftregulierung etwas weiter aufdrehen. Die Temperatur dieser Flamme beträgt stellenweise über 1000 °C; sie rußt kaum noch. ↑7
- **Rauschende Flamme:** Diese Flamme bildet sich nur, wenn die Luftzufuhr sehr groß ist. Rauschende Flammen sind besonders heiß, vor allem an der Spitze des hellblauen Innenkegels. Dort sind über 1500 °C möglich. Rauschende Flammen rußen nicht. ↑8

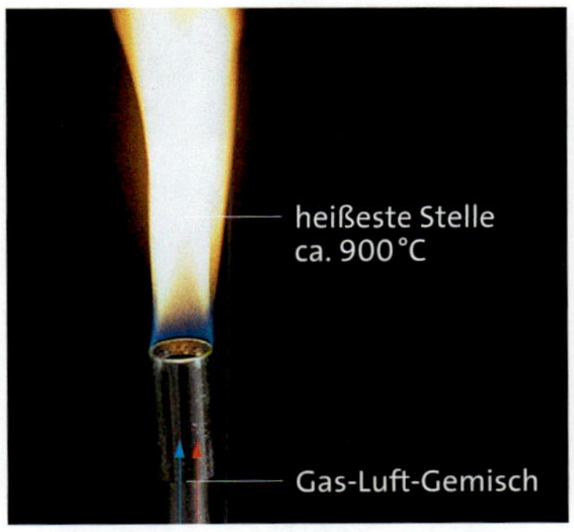

6 *Leuchtende Flamme*

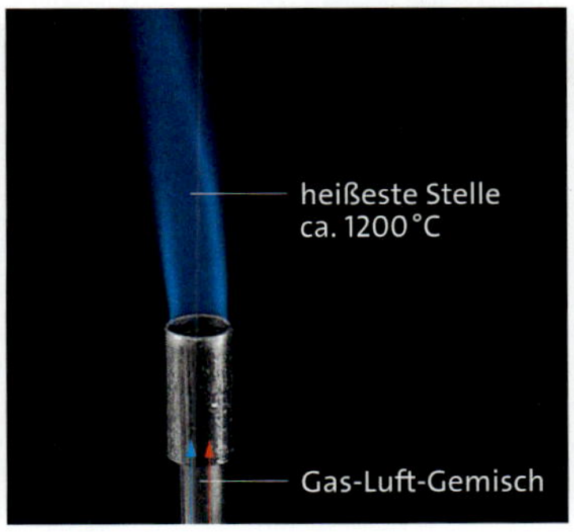

7 *Nicht-leuchtende Flamme*

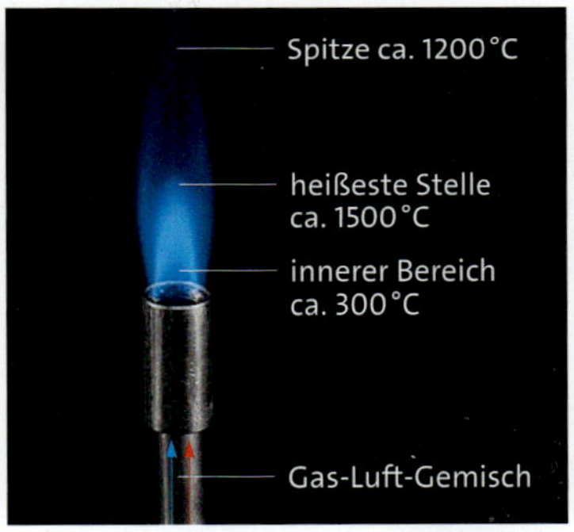

8 *Rauschende Flamme*

Vorsicht beim Arbeiten mit dem Gasbrenner!

1. Besonders die heißen Flammen kann man leicht übersehen und sich daran verbrennen. Daher solltest du eine leuchtende Flamme einstellen oder den Brenner ganz ausstellen, wenn du gerade keine heiße Flamme brauchst.
2. Es darf kein unverbranntes Gas aus dem Brenner entweichen. Es kann mit Luft explosive Gemische bilden.
3. Wenn zu wenig Gas oder zu viel Luft in den Brenner strömt, kann die Flamme „zurückschlagen". Sie brennt dann innen im Brennerrohr. Man muss dann sofort die Gaszufuhr abstellen, damit sich niemand am heißen Brenner verbrennt.

Aufgaben

1 Die Flamme eines Brenners darf man nicht wie eine Kerzenflamme ausblasen. Erkläre.

2 Angenommen, du stellst Gasgeruch im Raum fest. Was musst du tun?

Speisen und Getränke

Wie mischt und trennt man Stoffe?
Siehe S. 26–33

Welche Möglichkeiten gibt es, um Lebensmittel zu untersuchen?
Siehe S. 34/35

untersuchen

STORY 015-1

Was sind chemische Stoffe? Wie kann man sie ordnen, unterscheiden und beschreiben?
Siehe S. 16 – 25

Viele verschiedene Stoffe in der Limonade?

Larah: „Schau mal, wie viele Stoffe in meiner Limo sind."

Caren: „Woher weiß man eigentlich, welche Stoffe darin sind? Und wieso sind auf dem Etikett die Stoffe in bestimmte Spalten eingeteilt?"

Larah: „Na ja, dass Zucker darin ist, das schmeckt man ja. Aber, was ich nicht verstehe, ist, dass die Limonade einen Bodensatz hat."

Jennifer: „Vielleicht könnte man den Bodensatz von der Limonade abtrennen und untersuchen."

Maria: „Ich trinke lieber Wasser, das ist gesünder. Das hat keinen Bodensatz. Außerdem muss ich dann weniger tragen. Denn mein halber Liter Wasser ist leichter als dein halber Liter Limonade!"

Larah: „Was ist los? So einen Quatsch habe ich noch nie gehört. Das verstehe ich nicht."

Maria: „Denk doch mal nach! Bei dir sind doch noch zusätzlich die gelösten Stoffe enthalten und die fallen halt auch ins Gewicht!"

Was ist eigentlich das „Gewicht" eines Stoffs? Dazu muss man die Dichte des Stoffs kennen.
Siehe S. 38 / 39

Wie erklärt man sich das Auflösen, Schmelzen, Verdampfen usw.?
Siehe S. 40 – 51

Die Welt der Stoffe

Die ganze Welt besteht aus vielen unterschiedlichen Stoffen. Die meisten dieser Stoffe kann man sehen.

1 *Viele verschiedene Stoffe: Kaffee, Butter, Porzellan, Holz ...*

Beobachten Untersuchen Experimentieren

1 Völlig schwerelos?
Wiege einen leeren Luftballon. Lasse deine Lehrerin oder deinen Lehrer dann den Ballon mit dem Gas aus einem Sodasprudler füllen. Wiege anschließend erneut den Ballon.
Führe das Experiment auch mit dem Gas aus einem Campingbrenner und mit dem Gas aus einem Sahnebereiter durch. Vergleiche die Ergebnisse.

2 Ein schweres Gas?
Fülle Gas aus einem Sodasprudler in einen Standzylinder. Tauche einen brennenden Holzspan langsam in den Standzylinder.
Halte anschließend den Standzylinder schräg über einen zweiten Standzylinder, so als würdest du eine Flüssigkeit umfüllen. Tauche nun einen brennenden Holzspan in beide Standzylinder.

Überall Stoffe

Im Alltag begegnen uns viele unterschiedliche Stoffe. Wenn wir uns einen Frühstückstisch anschauen, finden wir verschiedene Stoffe, die wir sehen und anfassen können. Manche davon sind flüssig, z. B. der Kaffee. Andere dagegen sind fest, z. B. die Cornflakes.

Daneben gibt es Stoffe, die wir nicht sehen können:
- Der Frühstückskaffee duftet. In der Luft befinden sich also Duftstoffe, die wir nicht sehen können, weil sie gasförmig sind.
- Kocht man Teewasser, so sollte man seine Hand nicht über die Öffnung des Wasserkochers halten. Man kann sich am Wasserdampf verbrennen, auch wenn man ihn nicht sieht.
- Auch die Luft ist ein Stoff. Wir können sie weder sehen noch riechen. Schlägt man jedoch z. B. schnell eine Tür zu, kann man die Luft fühlen.

Zusammenfassend kann man sagen: Alles, was wir anfassen oder in ein Gefäß füllen können, gilt in der Chemie als Stoff. Für flüssige Stoffe kann man zum Abfüllen eine Flasche oder ein Glas benutzen. Für gasförmige Stoffe nimmt man z. B. einen Ballon.
Wenn man etwas weder anfassen noch abfüllen kann, so bezeichnen wir es nicht als Stoff. Licht und Wärme z. B. sind keine Stoffe.

Ein Stoff ist alles, was wir anfassen oder in einem Gefäß aufbewahren können. Es gibt feste, flüssige und gasförmige Stoffe.

2 *Luftballons mit dem Gas Helium*

Ergänzung: Stoffe und Gegenstände

Eine wichtige Unterscheidung machen wir zwischen Stoffen und Gegenständen. Gegenstände werden manchmal auch als Körper oder Objekte bezeichnet.

Gegenstände erkennt man an ihrer Form. Um den Frühstückstisch herum stehen z. B. Stühle. Ein Stuhl hat meistens vier Beine, eine Sitzfläche und eine Rückenlehne. Er kann aber aus ganz verschiedenen Stoffen bestehen: Es gibt Stühle aus Holz, aus Metall oder aus Plastik.

Aus einem Stoff lassen sich unterschiedliche Gegenstände herstellen. Aus Holz kann man z. B. den Tisch, die Stühle oder ein Schneidebrettchen machen.

Eine Unterscheidung zwischen Stoff und Gegenstand ist nur bei festen Stoffen sinnvoll. Gegenstände bestehen immer aus festen Stoffen, da flüssige und gasförmige Stoffe keine feste Form haben.

3 *Becher aus verschiedenen Stoffen*

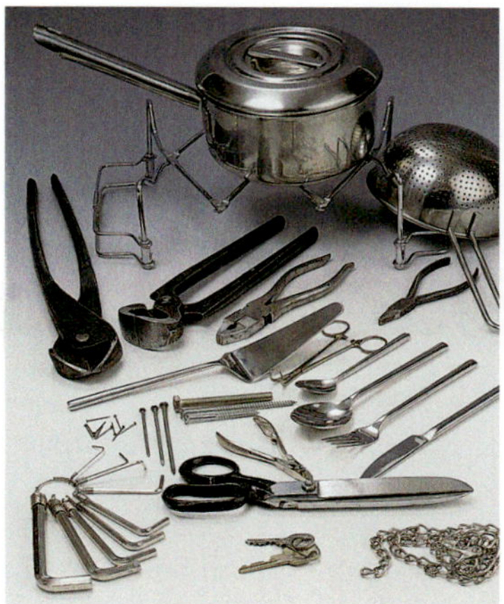

4 *Diese Gegenstände bestehen alle aus …?*

5 *Jedes Sandkorn – ein Gegenstand!*

Aufgaben

1 Wobei handelt es sich um Stoffe: Kakao, Kerzenwachs, Leberwurst, Marmelade, Magenknurren, Sonnenschein, Salz, Wasser, Müdigkeit? Notiere drei weitere Beispiele für Stoffe. Fallen dir auch drei Beispiele ein, die keine Stoffe sind?

2 Was sind Stoffe? Was sind Gegenstände? Übertrage die Begriffe aus dem Bild unten in dein Heft und unterstreiche die Stoffe einmal und die Gegenstände zweimal. Was weder Stoff noch Gegenstand ist, wird nicht unterstrichen. ↑6

3 Suche dir einen Stoff aus, aus dem man unterschiedliche Gegenstände machen kann. Nenne drei Gegenstände, die aus diesem Stoff hergestellt werden.
Nenne drei Gegenstände, die aus verschiedenen Stoffen hergestellt werden. Welches sind jeweils die Stoffe?

4 Notiere zehn Gegenstände, die du heute vor der Schule benutzt hast. Aus welchen Stoffen sind diese Gegenstände hergestellt worden?

Tomaten Messer
Autoreifen Luft Fahrradfahren
Mineralwasser
Telefongespräch elektrischer Strom
Zahnpasta Öl Erdgas Schokolade
Blumentopf
Chemieunterricht Butter Zucker Fahrradklingel
Baum Sonnenstrahlen Leder

6 *Stoffe, Gegenstände – oder?*

Wir erkennen Stoffe an ihren Eigenschaften

Die drei Stoffe auf dem Bild sind Puderzucker, Mehl und Backpulver. Sie alle sind weiß, fest und pulverförmig. Wie könnte man herausfinden, welches Pulver welcher Stoff ist?

1 *Trotz gleichen Aussehens: Es sind drei verschiedene Stoffe.*

Beobachten Untersuchen Experimentieren

1 Das Sehen
Du bekommst verschiedene Bilder gezeigt. Auf den Bildern ist jeweils ein Gegenstand aus verschiedenen Stoffen zu erkennen. Du findest z. B. Bilder mit Gegenständen aus Holz, Eisen, Kunststoff oder Aluminium. Beschreibe jeweils das Aussehen.

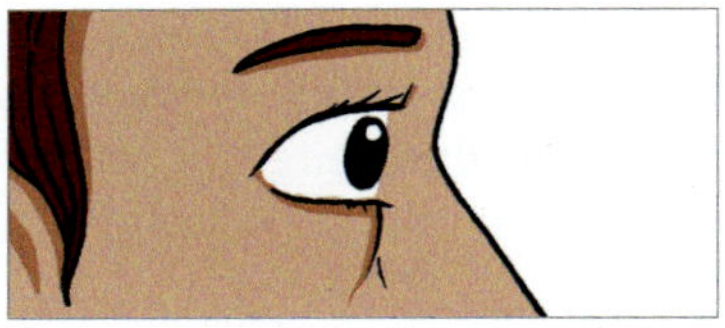

2

2 Das Riechen
In verschlossenen Gefäßen findest du verschiedene Stoffe, darunter sind Minze, Rosmarin, ein Duschgel und Honig. Rieche mit geschlossenen Augen an den verschiedenen Stoffen. Beschreibe jeweils den Geruch.

3

3 Das Schmecken
In verschiedenen Flaschen findest du Salzwasser, Zuckerwasser, Essiglösung und Zitronenlimonade.
Probiere jeweils einen Teelöffel der verschiedenen Flüssigkeiten mit verbundenen Augen. Beschreibe den jeweiligen Geschmack.

4

4 Der Tastsinn
In einem verschlossenen Stoffsack findest du verschiedene Gegenstände. Diese bestehen aus unterschiedlichen Stoffen. Dabei sind Holz, Eisen, Gummi oder Stein. Greife in den Sack und finde heraus, um welche Gegenstände es sich handelt und aus welchen Stoffen diese bestehen. Beschreibe jeweils das Gefühl.

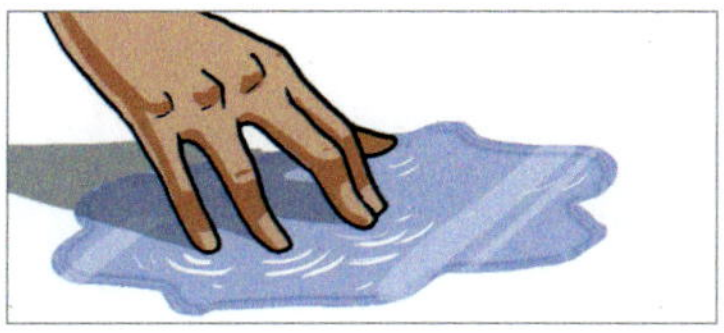

5

5 Das Hören
Verbinde dir die Augen. In einem Stoffsack findest du verschiedene Gegenstände. Darunter sind Gegenstände aus Eisen, Holz, Kupfer oder Plastik. Bitte einen Mitschüler, mit einem Bleistift auf die Gegenstände aus den verschiedenen Stoffen zu klopfen. Beschreibe jeweils das Geräusch.

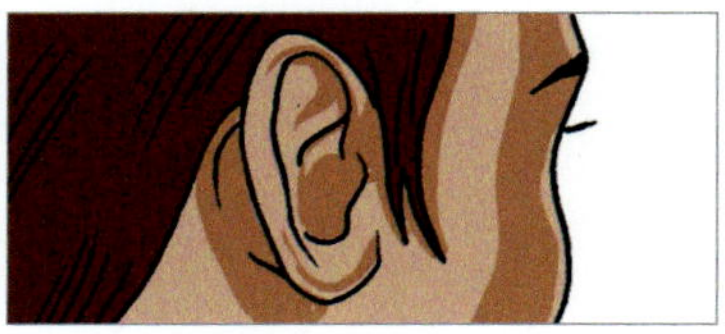

6

Stoffe haben unterschiedliche Eigenschaften

Will man einen Kuchen backen, so benötigt man verschiedene Stoffe, z. B. Mehl, Zucker, Butter, Backpulver, Milch oder Schokolade. Jeder Stoff hat ganz bestimmte Eigenschaften.
Einige Eigenschaften erkennt man auf Anhieb. So können wir leicht feststellen, dass Schokolade bei Zimmertemperatur fest und Milch flüssig ist. Auch die Farbe der Stoffe, ihren Geruch und ihren Geschmack können wir einfach feststellen. Wir können fühlen, dass Butter weicher ist als z. B. eine Messerklinge.
Es gibt aber auch Eigenschaften, die wir nur mit Hilfsmitteln feststellen können. Man braucht z. B. ein Thermometer, um herauszufinden, bei welcher Temperatur Schokolade schmilzt.

Jeder Stoff kann anhand seiner Eigenschaften beschrieben und von anderen Stoffen unterschieden werden.

Achtung: Im Chemieunterricht dürft ihr Stoffe nur dann probieren, wenn die Chemielehrerin oder der Chemielehrer dies ausdrücklich erlaubt hat und die Stoffe nicht in Laborgeräten aufbewahrt wurden!

Ergänzung: Mit den Sinnesorganen Stoffe erkennen

Im Alltag sind unsere Sinne für das Erkennen von Stoffen besonders wichtig:

- Sieht ein Apfel rot und glänzend aus, so beißen wir gerne hinein.
- Fühlt sich der Apfel an einer Stelle matschig an, schneiden wir die Stelle heraus.
- Hören wir, wie jemand knusprige Chips isst, bekommen wir sofort Appetit.

Besonders wichtig sind Geruch und Geschmack von Lebensmitteln. Wenn wir unsicher sind, ob die Milch im Kühlschrank noch genießbar ist, riechen wir zunächst daran. Bei einem säuerlichen Geruch würde man die Milch besser nicht mehr trinken. Vielleicht bemerkt man aber auch beim ersten Schluck einen abscheulichen, sauren Geschmack. Dann würde man die Milch sofort wieder ausspucken.
Unsere Sinne bewahren uns also davor, verdorbene Lebensmittel zu uns zu nehmen, die uns schaden würden.

glatt fest flüssig
dickflüssig
geruchlos
klar rau
weich
hart
dünnflüssig
scharf
süß
goldig
bräunlich
rötlich
fruchtig gelblich
bitter
löst sich in Wasser weißlich
magnetisch
salzig
glänzend
dehnbar
sauer
silbrig brennbar

7 *Verschiedene Stoffeigenschaften*

8 *Becher aus Glas, Porzellan, Stahl ...*

Aufgaben

1 Führe Versuche zu den fünf Sinnesorganen durch. Versuche, die Stoffe jeweils zu erkennen, und beschreibe, wie du die Stoffe erkannt hast.

2 Welche der Eigenschaften in Bild 7 kannst du ohne Hilfsmittel erkennen? ↑7

3 Erstelle eine Tabelle mit den Stoffen, die in Bild 8 zu sehen sind. Ordne jedem der Stoffe möglichst viele Stoffeigenschaften richtig zu. ↑7, 8

4 Wie könntest du die drei Stoffe von Bild 1 unterscheiden? Plane einen Versuch. ↑1

Was bin ich?

Viele Menschen beschäftigen sich beruflich mit Lebensmitteln. Einige davon stellen wir hier vor. Könnt ihr erraten, welchen Beruf sie ausüben? Macht doch mit der Klasse einen Wettbewerb daraus. Die Gruppe, die mit den wenigsten Hinweisen auskommt, gewinnt.

Hinweis Nr. 1
Lindas Ausbildung hat 3 Jahre gedauert.

Hinweis Nr. 2
Ein Messer ist ihr wichtigstes Werkzeug.

Hinweis Nr. 3
Waschen, Schneiden und Abwiegen sind für sie alltägliche Tätigkeiten.

Hinweis Nr. 4
Sie muss verschiedene Zutaten einkaufen und diese richtig lagern.

Hinweis Nr. 5
In ihrem Beruf arbeitet man hauptsächlich in den Küchen von Restaurants, Hotels, Kantinen, Krankenhäusern, Pflegeheimen und Catering-Firmen.

Hinweis Nr. 6
Sie bereitet unterschiedliche Gerichte zu und richtet diese an.

1 *Linda*

Hinweis Nr. 1
Im ersten Lehrjahr hat Dennis ca. 350 € verdient, im 3. Lehrjahr waren es schon 550 €.

Hinweis Nr. 2
Er muss manchmal auch samstags arbeiten. Dafür hat er dann an einem anderen Wochentag frei.

Hinweis Nr. 3
Typische Arbeitsgeräte sind Waagen, Messbecher, Schneebesen, Siebe, Spritzbeutel und Rollhölzer.

Hinweis Nr. 4
Er muss verschiedene Zutaten abwiegen, z. B. Mehl, Milch, Eier, Hefe, Gewürze und Zucker.

Hinweis Nr. 5
Dennis fängt schon an zu arbeiten, wenn andere noch schlafen. Häufig geht es in seinem Betrieb bereits um 02.00 Uhr los.

Hinweis Nr. 6
Er muss immer aufpassen, sich nicht an einem heißen Ofen oder Blech zu verbrennen.

Hinweis Nr. 7
Unter anderem stellt er Brötchen, Brote und Kuchen her.

2 *Dennis*

Hinweis Nr. 1
Im ersten Jahr ihrer Ausbildung hat Sandy unter anderem gelernt, wie Waren verpackt, gekennzeichnet und für den Transport vorbereitet werden.

Hinweis Nr. 2
Die wichtigsten Arbeitsgeräte von Sandy sind Messer.

Hinweis Nr. 3
Sandy muss Lebensmittel zerkleinern, in Marinaden einlegen oder die Lebensmittel nach anderen schmackhaften Rezepten zubereiten.

Hinweis Nr. 4
Um Lebensmittel haltbar zu machen, kann sie Lebensmittel pökeln, räuchern oder kochen.

Hinweis Nr. 5
In Sandys Beruf muss man auch bereit sein, ein Tier zu schlachten.

Hinweis Nr. 6
Sandy stellt Fleisch- und Wurstwaren sowie andere Feinkosterzeugnisse her.

3 *Sandy*

Hinweis Nr. 1
Manchmal fertigt Sebastians Betrieb Spezialitäten auf Bestellung an.

Hinweis Nr. 2
In Sebastians Beruf muss man geschickt und kreativ sein.

Hinweis Nr. 3
In Sebastians Beruf muss man manchmal auch seine Produkte in Verkaufsräumen anbieten.

Hinweis Nr. 4
Typische Arbeitsgeräte sind Dosier-, Rühr- und Knetmaschinen, Gebäckformmaschinen, Temperiergeräte sowie Überzug- und Gießmaschinen.

Hinweis Nr. 5
Kollegen von Sebastian arbeiten unter anderem in Confiserien und Feinbäckereien sowie Bäckereien und Backhäusern mit Feinbackwarensortiment.

Hinweis Nr. 6
Sebastian stellt Torten und Pralinen her.

Hinweis Nr. 7
Unter anderem stellt er Brötchen, Brote und Kuchen her.

4 *Sebastian*

Aufgabe

1 Es gibt noch viele andere Berufe, bei denen Lebensmittel eine wichtige Rolle spielen. Diese Berufe sind aber oft weniger bekannt. Informiere dich bei www.berufenet.de über die Berufe „Brenner/-in“, „Fachkraft Süßwarentechnik“ und „Ingenieur/-in Lebensmitteltechnologie“.
- Welchen Schulabschluss benötigt man für die jeweiligen Berufe?
- Welche Tätigkeiten führt man in den Berufen hauptsächlich aus?
- Wie viel Geld verdient man in den Berufen?

Lernen an Stationen

Beim Lernen an Stationen arbeitet ihr selbstständig an verschiedenen Stationen im Chemieraum. An jeder Station befinden sich Arbeitsanweisungen, Geräte und Stoffe.
Eure Lehrerin oder euer Lehrer entscheidet, ob ihr allein, zu zweit oder in der Gruppe an den Stationen arbeitet. Die Reihenfolge der Stationen könnt ihr bestimmen. Ihr bekommt auch Hinweise, ob ihr alle Stationen bearbeiten müsst oder auswählen dürft.
Manche Stationen sind doppelt aufgebaut. Ihr sollt aber jede Station nur einmal bearbeiten.

1 *Arbeit an verschiedenen Lernstationen*

10 Regeln zum Arbeiten an Lernstationen

1. Teilt euch die Zeit gut ein. Denkt an die Stationen, die ihr noch bearbeiten müsst. Am Ende müssen alle Pflichtstationen bearbeitet sein.
2. Sucht euch in Absprache mit euren Mitschülerinnen und Mitschülern die erste Station aus. Lest euch die Arbeitsanleitung aufmerksam bis zu Ende durch.
3. Dann beginnt ihr mit der Arbeit. Entscheidet in der Gruppe, wer sich um welchen Teil der Arbeit kümmert.
4. Führt den Arbeitsauftrag genau nach Anleitung durch. Beachtet alle Sicherheitsvorschriften.
5. Arbeitet so leise, dass ihr niemanden stört.
6. Manchmal gibt es Fragen, die ihr nicht lösen könnt. Dann bittet eure Lehrerin oder euren Lehrer um Hilfe. Vielleicht kann euch auch eine Gruppe helfen, die diese Station schon bearbeitet hat.
7. Überprüft am Ende der Station noch einmal, ob ihr alle Arbeitsaufträge erledigt habt, auch die schriftlichen.
8. Räumt die Station wieder auf und reinigt die Geräte. Hinterlasst die Station so, wie ihr sie vorgefunden habt.
9. Notiert euch, dass ihr die Station vollständig bearbeitet habt.
10. Sucht euch eine weitere Station, an der gerade niemand arbeitet.

2 *Gruppenarbeit an einer Lernstation*

Das Versuchsprotokoll

In der Chemie werden viele Versuche durchgeführt. Damit wir später noch wissen, was wir gemacht haben, schreiben wir alle Versuche so genau wie möglich auf. Diese Beschreibung nennt man ein Versuchsprotokoll.
Im Protokoll schreiben wir auf, wie wir einen Versuch durchgeführt haben, was wir beobachten konnten und welche Schlussfolgerungen wir gezogen haben.
In der Chemie haben Versuchsprotokolle immer die gleichen Teile. ↑3

7 Schritte für ein gutes Versuchsprotokoll

1. Ein Versuchsprotokoll beginnt immer mit einer Überschrift oder mit der Fragestellung, die der Versuch beantworten soll.

2. Wichtig ist eine Liste aller Geräte, die ihr benutzt habt.

3. Notiert alle Stoffe, die im Versuch verwendet wurden. Statt „Stoffe" sagt man oft auch „Chemikalien".

4. Es folgt eine Zeichnung des Versuchsaufbaus. Diese enthält auch eine Beschriftung der Zeichnung. Ihr könnt auch mehrere Bilder anfertigen, wenn der Versuch in verschiedenen Schritten durchgeführt wurde.

5. Beschreibt genau, wie ihr den Versuch durchgeführt habt.

6. Schreibt alle Beobachtungen auf.
Achtung: Beobachtungen sind nur das, was man wirklich sehen, riechen, hören oder messen kann. Es werden keine Vermutungen notiert. Das kommt erst im nächsten Schritt.

7. Am Ende steht die Auswertung. Hier werden die Beobachtungen ausgewertet. Es wird eine Lösung formuliert.
Hier dürft ihr nur Beobachtungen auswerten, die ihr im Schritt 6 aufgeschrieben habt. Fällt euch doch noch eine Beobachtung ein, müsst ihr diese bei den Beobachtungen ergänzen.

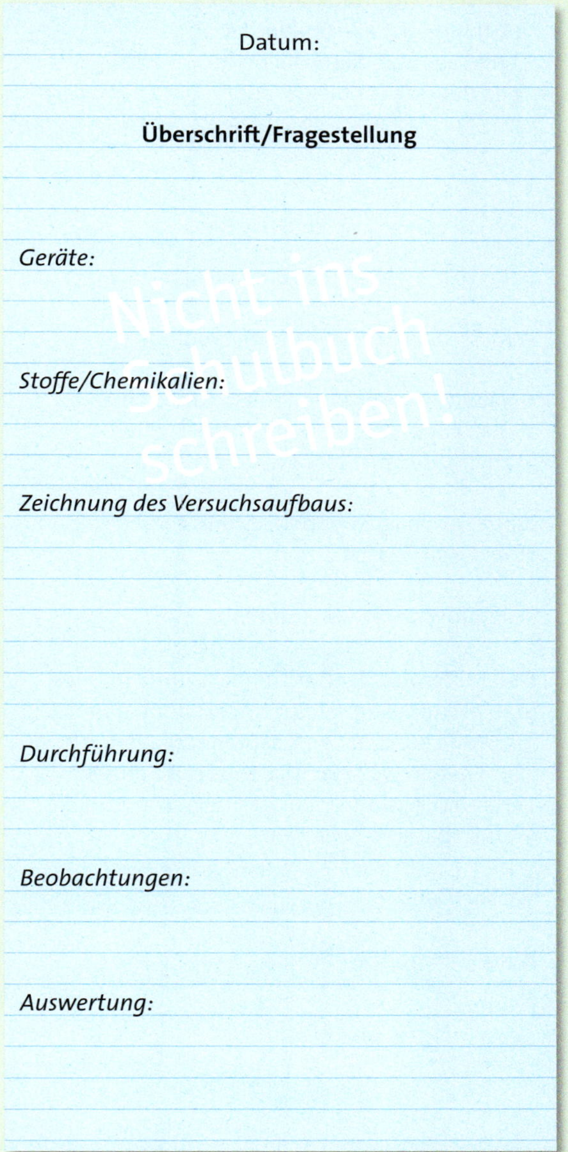

3 *Versuchsprotokoll*

Wir untersuchen Stoffeigenschaften

Auf diesen Seiten findet ihr verschiedene Versuchsprotokolle. Die Protokolle sind allerdings nicht vollständig. Mit den angegebenen Informationen könnt ihr die Versuche dennoch sicher durchführen.

1. **Führt die folgenden Versuche durch. Beachtet die Sicherheitsvorschriften (z. B. Schutzbrille).**
2. **Übertragt zu jedem Versuch das Versuchsprotokoll in euer Heft. Ergänzt alle fehlenden Teile. Benutzt dabei die richtigen Begriffe für die Geräte.**

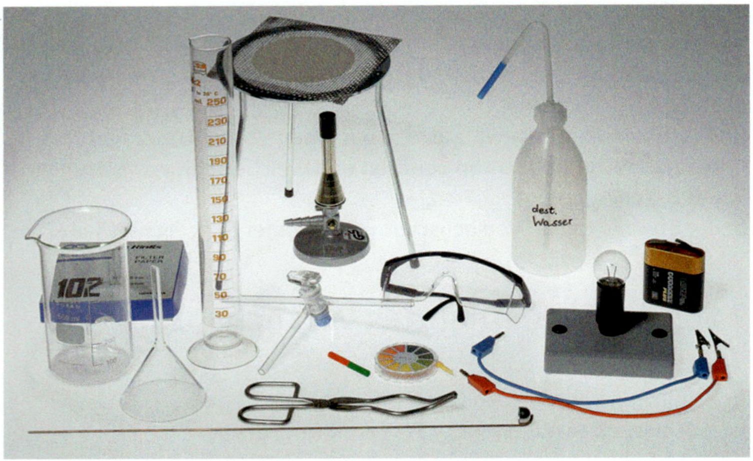

1 *Laborgeräte zum Untersuchen von Stoffeigenschaften*

Brennbar oder nicht?

Fragestellung: Welche Stoffe brennen?

Geräte: Gasbrenner, feuerfeste Unterlage, Tiegelzange, Verbrennungslöffel, Stativ, Stativmuffe und Stativklemme

Stoffe: Alufolie, Styropor®, Mehl, Zucker, Salz, Holz, Eisen, Wachs

Zeichnung des Versuchsaufbaus: ?

Durchführung: Der Gasbrenner wurde mit den Stativmaterialien schräg eingespannt, damit die Stoffe nicht in den Gasbrenner fallen. Dann haben wir verschiedene Stoffe mit dem Verbrennungslöffel oder der Tiegelzange in die Brennerflamme gehalten.

Beobachtung: ?

Auswertung: ?

Sauer oder nicht?

Fragestellung: ?

Geräte: Reagenzgläser

Stoffe: Schwarzer Tee, Zitronensaft, aufgelöste Vitamin-C-Tablette, Spülmittellösung, Salzwasser, Zuckerwasser, Essig, Spiritus (GHS02), Fensterputzmittel, Waschpulverlösung

Zeichnung des Versuchsaufbaus: ?

Durchführung: ?

Beobachtung: ?

Auswertung: Mit schwarzem Tee kann man feststellen, ob ein flüssiger Stoff sauer ist. Gibt man einen sauren Stoff, z. B. Zitronensaft, in den Tee, wird der Tee heller.

Folgende Flüssigkeiten verhalten sich sauer: ?

Wasserlöslich oder nicht wasserlöslich?

Fragestellung: Welche Stoffe lösen sich in Wasser auf, welche nicht?

Geräte: ?

Stoffe: Mehl, Pflanzenöl, Zucker, Sand, Salz

Zeichnung des Versuchsaufbaus: ?

Durchführung: Wir haben fünf Reagenzgläser jeweils bis zur Hälfte mit Wasser befüllt. Dann haben wir die verschiedenen Stoffe in jeweils ein Reagenzglas gegeben. Das Reagenzglas haben wir mit einem Stopfen verschlossen und gut geschüttelt.

Beobachtung: ?

Auswertung: ?

Schwimmen oder sinken?

Fragestellung: ?

Geräte: Becherglas
Stoffe: ?

Zeichnung des Versuchsaufbaus: ?

Durchführung: Wir haben das Becherglas zur Hälfte mit Wasser gefüllt. Dann haben wir Gegenstände aus verschiedenen Stoffen in das Wasser gegeben.

Beobachtung:

Diese Stoffe sinken: ?

Diese Stoffe schwimmen auf dem Wasser: ?

Auswertung: ?

Hart oder weich?

Fragestellung: ?

Geräte: Nagel

Stoffe: Glas, Holz, Eisen, Kupfer, Wachs, Kork, Kunststoff

Zeichnung des Versuchsaufbaus: ?

Durchführung: ?

Beobachtung: ?

Auswertung: ?

Magnetisch oder nicht?

Fragestellung: Welche Stoffe werden von einem Magneten angezogen, welche nicht?

Geräte: Magnet

Stoffe: Glas, Holz, Kupfer, Eisen, Aluminium, Geldstücke

Zeichnung des Versuchsaufbaus: ?

Durchführung: ?

Beobachtung: ?

Auswertung: ?

AUFGABEN

1 Wie könnte ein Münzautomat unterscheiden, ob eine Euromünze oder ein gleich großer Plastikchip eingeworfen wurde?

2 Erläutere, wie in der Mülltrennungsanlage Aluminiumdosen und eisenhaltige Dosen voneinander getrennt werden können.

3 Drei Schälchen sind mit drei weißen Pulvern gefüllt: fein zerriebenes Salz, Puderzucker und zerriebene Kreide. Beschreibe einen Versuch, mit dem du herausfinden kannst, welches die Kreide ist.

Stoffgemische – woraus besteht Schokolade?

Schokolade gibt es für jeden Geschmack: Vollmilch, weiße oder Zartbitter. Und es gibt sie in ganz unterschiedlichen Formen: als Schokoladentafel, Praline oder Osterhase. Aber woraus besteht Schokolade?

1 *Schokolade*

Beobachten Untersuchen **Experimentieren**

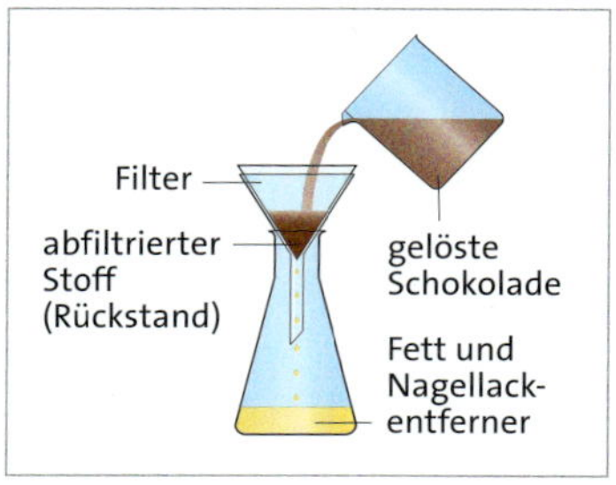

2 *Experiment 1*

1 Wir trennen Fett, Zucker und Kakao aus Schokolade

a Rühre ein Stück Zartbitterschokolade in 50 ml warmem Nagellackentferner (Aceton, GHS02|07), bis keine Stückchen mehr erkennbar sind.

b Filtriere das Gemisch in ein Becherglas. Lass die Flüssigkeit im Becherglas einige Tage offen stehen. Der Nagellackentferner verdunstet.

c Halte den Filter mit den anderen Stoffen über ein zweites Becherglas. Gib langsam und in kleinen Schritten 50 ml warmes Wasser durch den Filter. Lass die Flüssigkeit im Becherglas einige Tage offen stehen. Das Wasser verdunstet.

d Die Reste im Filter lässt du trocknen.

e Erstelle ein Versuchsprotokoll. Welche Bestandteile der Schokolade erhält man nach den Schritten b, c und d?

Schokolade

3 *Eine Kakaofrucht und in ihr die weißen Kakaobohnen, aus denen der Kakao gewonnen wird*

Schokolade ist ein Gemisch aus verschiedenen Stoffen: Sie wird aus Kakaobutter, Zucker und Kakaopulver hergestellt. Aber auch z. B. Kakaobutter selbst ist bereits ein Stoffgemisch. Sie enthält eine Vielzahl verschiedener Stoffe, z. B. Fett und Geschmacksstoffe.
In vielen Lebensmitteln sind Zucker und Fett enthalten, auch in Schokolade. Je nach Schokoladensorte sind die Anteile unterschiedlich. Im Gegensatz zum Stoffgemisch Schokolade sind Zucker und Fett reine Stoffe: Reinstoffe.

Im Alltag finden wir häufig Stoffgemische. Stoffgemische sind Gemische verschiedener reiner Stoffe. Die reinen Stoffe nennt man auch Reinstoffe.

Ergänzung: Stoffgemische trennen

Um Stoffgemische zu untersuchen, trennt man sie in ihre Bestandteile auf. Um Zucker und Fett aus der Schokolade genau beschreiben zu können, trennt man sie von den anderen Stoffen. Dazu kann man die unterschiedliche Löslichkeit von Fett und Zucker in Nagellackentferner und Wasser nutzen.

Filtrieren

Ein Stoffgemisch aus einem festen und einem flüssigen Stoff trennt man durch Filtrieren. Beispiel: Sand und Wasser.
Man gibt das Gemisch durch einen Filter. Der Filter besteht aus einem Filterpapier in einem Trichter. Das Filterpapier hat kleine Poren. Durch die Poren kann die Flüssigkeit (das Filtrat) durchlaufen.
Der feste Stoff besteht aus kleinen Stückchen. Die Stückchen (der Rückstand) sind zu groß für die Poren. Sie bleiben im Filter hängen.

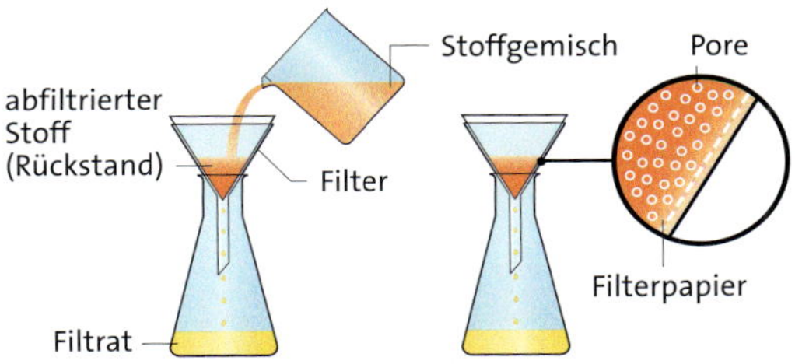

Extrahieren

Stoffe, die sich in einer Flüssigkeit unterschiedlich gut lösen, trennt man durch Extrahieren. Kaffeebohnen enthalten z. B. Farbstoffe. Diese Stoffe lösen sich gut in Wasser. Andere Teile der Kaffeebohnen lösen sich nicht in Wasser. Wenn man die Bohnen in heißes Wasser gibt, lösen sich die Farbstoffe. Man hat die Farbstoffe aus den Kaffeebohnen herausgelöst, man sagt „extrahiert".
Nun filtriert man den gelösten Kaffee von den Bohnen ab. Will man die gelösten Stoffe gewinnen, so lässt man das Wasser verdunsten.

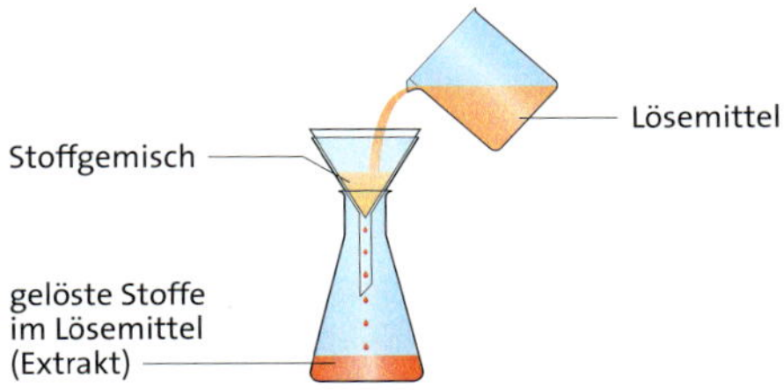

Destillieren

Ein Gemisch aus mehreren Flüssigkeiten trennt man durch Destillieren. Beispiel: Alkohol und Wasser. Alkohol und Wasser haben unterschiedliche Siedetemperaturen. Alkohol siedet bei 78 °C, Wasser bei 100 °C.
Man erhitzt das Gemisch auf etwa 78 °C. Der Alkohol verdampft. Das Wasser bleibt zurück. Den Alkoholdampf kann man an anderer Stelle wieder abkühlen und als Flüssigkeit (das Destillat) auffangen. Nun hat man den Alkohol vom Wasser getrennt.

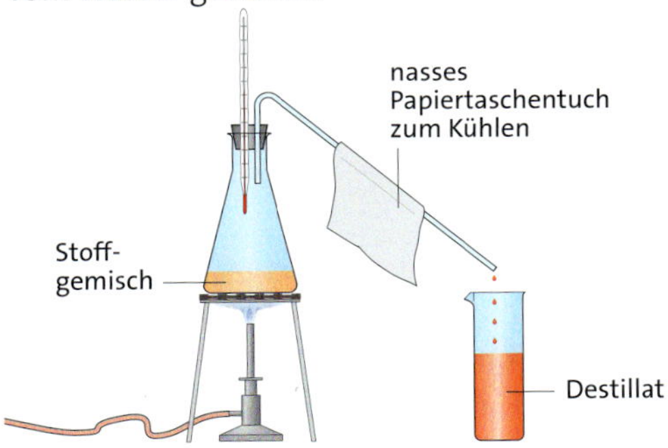

Adsorbieren

Manche Stoffe bleiben an einem „Haftstoff" haften, z. B. an Aktivkohle. Dies nutzt man beim Adsorbieren.
Wenn man z. B. ein Gemisch aus Wasser und Farbstoff hat, kann man den Farbstoff abtrennen. Man gibt Aktivkohle hinzu: Der Farbstoff bleibt an der Aktivkohle haften.
Dann wird filtriert: Das Wasser fließt durch den Filter. Die Aktivkohle mit dem Farbstoff bleibt im Filter hängen. Das Wasser ist jetzt farblos.

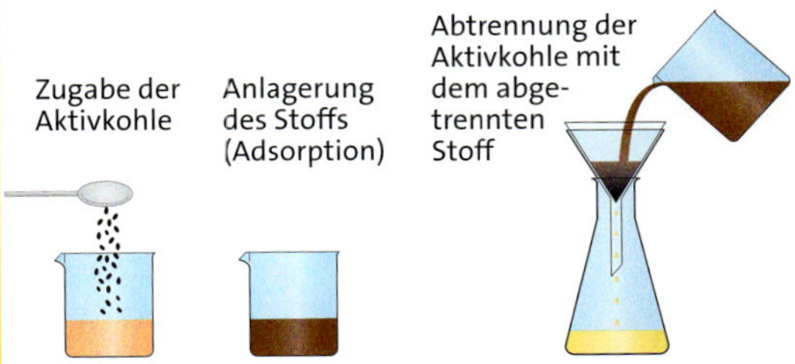

Die Milch macht's

Milch genießen wir fast täglich, ob pur, als Shake, als Eis oder in anderen Milchprodukten. Aber was genau ist Milch?

1 *Milch und einige Produkte, die aus Milch hergestellt werden*

Beobachten Untersuchen Experimentieren

2 *Speiseöl in Wasser*

1 Geschmackstest von verschiedenen Milchproben

In eine Reihe von Gläsern werden unterschiedliche Milchproben gefüllt. Betrachte und probiere die verschiedenen Milchsorten. Beschreibe die Unterschiede zwischen z. B.:

- Milch mit 3,5 % Fett
- Milch mit 1,5 % Fett
- Rohmilch

2 Fett in der Milch nachweisen

Gib mithilfe von drei Tropfpipetten jeweils einen Tropfen Wasser, Speiseöl und Milch auf ein Filterpapier. Lass das Filterpapier trocknen und halte es gegen das Licht.

3 Wasser in der Milch nachweisen

Plane ein Experiment, mit dessen Hilfe du nachweisen kannst, dass in Milch Wasser enthalten ist.

4 Ein Gemisch aus Wasser und Fett

In einem Schraubdeckelglas stellst du ein Wasser-Fett-Gemisch her: 5 ml Speiseöl mit Wasser auf 100 ml auffüllen. Verschließe das Glas und schüttle es.

a Fülle ein Reagenzglas zügig mit dem gerade hergestellten Wasser-Fett-Gemisch.

b Befülle eine Spritze mit dem Wasser-Fett-Gemisch aus dem Schraubdeckelglas. Spritze das Gemisch mit Druck in ein zweites Reagenzglas.

Lass beide Reagenzgläser ca. 2 Minuten stehen und vergleiche.

Milch – ein Stoffgemisch

Fett ist in Wasser nicht löslich. Trotzdem ist Milch ein Gemisch aus Wasser und Fett. In der Milch liegen kleine Fetttröpfchen vor, die fein im Wasser verteilt sind. Diese kann man z. B. mit einem Mikroskop sehen. ↑3 Solche Gemische bezeichnen wir als heterogene Stoffgemische. Geht dies nicht, haben wir ein homogenes Gemisch. Ein Beispiel dafür ist Wein.
Handelt es sich bei den Bestandteilen des heterogenen Stoffgemischs um zwei Flüssigkeiten, so spricht man von einer Emulsion. Milch ist eine Emulsion von Fett in Wasser.

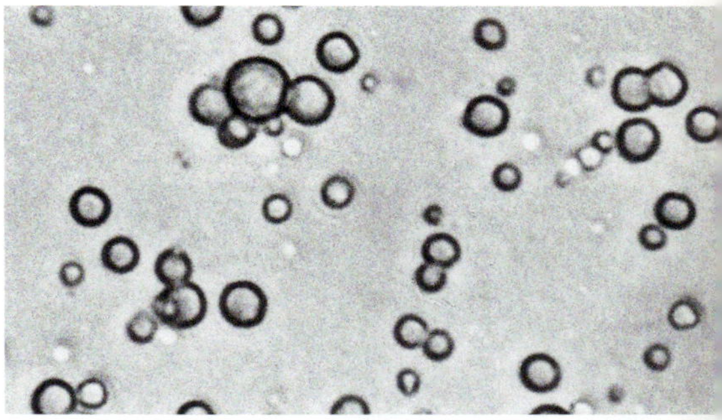

3 *Unter dem Mikroskop erkennt man kleine Fetttröpfchen in der Milch.*

Lassen sich mithilfe eines Mikroskops die Bestandteile eines Stoffgemischs unterschieden, so wird es als heterogenes Stoffgemisch bezeichnet. Sonst nennen wir es ein homogenes Gemisch.

Ergänzung: Weitere Arten von Stoffgemischen
Besteht ein heterogenes Stoffgemisch aus einer Flüssigkeit und einem Feststoff, so wird es als Suspension bezeichnet. Ein Beispiel dafür ist Lehmwasser.
Es gibt noch weitere Unterscheidungen, die in der Tabelle vorgestellt werden. ↑4

Stoffgemisch			
Homogen		**Heterogen**	
Wein ist ein Gemisch aus Wasser und Alkohol	**Lösung**	Lehmwasser ist ein Gemisch aus Wasser und Lehm	**Suspension**
Meerwasser ist ein Gemisch aus Wasser und Salz	**Lösung**	Handcreme ist ein Gemisch aus Wasser und Fett	**Emulsion**
Luft ist ein Gemisch verschiedener Gase, vor allem aus Stickstoff und Sauerstoff	**Gasgemisch**	Dampf ist ein Gemisch aus Luft und Wassertröpfchen	**Nebel**

4 *Überblick über verschiedene Arten von Stoffgemischen*

Aufgaben

1 Sowohl Milch als auch Wein sind Stoffgemische. Während man aber Milch als Emulsion bezeichnet, gilt Wein als Lösung. Erläutere den Unterschied.

2 Auf einer Ein-Liter-Packung von fettarmer Milch steht: Diese Milch enthält 1,5 % Fett. Berechne, wie viel Gramm Fett in dieser Verpackung ungefähr enthalten sind.

3 Wie kannst du überprüfen, ob es sich bei Sonnenmilch um eine Emulsion handelt?

5 *Milch (hier: frische Kuhmilch) besteht nicht nur aus Wasser und Fett.*

Das Beste aus Lebensmitteln herausholen

Lebensmittel sind Stoffgemische. Manchmal müssen diese getrennt werden, um besonders wertvolle Stoffe zu gewinnen. Dabei nutzt man auch die Trennverfahren, die du auf Seite 27 kennengelernt hast.

1 *Olivenölpressung*

Olivenöl aus Oliven

Olivenöl findet sowohl in der Küche als auch bei Pflegeprodukten Verwendung. Bei der Herstellung muss unter anderem filtriert werden.
Die geernteten Oliven werden von Blättern und Ästen getrennt und mit Mühlsteinen zu einem Brei zerquetscht. Dieser Brei wird auf Matten aufgetragen, die man zu einem Turm stapelt. Eine Presse sorgt dafür, dass ein Gemisch aus Fruchtwasser und Olivenöl heraustritt. Dieses Gemisch lässt sich leicht trennen, wie du in Aufgabe 1 herausfinden kannst.
Das Olivenöl muss nun noch von Schwebstoffen befreit werden. Dies erreicht man durch eine Filtration.

Aufgaben

1 Gib 10 ml Olivenöl und 10 ml Wasser in ein Reagenzglas. Verschließe das Reagenzglas und schüttle es kräftig. Stelle das Reagenzglas ab und beobachte. Wie trennt man das Stoffgemisch aus Olivenöl und Fruchtwasser?

2 Die Filtration trennt das Gemisch in Olivenöl und Schwebstoffe. Ordne zu, was davon das Filtrat und was der Rückstand ist.

Alkohol aus Wein

Alkohol ist ein wichtiger Rohstoff für weitere Produkte, beispielsweise für Parfüms. Parfüms bestehen zu etwa 85 % aus Alkohol.
Alkohol gewinnt man durch Gärung, z. B. durch Vergären von Traubensaft. Dabei erhält man aber nur Alkohol-Wasser-Gemische mit höchstens 18 % Alkohol. Man braucht also ein Verfahren, um den Alkohol vom Wasser zu trennen: die Destillation.

Aufgabe

3 Baue eine Apparatur auf, die sich zur Destillation eignet. Einen Aufbau findest du auf Seite 27. Als Stoffgemisch kannst du Wein verwenden. Führe die Destillation von Rotwein durch. Beschreibe den Wein und den abdestillierten Alkohol hinsichtlich Farbe und Geruch.

4 Was ist Brennspiritus? Woher stammt der Name? Recherchiere.

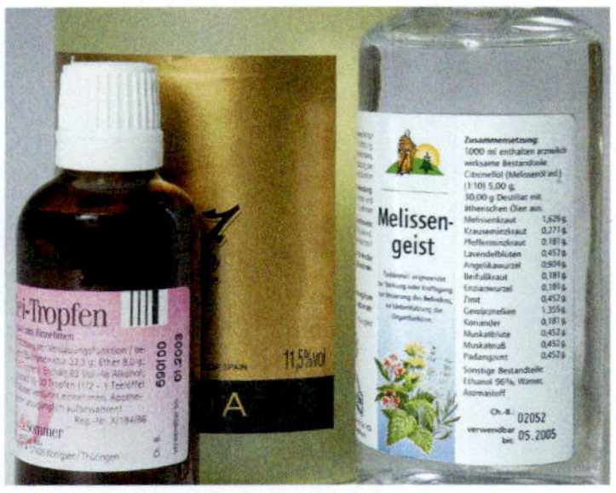

2 *Auch manche Medikamente enthalten Alkohol.*

Farbstoff aus Möhren

Die Möhre verdankt ihre typische Farbe dem Farbstoff Carotin. Mit diesem Farbstoff färbt man z. B. Margarine: Die Margarine sähe sonst blass und weniger appetitlich aus.
Carotin löst sich gut in Fetten und Ölen. Daher kann man Carotin aus Möhren durch Extraktion gewinnen. Als Lösemittel dient Öl.

3 *Auch in Paprika ist Carotin enthalten.*

Aufgaben

5 Zerreibe eine Möhre mit einer Küchenreibe. Gib dann einige Möhrenraspel in ein verschließbares Glas. Fülle es so weit mit Wasser auf, dass die Raspeln bedeckt sind. Gib nun etwas Öl hinzu, verschließe das Glas und schüttle es kräftig. Lass das Glas eine Weile stehen und beobachte.

6 Nenne bei dieser Extraktion das Lösemittel und den extrahierten Stoff.

Sahne aus Milch

Im Supermarkt findet man viele Produkte, die aus Milch hergestellt wurden, z. B. Schlagsahne, Joghurt oder Käse. Um diese Produkte herzustellen, muss die frische Milch zunächst getrennt werden.
Die Sahne trennt man von der Milch durch Zentrifugieren. Dabei wird die frische Milch in einen Behälter gegeben, der sich schnell im Kreis dreht. Du weißt, was passiert, wenn man im Auto zügig um die Kurve fährt – man fühlt sich nach außen gedrückt. Diese Kraft ist umso stärker, je schwerer man ist.
In der Milch sind bestimmte Bestandteile schwerer als andere. Daher werden die verschiedenen Milchbestandteile getrennt – die schwereren werden weiter nach außen gedrückt.

4 *Alte Milchzentrifuge*

Man setzt die Maschine langsam, gleichmäßig und ohne Stoß in Bewegung. Der Hahn am Vollmilchbehälter darf erst dann geöffnet werden, wenn die volle Tourenzahl erreicht ist, die auf der Kurbel bzw. am Tourenzähler angegeben ist. Während sich die Trommel füllt, findet die eigentliche Entsahnung statt, bei der die volle Tourenzahl ständig eingehalten werden muss. Nach etwa einer Minute beginnt sich die Sahne von der Magermilch abzuscheiden und aus der entsprechenden Öffnung abzufließen.

5 *Ausschnitt aus einer Gebrauchsanweisung*

Aufgaben

7 Zentrifugiere etwas frische Milch mit einer Handzentrifuge. Beschreibe den Inhalt des Zentrifugenglases vor und nach dem Versuch.

8 Auch im Haushalt werden Zentrifugen verwendet. Erkläre bei einer Waschmaschine oder einer Salatschleuder, wie die Zentrifugation abläuft.

Ein eigenes Parfüm herstellen

Es gibt bei Lebensmitteln auch Abfallstoffe. Diese muss man aber nicht immer wegwerfen. So können z. B. die Schalen von Orangen als Rohstoff für ein Parfüm dienen. Diese Seiten helfen euch, selbst ein Orangenparfüm herzustellen.

1 *Orangenschalen – Rohstoff für ein selbst gemachtes Parfüm*

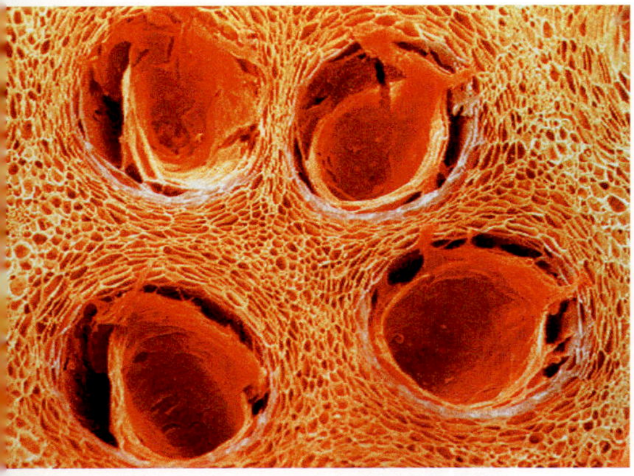

2 *Eine Orangenschale unter dem Mikroskop: Man erkennt vier große Duftstoffzellen.*

Wo in der Schale befinden sich die Duftstoffe?

Betrachtet einmal die Schalen von Orangen unter einem Mikroskop. Ihr seht dann, dass die Schale gar nicht gleichmäßig ist. Zwischen vielen winzigen Zellen befinden sich einige viel größere Zellen: die Duftstoffzellen. In diesen Zellen sind die Duftstoffe der Orange eingelagert. Damit die Duftstoffe frei werden, müssen die Zellwände der Duftzellen zerstört werden.

Aufgabe

1 Überlegt euch, wie ihr die Zellwände der Duftstoffzellen zerstören könnt, sodass die Duftstoffe freigesetzt werden.

Herauslösen der Duftstoffe

Ihr habt nun die Zellwände der Duftstoffzellen zerstört. Jetzt kann man durch eine Extraktion die Duftstoffe aus den Orangenschalen gewinnen. Dabei dient Wasser als Lösemittel.

Aufgabe

2 Führt eine Extraktion durch, um die Duftstoffe möglichst vollständig aus den Orangenschalen herauszulösen.

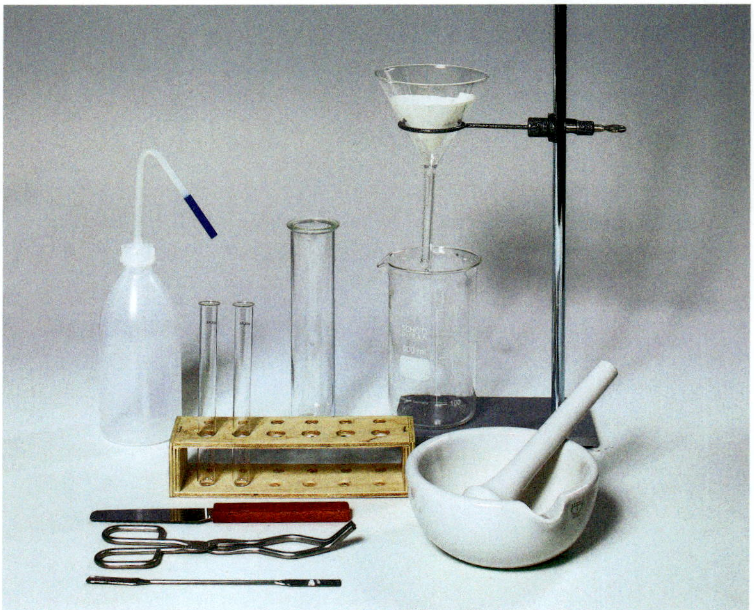

3 *Hilfsmittel zum Herauslösen der Duftstoffe*

Abtrennen der Schalen

Nun müsst ihr die Reste der Orangenschalen von der Lösung mit dem Duftstoff trennen. Hierfür ist eine Filtration gut geeignet.

Aufgabe

3 Filtriert das Gemisch, eventuell mehrfach, bis ihr eine möglichst klare Duftstofflösung erhaltet.

Herstellung des Parfüms

In vielen Parfüms ist Alkohol der Hauptbestandteil. In Alkohol lösen sich viele Duftstoffe sehr gut. Außerdem verdunstet der Alkohol schneller als Wasser, wenn man das Parfüm aufsprüht. Bei unserem Orangenparfüm hat die Zugabe von Alkohol einen weiteren Vorteil: Das Parfüm ist dann besser haltbar.

Vielleicht versucht ihr auch, aus den Schalen anderer Zitrusfrüchte Duftstoffe zu extrahieren. Oder ihr mischt sogar Duftstoffextrakte unterschiedlicher Früchte.
Anschließend könnt ihr das Parfüm in ein schönes Gefäß abfüllen und mitnehmen.
Tipp: Gebt etwas von eurem Parfüm in die Schale einer Duftlampe. ↑5 Speziell zur Winterzeit wird der Raum dann von einem angenehmen Duft erfüllt.

4 In Braunglasflaschen sind Parfüms oder auch manche Lebensmittel besonders lange haltbar.

Aufgabe

4 Teilt euer Filtrat in mehrere Proben auf. Gebt unterschiedliche Mengen an Alkohol (GHS02) zu, sodass ihr Parfüms mit unterschiedlichem Alkoholgehalt erhaltet. Vergleicht diese Parfüms durch Geruchsproben und sucht das beste Parfüm aus.

5 Duftlampe

Wir untersuchen Lebensmittel

Lebensmittel enthalten unterschiedliche Stoffe. Diese Stoffe sind z. B. für Farbe, Geschmack oder Haltbarkeit verantwortlich. Die einzelnen Stoffe kann man voneinander trennen.

1 *Abteilungsleitersitzung in der Firma Dr. Schmeck*

Aufgabe

1 Stellt euch vor, ihr arbeitet in dem Institut „Dr. Schmeck". Dort werden Lebensmittel untersucht. Das Institut hat unterschiedliche Abteilungen. Von der Chefin erhaltet ihr den Auftrag, verschiedene Lebensmittel zu untersuchen. Dazu benutzt ihr unterschiedliche Trennverfahren für Stoffgemische. In jeder Abteilung wird ein anderes Lebensmittel mit einem anderen Trennverfahren untersucht.
Für eure Arbeit erhaltet ihr unterschiedliche Geräte und Stoffe. Vielleicht werdet ihr nicht alle Geräte benötigen. Die Geräte reichen aber aus, um eine gute Lösung für euer Problem zu finden.
Erstellt ein Poster, auf dem eure Arbeiten und Ergebnisse beschrieben sind.

Dr. Schmeck
Institut für Lebensmitteluntersuchungen

An die
Destillationsabteilung
– im Hause –

Auftrag

Kunde	Nummer	Zeichen	Datum
	257891	ST-06/01	01. April

Es gibt eine Vielzahl von alkoholischen Getränken, z. B. Wein, Bier, Sekt, Apfelkorn oder Weinbrand. Gemeinsam haben sie, dass sie Alkohol enthalten. Trennt aus dem Rotwein etwas Alkohol ab. Beschreibt die Eigenschaften des Alkohols.

Das Lager hat folgende Geräte und Chemikalien für euch zur Verfügung gestellt:

Geräte: Bechergläser, Erlenmeyerkolben, Reagenzgläser, Trichter, Filterpapier, Pipette, Glasstab, Mörser mit Pistill, Heizrührer, Kristallisier- oder Petrischale, Thermometer, Abdampfschale, doppelt durchbohrter Stopfen, gebogenes Glasrohr, Papiertücher

Chemikalien: Rotwein

Viel Erfolg!
Die Geschäftsleitung

2 *Arbeitsauftrag der Geschäftsleitung*

Aufgaben

2 **An die Filtrations- und Zentrifugierabteilung**
Apfelsaft wird aus Äpfeln hergestellt. Erst werden die Äpfel zerdrückt. Dadurch erhält man einen Brei, aus dem aber nur wenig Saft fließt. Drückt man den Brei durch ein Tuch, erhält man einen trüben Saft. Dieser Saft wird naturtrüber Apfelsaft genannt. Klarer Apfelsaft ist aber beliebter und verkauft sich besser.
Stellt naturtrüben Apfelsaft her und findet einen Weg, klaren Apfelsaft zu bekommen.

Geräte: Bechergläser, Erlenmeyerkolben, Reagenzgläser, Trichter, Filterpapier, Pipette, Glasstab, Mörser mit Pistill, Heizrührer, Kristallisier- oder Petrischale, Thermometer, Abdampfschale, Messer, Gabel, Küchenhandtuch

Stoffe: Äpfel, Apfelsaft (naturtrüb)

3 **An die Adsorptionsabteilung**
Es gibt sehr viele verschiedene Erfrischungsgetränke. Einige haben die natürliche Farbe von Früchten. Andere Getränke wirken aber sehr ungewöhnlich. So gibt es auch hellblaue Erfrischungsgetränke.
Stellt aus dem blauen Erfrischungsgetränk ein farbloses her. Vergleicht seine Eigenschaften mit dem gekauften Getränk.

Geräte: Bechergläser, Erlenmeyerkolben, Reagenzgläser, Trichter, Filterpapier, Pipette, Glasstab, Mörser mit Pistill, Heizrührer, Kristallisier- oder Petrischale, Thermometer, Abdampfschale

Stoffe: blaues Erfrischungsgetränk, z. B. „Powerade" (blau), Aktivkohle

4 **An die Extraktionsabteilung**
Kartoffelchips sind ziemlich ungesund, weil sie viel Fett enthalten. Eure Aufgabe ist es, das Fett aus den Chips abzutrennen und das Fett zu beschreiben. Hierzu könnt ihr Nagellackentferner (Aceton) benutzen. Nagellackentferner kann das Fett in den Chips gut herauslösen.

Geräte: Bechergläser, Erlenmeyerkolben, Reagenzgläser, Trichter, Filterpapier, Pipette, Glasstab, Mörser mit Pistill, Heizrührer, Kristallisier- oder Petrischale, Thermometer, Abdampfschale

Stoffe: Chips, Nagellackentferner (GHS02|07) (*Achtung:* leicht entzündlich!)

Mischungsverhältnisse berechnen

Cola-Limo-Gemische lassen sich in verschiedenen Mischungsverhältnissen herstellen. Welches Mischungsverhältnis magst du am liebsten?

1 *Verschiedene Mischgetränke: Wie kann man ein genaues „Rezept“ für die Mischung angeben?*

Beispielrechnung
Möchte man ein Getränk mit 2 Teilen Cola und 3 Teilen Limonade herstellen, so kann man 200 ml Cola und 300 ml Limonade mischen. Will man 400 ml dieses Gemischs erhalten, braucht man 160 ml Cola und 240 ml Limonade.

Berechnen lässt sich dies so: Man weiß, dass 2 von 5 Teilen ($= \frac{2}{5}$) Cola sind. Multipliziert man die Gesamtmenge mit $\frac{2}{5}$, erhält man den Teil der Cola: $400\text{ ml} \cdot \frac{2}{5} = 160\text{ ml}$

Erweitert man den Bruch, der den Anteil der Cola angibt, auf 100, so hat man den Gehalt an Cola in %:
Unser Getränk enthält $\frac{2}{5}$ Cola. Dies entspricht $\frac{40}{100}$. Der Colagehalt beträgt also 40 %.

Mischungsverhältnisse

Die Cola-Limo-Gemische von Bild 1 sind keine reinen Stoffe, sondern Stoffgemische. Sie enthalten einen Teil Cola und einen Teil Limonade. Das Mengenverhältnis der beiden Stoffe kann dabei ganz unterschiedlich sein. Es können beispielsweise 2 Anteile Cola und 3 Anteile Limonade enthalten sein. ↑2
Verändert man die Anteile, erhält man ein Stoffgemisch mit einem anderen Mischungsverhältnis. Farbe und Geschmack des neuen Gemischs sind dann ganz anders.

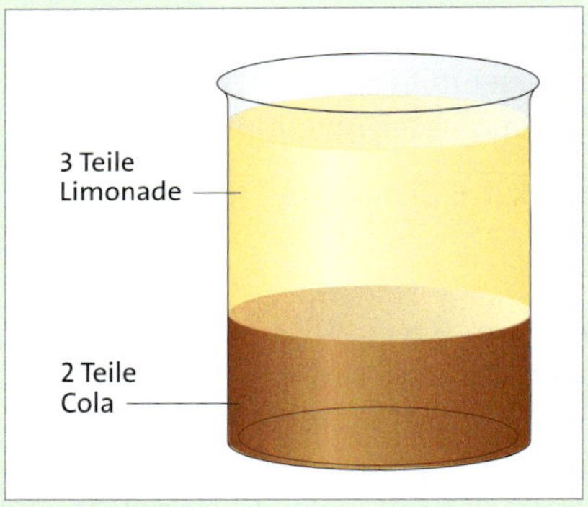

2 *Verhältnis 2 zu 3*

Aufgaben

1 Stelle mehrere 100 ml große Cola-Limo-Gemische her. Notiere für jedes einzelne Gemisch die Anteile an Cola und Limonade. Vergleiche den Geruch und die Farbe deiner Lösungen.

2 Wie viel ml Cola sind in 100 ml eines Cola-Limo-Gemischs enthalten, das aus 3 Anteilen Cola und 7 Anteilen Limonade besteht? Gib den Colagehalt und den Limonadengehalt in % an.

Abmessen mit dem Messzylinder – gar nicht so einfach

Mit Messzylindern kann man Flüssigkeiten genau abmessen. Messzylinder gibt es in verschiedenen Größen (10 ml, 50 ml, 100 ml, 250 ml ...) und mit verschiedenen Einteilungen.
Beim Ablesen des Messzylinders musst du eine Regel beachten:

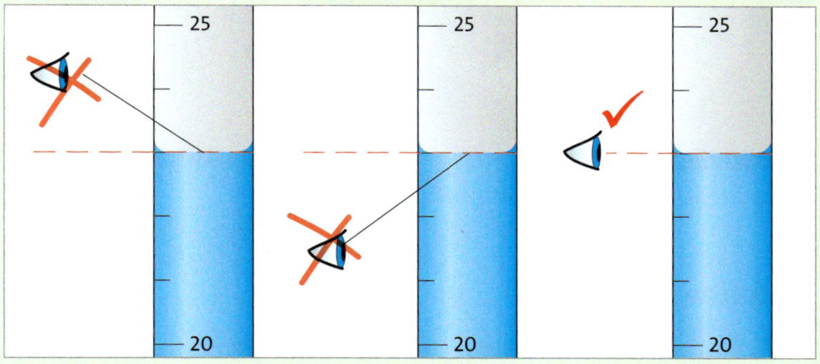

3–5 *Man soll nicht von oben oder unten, sondern aus gleicher Höhe blicken.*

6 *Wölbung nach unten*

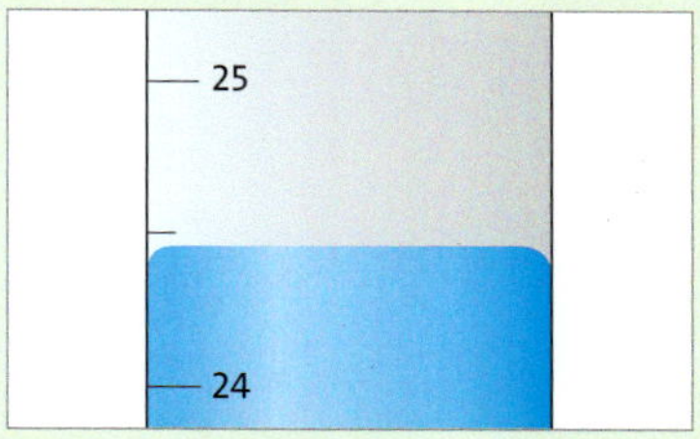

7 *Wölbung nach oben*

Je nachdem, wie man schaut, sind die Messergebnisse unterschiedlich. Nur wenn die Augen genau auf gleicher Höhe mit der Flüssigkeit sind, wird die Messung exakt. ↑5

Und noch ein Hinweis: Flüssigkeiten können in Glasgefäßen eine gewölbte Oberfläche haben. Die Wölbung kann nach unten oder nach oben zeigen. ↑6, 7

Nach unten gewölbte Flüssigkeiten liest man an der Unterseite der Wölbung ab. Bei nach oben gewölbten Flüssigkeiten liest man an der Oberseite ab.

Abmessen mit der Tropfpipette – jetzt wird's ganz genau

Auch mit einer Pipette kann man Flüssigkeiten ganz genau abmessen. Eine Tropfpipette besteht aus einem dünnen Glasröhrchen und einem „Hütchen". Das Glasröhrchen hat eine dünne Spitze. ↑8

Zuerst drückt man die Luft aus dem Hütchen. Dann taucht man die Pipette in die Flüssigkeit und verringert langsam den Druck auf das Hütchen. Dadurch füllt sich die Pipette mit der Flüssigkeit.

Danach hält man die Pipette über ein anderes Gefäß. Leichter Druck auf das Hütchen entleert die Pipette tropfenweise. Je feiner die Spitze der Pipette ist, desto kleiner sind die Tropfen.

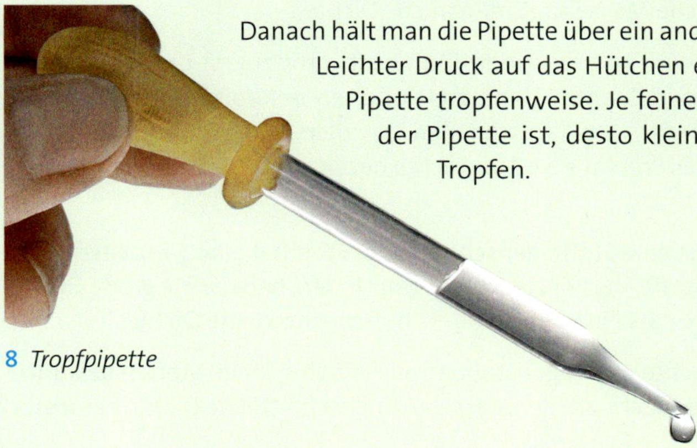

8 *Tropfpipette*

Aufgaben

3 Fülle einen Messzylinder halb mit Wasser. Lies den Wasserstand von oben, von unten und genau auf Augenhöhe ab. Vergleiche.

4 Wie viele Tropfen ergeben genau 2 ml, 4 ml und 6 ml? Ermittle dies mit Pipette und Messzylinder.
Errechne dann, wie viele Tropfen für 10 ml notwendig wären. Überprüfe deine Lösung durch Abzählen.

5 Stelle mit der Pipette ein Gemisch aus 8 Teilen Cola und 24 Teilen Fanta her. Notiere die Anzahl der Tropfen.
Wie viele Tropfen Cola und Fanta braucht man, um 30 ml Gemisch zu erhalten? Versuche zuerst eine Lösung zu errechnen. Überprüfe diese dann im Experiment.
Nutze auch die Ergebnisse von Aufgabe 4.

Die Dichte – erklärt mit Schokoriegeln und Cola

Einige Firmen werben damit, ihre Schokoriegel seien so „leicht“, sie würden sogar in Milch schwimmen. ↑1
Das stimmt so allerdings nicht ganz genau: Gemeint ist, dass die Schokoriegel eine geringere Dichte als Milch haben.
Aber was bedeutet das?

1 *Manche Schokoriegel schwimmen in Milch.*

Aufgaben

1 Bestimme die Dichte einer Flüssigkeit, z. B. von Wasser. Wiege dazu einen Messzylinder. Fülle in den Standzylinder genau 20 ml Wasser. Wiege nun den vollen Standzylinder und bestimme die Masse des Wassers.
Teile die Masse des Wassers durch sein Volumen von 20 ml. Der Wert gibt die Dichte (die spezifische Masse) von Wasser an. Bestimme anschließend die Dichte von Pflanzenöl.

2 Bestimme die Dichte von Cola und von Cola light. Welche der beiden Colasorten würde in einer Flasche auf Wasser schwimmen, welche untergehen?

$$\text{Dichte} = \frac{\text{Masse}}{\text{Volumen}}$$

Stoff	Dichte in g/cm³
Luft	0,0013
Styropor®	0,08
Holz	0,69
Alkohol	0,79
Pflanzenöl	0,89
Wasser	1,00
Milch	1,03
Magnesium	1,7
Eisen	7,9
Kupfer	8,9
Blei	11,3
Quecksilber	13,5

Die Dichte berechnen

Häufig sagen wir im Alltag, dass Stoffe schwer oder leicht sind: Eisen ist schwer, Holz ist leicht. Dies ist aber nur richtig, wenn wir gleich große Gegenstände vergleichen. Ein Eisenwürfel mit einer Kantenlänge von 1 cm ist viel schwerer als ein gleich großer Holzwürfel. Man spricht daher auch von der ***spezifischen*** Masse, ***spezifisch*** für eine bestimmte Menge. Für spezifische Masse sagt man auch „Dichte“.

Die Dichte wird so berechnet: Man bestimmt zuerst die Masse einer Stoffportion in Gramm, dann das Volumen in Kubikzentimetern oder Millilitern ($1\ cm^3 = 1\ ml$). Anschließend dividiert man die Masse durch das Volumen. Das Ergebnis wird als Dichte bezeichnet. Die Einheit der Dichte ist g/cm^3.

Die Dichte ist eine Stoffeigenschaft. Jeder Stoff hat eine ganz bestimmte Dichte. ↑4 Stoffe, die wir als schwer empfinden, haben eine große Dichte. Stoffe, die wir als leicht empfinden, haben eine kleine Dichte.

Wenn die Dichte von Gegenständen aus verschiedenen Stoffen bestimmt wird, muss bedacht werden, dass die durchschnittliche Dichte gemessen wird.

Aufgaben

3 Bestimme die Masse eines festen Stoffs. Zerlege dazu einen Bleistiftanspitzer in seine Einzelteile. Wiege die Klinge aus Metall. Befülle einen Messzylinder mit genau 50 ml Wasser. Gib die Klinge in den Messzylinder. ↑3 Lies das Volumen der Klinge als Differenz zum ursprünglichen Wasserstand ab.
Teile die Masse der Klinge durch ihr Volumen. Der Wert gibt die Dichte (die spezifische Masse) der Klinge an.
Um welches Metall könnte es sich handeln?

4 Nimm verschiedene Schokoriegel. Bestimme die Dichten der verschiedenen Schokoriegel.
Hinweis: Manche der Schokoriegel schwimmen, wenn man sie ins Wasser wirft. Diese Schokoriegel müssen bei der Bestimmung des Volumens mit einem möglichst dünnen Holzspan unter Wasser gedrückt werden.

5 Welche Masse haben 1,5 Liter Eisen, 2 Liter Quecksilber, 10 Liter Luft und 1 Liter Alkohol?

6 Welches Volumen haben 2 kg Eisen, 1,5 kg Quecksilber, 1 kg Luft und 3 kg Alkohol?

7 Welche Stoffe schwimmen in Wasser, ohne dass Gegenstände aus ihnen Hohlräume aufweisen müssen: Eisen, Styropor®, Pflanzenöl, Zink?

8 Würde eine massive Eisenkugel oder eine massive Bleikugel in einem Quecksilbersee schwimmen?

9 Plane einen Versuch, um die Dichte eines Gases zu bestimmen.

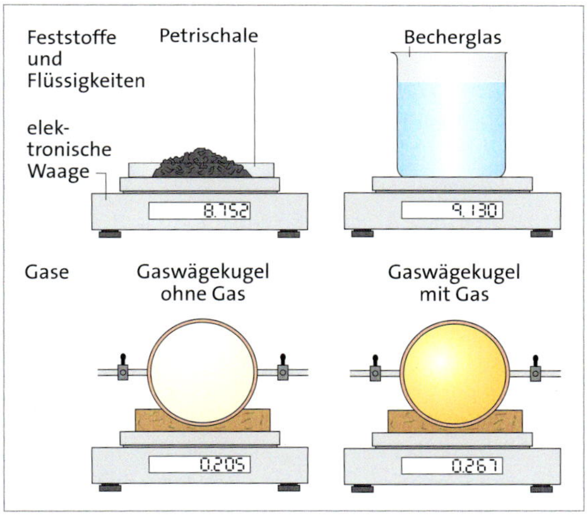

2 *Bestimmung der Masse*

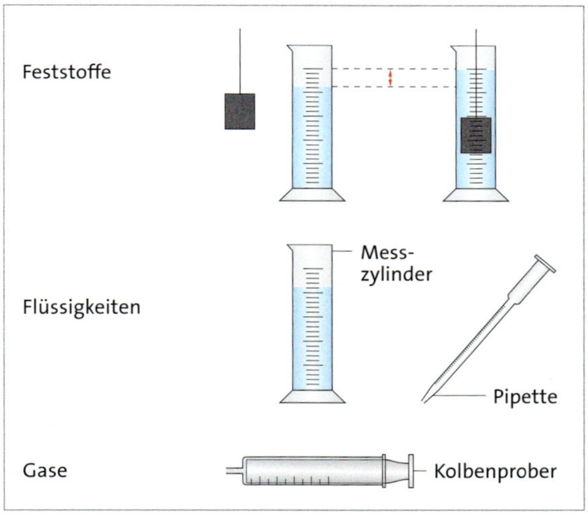

3 *Bestimmung des Volumens*

Mit der Dichte umgehen

Wasser hat eine Dichte von 1 g/cm³. Stoffe mit größerer Dichte schwimmen nur dann in Wasser, wenn sie Hohlräume mit Luft aufweisen. Stoffe mit kleinerer Dichte schwimmen immer im Wasser.
Die verschiedenen Metalle unterscheiden sich ganz erheblich in ihrer Dichte. Metalle, deren Dichte über 5 g/cm³ liegt, werden als Schwermetalle bezeichnet. Leichtmetalle haben eine Dichte unter 5 g/cm³.

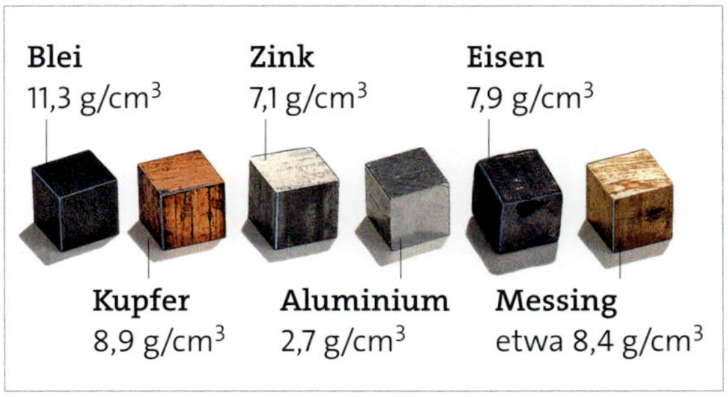

4 *Dichte verschiedener Stoffe*

Fest, flüssig, gasförmig – immer der gleiche Stoff

Wasser kann gefrieren oder verdampfen. Schokolade und Butter können schmelzen. Was genau passiert dabei?

1 *Meerwasser, Wolken, Nebel, Eisberge, Gletscher, Hagelkörner, Schneeflocken, Wasserdampf – in wie vielen Zuständen kommt Wasser vor?*

Beobachten Untersuchen Experimentieren

2 *Kann auch Olivenöl fest werden?*

1 Volumenänderung durch Druck?
Fülle eine Einwegspritze (50 ml) zur Hälfte mit Luft. Verschließe die vordere Öffnung mit dem Finger. Drücke den Stempel hinein, so fest du kannst, ohne die vordere Öffnung freizugeben. Was beobachtest du?
Wiederhole den Versuch mit Wasser oder mit kleinen Kieselsteinchen in der Spritze. Vergleiche die Ergebnisse.

2 Eis ganz heiß
Fülle ein Becherglas zu einem Drittel mit Eiswürfeln und stelle es auf eine kalte Heiz- oder Herdplatte. Schalte die Platte auf eine niedrige Heizstufe, beobachte längere Zeit und notiere deine Beobachtungen.

3 Aufgeblasener Ballon
Gib ein paar kleine Eisstücke in ein Reagenzglas und verschließe es mit einem Luftballon. Erhitze das Reagenzglas vorsichtig, bis sich kein (sichtbares) Wasser mehr darin befindet. Lass dann den Versuchsaufbau wieder abkühlen.

4 Fest zu gasförmig – so geht's auch!
Gib einige Iodkristalle (GHS07|09) in einen Weithals-Erlenmeyerkolben. Decke diesen mit einem Uhrglas ab und erwärme ihn unter dem Abzug in einem Wasserbad. Gib nun etwas kaltes Wasser auf das Uhrglas und notiere deine Beobachtungen.

5 Kohlenstoffdioxid – sichtbar gemacht
Stelle ein Becherglas (500 ml) im Abstand von zwei Metern vor eine weiße Wand. Beleuchte das Becherglas so mit dem Licht eines Overheadprojektors, dass das Schattenbild deutlich an der weißen Wand erkennbar ist. Lass nun langsam Kohlenstoffdioxid aus dem Schlauch einer Kohlenstoffdioxidflasche in das Becherglas laufen. Was siehst du?

Die drei Aggregatzustände

Viele Stoffe können je nach Temperatur fest, flüssig oder gasförmig sein:

- Feste Stoffe (z. B. Eis oder Eisennägel) verändern durch äußeren Druck ihr Volumen nicht und passen sich der Form eines Gefäßes nicht an, wenn man sie hineinfüllt.
- Flüssige Stoffe (z. B. flüssiges Wasser oder Alkohol) verändern durch äußeren Druck ihr Volumen nicht. Sie passen sich aber der Form eines Gefäßes an, wenn man sie hineinfüllt.
- Gasförmige Stoffe (z. B. Wasserdampf oder Luft) verändern durch äußeren Druck ihr Volumen sehr stark. Auch sie passen sich der äußeren Form eines Gefäßes an, wenn man sie hineinfüllt.

Viele Stoffe kommen je nach Temperatur in drei Aggregatzuständen vor: fest, flüssig und gasförmig.

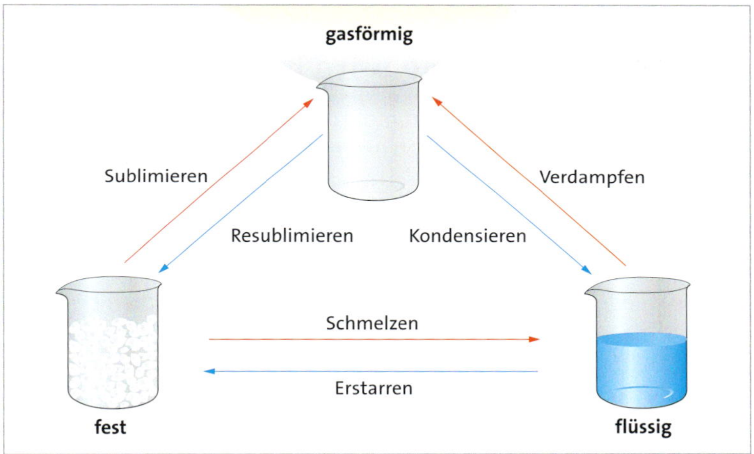

3 *Aggregatzustände und Übergänge zwischen den Aggregatzuständen*

Ergänzung: Das Beispiel Diesel

Normalerweise ist der Diesel im Tank flüssig. Bei strengem Frost kann er aber auch fest werden, also im Tank gefrieren. Diesel kann aber auch gasförmig vorliegen. Nur deshalb hat er nämlich einen Geruch: Unsichtbarer, gasförmiger Diesel gelangt in unsere Nase.

Interessantes

4 *Wäschetrocknen in Grönland*

Wäsche im Winter trocknen?

Wird Wäsche auch dann trocken, wenn man sie bei strengem Frost auf die Leine hängt? Können auch Eskimos oder Polarforscher ihre Wäsche auf der Wäscheleine trocknen?
Darauf gibt es eine klare Antwort: Ja! Wäsche, die im Winter bei Minustemperaturen draußen auf die Leine gehängt wird, trocknet ebenfalls. ↑4
Das Wasser in der Wäsche gefriert natürlich zuerst. Aber ohne dass das Eis schmilzt und wieder flüssig wird, wird allmählich unsichtbarer Wasserdampf an die Umgebung abgegeben.
Dieser Vorgang, bei dem ein Stoff direkt vom festen in den gasförmigen Zustand übergeht, wird als Sublimation bezeichnet. ↑3

Aufgaben

1 Wenn man Wasser verschüttet, so ist es nach einiger Zeit „verschwunden", auch ohne dass es weggewischt wurde. Erkläre diese Beobachtung.

2 Umschreibe folgende Begriffe mit eigenen Worten: Verdampfen, Kondensieren, Schmelzen, Erstarren, Sublimieren, Resublimieren.

3 Recherchiere: Welche Schmelz- und Siedetemperaturen haben Wasserstoff, Quecksilber und Wolfram? In welchem Aggregatzustand kommen diese Stoffe im Alltag vor?

4 Max sagt: „Anhand der Schmelz- und Siedetemperaturen kann ich herausfinden, um welchen Stoff es sich handelt." Hat er recht? Begründe.

5 Im Anhang findest du ein Diagramm mit den Schmelz- und Siedetemperaturen einiger Stoffe. In welchem Aggregatzustand befinden sich diese Stoffe bei Raumtemperatur (20 °C), bei 200 °C und bei 1500 °C?

Stoffe bestehen aus kleinen Teilchen

Eine Vermutung, dass alle Stoffe aus kleinen Teilchen bestehen, gibt es schon seit langer Zeit. Heute ist diese Vermutung zur Gewissheit geworden.

1, 2 *Der griechische Philosoph Demokrit behauptete als Erster, dass z. B. ein Salzkristall aus kleinen Teilchen bestehen müsste.*

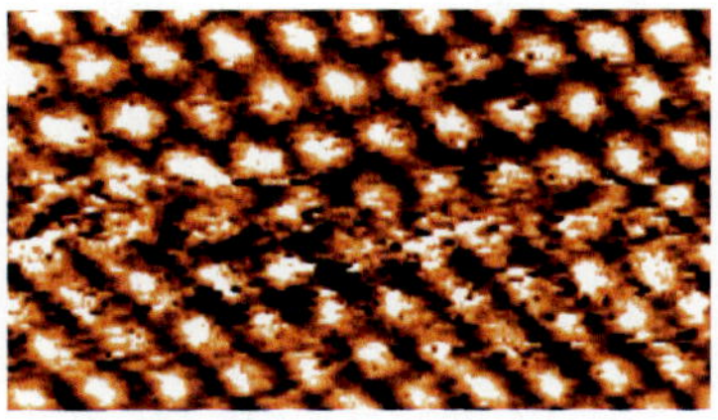

3 *Oberfläche einer Goldfolie*

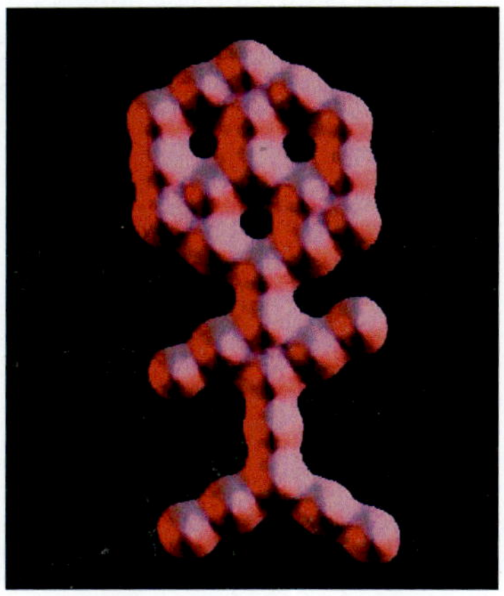

4 *Das kleinste „Männchen" der Welt*

Eine alte Vermutung wird bestätigt

Schon vor rund 2400 Jahren behauptete der griechische Denker Demokrit, dass die Welt aus kleinen Teilchen besteht. Da man aber keine Möglichkeit hatte, diese Teilchen sichtbar zu machen, konnte sich seine Idee nicht durchsetzen.

Erst über 2000 Jahre später wurden Demokrits Vorstellungen wieder aufgegriffen. John Dalton, ein Engländer, stellte sich um 1808 vor, dass die verschiedenen Stoffe aus verschiedenen kleinen Teilchen bestehen würden. Die kleinen Teilchen stellte er jeweils als winzige Kügelchen dar. Dieses „Daltonmodell vom Aufbau der Materie" hatte in den Folgejahren bei den Naturwissenschaftlern allmählich Erfolg.

Heute liefern uns Rastertunnelmikroskope sehr genaue Darstellungen von Oberflächen fester Stoffe. Diese zeigen, dass alle Stoffe letztlich aus kleinen Teilchen zusammengesetzt sind. ↑3

Das Rastertunnelmikroskop kann die kleinen Teilchen aber nicht nur sichtbar machen. Mit seiner Hilfe kann man einzelne der kleinen Teilchen als „Puzzlespiel" benutzen. Die Teilchen können aus der Oberfläche eines festen Stoffs entfernt und an anderer Stelle neu zusammengesetzt werden. So entstand z. B. das kleinste Männchen der Welt, zusammengesetzt aus kleinen Teilchen des Stoffs Kohlenstoffmonooxid. ↑4

Rastertunnelmikroskope zeigen, dass alle Stoffe aus kleinen Teilchen bestehen.

Aufgabe

1 Suche im Internet nach Abbildungen, die mithilfe eines Rastertunnelmikroskops erstellt wurden.
Welche Teilchen werden jeweils dargestellt?

Ergänzung: Die ständige Bewegung der kleinen Teilchen

Schon lange waren die Naturwissenschaftler davon überzeugt, dass sich die kleinen Teilchen in ständiger Bewegung befinden. Mit dem Rastertunnelmikroskop ist es nun möglich geworden, auch diese Idee zu bestätigen. Neue Techniken erlauben es, pro Sekunde bis zu 20 Bilder der Oberfläche eines Stoffs aufzuzeichnen. Die Bilder können zu einem Film zusammengesetzt werden. So kann man die eigenständige Bewegung der kleinen Teilchen beobachten.

Szenische Darstellung

Wasser besteht aus kleinen Teilchen. Diese Teilchen verändern je nach Aggregatzustand ihre Ordnung und die Art ihrer Bewegung. Schlüpf doch einmal, damit du dir das vorstellen kannst, in die Rolle eines Teilchens!
Im **festen Aggregatzustand** sind alle Teilchen auf festen Plätzen und haben eine bestimmte Ordnung. Die Teilchen üben untereinander große Anziehungskräfte aus. Dadurch halten sie sich gegenseitig auf ihren Plätzen. Die Teilchen schwingen ganz leicht hin und her.
Beim Erwärmen des Stoffs beginnen die Teilchen stärker zu schwingen. Je mehr der Stoff erwärmt wird, desto heftiger ist die Hin- und Herbewegung.
Nähert sich die Temperatur dem Schmelzpunkt der Substanz – bei Eis ist das 0 °C –, bricht die regelmäßige Anordnung auseinander. Im **flüssigen Aggregatzustand** ist der Zusammenhalt zwischen den Teilchen geringer. Die Teilchen bleiben zwar noch eng zusammen, können nun aber aneinander entlanggleiten und gegeneinander verschoben werden.
Wird das Wasser weiter erhitzt, so wird die Bewegung der kleinen Teilchen so heftig, dass die Anziehungskräfte nicht ausreichen, um sie „am Platz" zu halten. Erst gehen ein paar Teilchen in den **gasförmigen Aggregatzustand** über, sie verdampfen. Ist der Siedepunkt erreicht – bei Wasser liegt er bei 100 °C –, lösen sich die Teilchen voneinander. Der Stoff geht in den gasförmigen Aggregatzustand über. Es wirken nun so gut wie keine Anziehungskräfte mehr.
Erhitzt man das Gas weiter, so wird die Geschwindigkeit der Gasteilchen weiter erhöht.

5 *Fester Aggregatzustand*

6 *Flüssiger Aggregatzustand*

7 *Gasförmiger Aggregatzustand*

Tipps zur Durchführung

1. Einigt euch innerhalb der Gruppe (6–8 Schülerinnen und Schüler) über die Rollenverteilung. Ihr benötigt einen Vorleser und einen Regisseur. Alle anderen stellen „Teilchen" dar.
2. Schreibt gemeinsam einen ausführlichen Text. Skizzen können eure Aufzeichnungen unterstützen.
3. Zeichnet mit einem Stück Kreide Standorthilfen auf den Boden.
4. Filmt euch einmal mit einer Kamera und schaut euch kritisch eure Aufführung an. Gebt euch gegenseitig Rückmeldungen: Was war gelungen? Wo müsst ihr euch noch verbessern?

Aufgaben

1 Plant eine szenische Darstellung, die den Versuch 1 von Seite 40 wiedergibt.

2 Schreibt ein Drehbuch für eine szenische Darstellung, die den „Interessantes"-Text von Seite 41 wiedergibt.

3 Entwerft eine szenische Darstellung, die wiedergibt, warum Wasser problemlos durch einen Abfluss fließen kann, Eis dagegen nicht.

Kleine Teilchen in Bewegung

Nanu! Wo bist du denn jetzt gelandet? Hast du nun ein Chemiebuch oder einen Spielzeugkatalog in der Hand?
Du wirst schon sehen, Chemie kann man auch auf spielerische Art und Weise lernen!

1 *Material für den Chemieunterricht?*

Beobachten Untersuchen Experimentieren

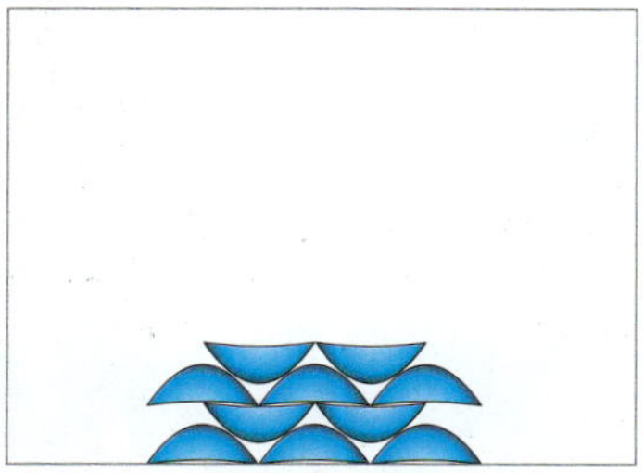

2 *Anordnung der Teilchen im festen Aggregatzustand*

3 *Anordnung der Teilchen im flüssigen Aggregatzustand*

4 *Anordnung der Teilchen im gasförmigen Aggregatzustand*

1 Modelle bauen – mit Knete
Forme aus Knetgummi zehn gleich große Kugeln. Baue aus diesen Kugeln eine Pyramide. Beschreibe das Aussehen der Pyramide. Was hat das alles mit den Teilchenvorstellungen der Naturwissenschaftler zu tun? Warum ist es sinnvoll, bei den Knetgummikugeln nicht nur auf Form und Größe, sondern auch auf die Farbe zu achten? Kannst du den gleichen Versuch auch mit zehn Murmeln machen?

2 Modellieren – mit Lego®
Baue aus 14 „Vierer-Legosteinen" eine Pyramide. Stelle die Pyramide in ein Becherglas. Passt sich die Pyramide der Form des Becherglases an? Nimm nun 14 einzelne „Vierer-Legosteine" und fülle sie in ein Becherglas. Passen sich die einzelnen Legosteine der Form des Becherglases an? Was hat das alles mit den Teilchen der Naturwissenschaftler zu tun?

3 Fest – gasförmig – Lego® zeigt, wie es geht
Wird Iod erhitzt, so wechselt es vom festen Aggregatzustand direkt in den gasförmigen Zustand.
Stelle diesen Vorgang mit den Legosteinen nach.

4 Rund um die Aggregatzustände
Durch den beim Kochen entstehenden Wasserdampf können in der Küche die Scheiben beschlagen. Das gasförmige Wasser kondensiert an der kalten Fensterscheibe. Stelle diesen Vorgang mit Knetgummi nach.

Die Theorie der kleinen Teilchen

Alle Stoffe bestehen aus kleinen Teilchen. Diese sind ständig in Bewegung. Mit steigender Temperatur nimmt die Bewegung zu, mit fallender Temperatur ab. Bei gleichbleibender Temperatur bleibt die Bewegung der kleinen Teilchen im Durchschnitt gleich schnell. Diese Bewegung hört niemals auf.

Im **festen Zustand** sind die Teilchen an einen Ort gebunden. Ihr Abstand voneinander ist sehr klein. Doch auch im festen Zustand sind die Teilchen in Bewegung. Da aber ihre freie Beweglichkeit durch ihre Nachbarn blockiert wird, schwingen sie nur wenig hin und her.

Im **flüssigen Zustand** ist zwischen den kleinen Teilchen – wie bei den Feststoffen – kaum freier Zwischenraum. Sie können aber aneinander entlanggleiten und sich gegeneinander verschieben. Daher liegt auch keine regelmäßige Ordnung vor.

Im **gasförmigen Zustand** gibt es große Zwischenräume zwischen den kleinen Teilchen. Die kleinen Teilchen bewegen sich schnell und regellos und stoßen dabei hin und wieder zusammen.

Die Bewegung der kleinen Teilchen eines Stoffs in den drei Aggregatzuständen ist von der Temperatur abhängig.

Interessantes

Die Brown'sche Bewegung

Im Jahr 1827 machte der englische Biologe R. Brown eine Entdeckung: Blütenpollen bewegen sich in Wasser, auch wenn die Flüssigkeit ganz zur Ruhe gekommen ist. Die Blütenpollen ändern häufig und ganz plötzlich ihre Richtung. Er erklärte sich dies so: Die Blütenpollen werden von den unsichtbar kleinen Teilchen des Wassers, die immer in Bewegung sind, angestoßen. Da die Blütenpollen sehr klein sind, reicht dieses Anstoßen aus, um eine sichtbare Bewegung hervorzurufen.

Ergänzung: Vorgänge als Comic darstellen

Mit Comics lassen sich Bewegungen Schritt für Schritt darstellen. Dies kann man auch nutzen, um darzustellen, wie sich die kleinen Teilchen verhalten, z. B. bei Änderungen des Agregatzustands.

Zuerst solltest du festlegen, welchen Vorgang mit kleinen Teilchen du darstellen willst. Am besten sind „Comics" aus vier bis sechs Bildern und etwa 10 bis 15 Teilchen pro Bild.

Außerdem gilt: Alle Teilchen eines Stoffs müssen in Form, Farbe und Größe identisch sein. Die Zahl der Teilchen darf sich von Bild zu Bild nicht ändern.

5–9 *Ein Beispiel: Wasserdampf kondensiert in einer Wolke zu einem Wassertröpfchen und gefriert dann zu einem Hagelkorn.*

Aufgaben

1 Betrachte Abb. 3 auf Seite 41. Baue mit Legosteinen die drei Aggregatzustände fest, flüssig und gasförmig nach.

2 Stelle die sechs möglichen Änderungen der Aggregatzustände mit Legosteinen nach.

Siedetemperaturen bestimmen

Durchführung:
Baue den Versuch wie in Abb. 1 auf. Befülle das Becherglas mit 100 ml Wasser. Der untere Teil des Thermometers muss vollständig eintauchen. Notiere die Temperatur des Wassers in einer Tabelle.

Stelle nun den Gasbrenner an und starte die Stoppuhr. Lies alle 30 Sekunden die Temperatur ab und notiere die Daten in einer Tabelle. Beende den Versuch, nachdem das Wasser für mindestens 2 Minuten gekocht hat.

Auswertung:
Erstelle ein Temperatur-Zeit-Diagramm. Verbinde die Punkte. Bestimme aus dem Diagramm die Siedetemperatur von Wasser.

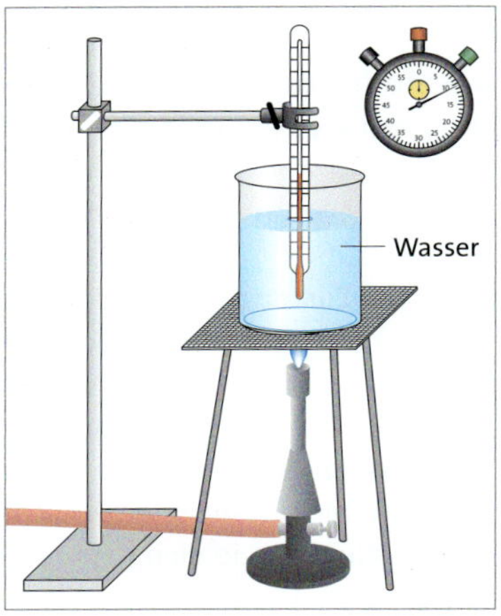

1 *Bestimmung der Siedetemperatur von Wasser*

Zeit in s	Temperatur in °C
0	...
30	
60	
...	

Nicht ins Schulbuch schreiben!

2 *Tabelle für ein Temperatur-Zeit-Diagramm*

Erstarrungstemperaturen bestimmen

Durchführung:
Der Versuch wird nach Abb. 3 durchgeführt: Koche zunächst Wasser auf und fülle das Becherglas halb voll. Befülle das Reagenzglas zur Hälfte mit Stearinsäure. Hänge nun das Reagenzglas mithilfe des Stativmaterials in das heiße Wasser.

Sobald die Stearinsäure geschmolzen ist, hängst du das Thermometer in das Reagenzglas. Der untere Teil des Thermometers muss vollständig eintauchen.

Lies alle 30 Sekunden die Temperatur ab und notiere die Daten in einer Tabelle. Beende den Versuch, nachdem die Stearinsäure für mindestens 2 Minuten wieder fest ist.

Achtung: Zum Entfernen des Thermometers musst du die Stearinsäure mit heißem Wasser erst wieder schmelzen!

Auswertung:
Erstelle ein Temperatur-Zeit-Diagramm. Verbinde die Punkte. Bestimme aus dem Diagramm die Erstarrungstemperatur von Stearinsäure.

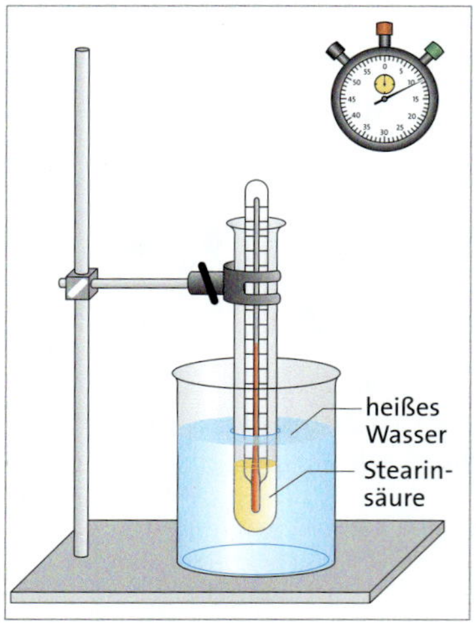

3 *Bestimmung der Erstarrungstemperatur von Stearinsäure*

Konstante Temperatur, z.B. beim Sieden

Wenn man Wasser erhitzt, beginnt es irgendwann zu sieden. Das flüssige Wasser wird gasförmig. Führt man weiter Energie zu, steigt die Temperatur bei 100 °C aber erst einmal nicht weiter an. Die Energie wird gebraucht, damit das Wasser verdampfen kann.

Kühlt man heißen Wasserdampf ab, ist es ganz ähnlich: Bei 100 °C fällt die Temperatur erst einmal nicht weiter, obwohl man weiter kühlt. Das Kühlen führt nur dazu, dass der Wasserdampf seinen Aggregatzustand wechselt.

Auch beim Schmelzen und Erstarren ist es so: Während des Schmelzens und Erstarrens ändert sich die Temperatur erst einmal nicht.

Die Ursache z.B. für das Verbleiben auf der Siedetemperatur sind die Anziehungskräfte zwischen den kleinen Teilchen eines Stoffs: Die Teilchen müssen sich erst einmal voneinander lösen.

Jeder Stoff hat ganz typische Schmelz- und Siedetemperaturen. Die Siedetemperatur eines Stoffs ist gleichzeitig auch seine Kondensationstemperatur. Die Schmelztemperatur entspricht seiner Erstarrungstemperatur.

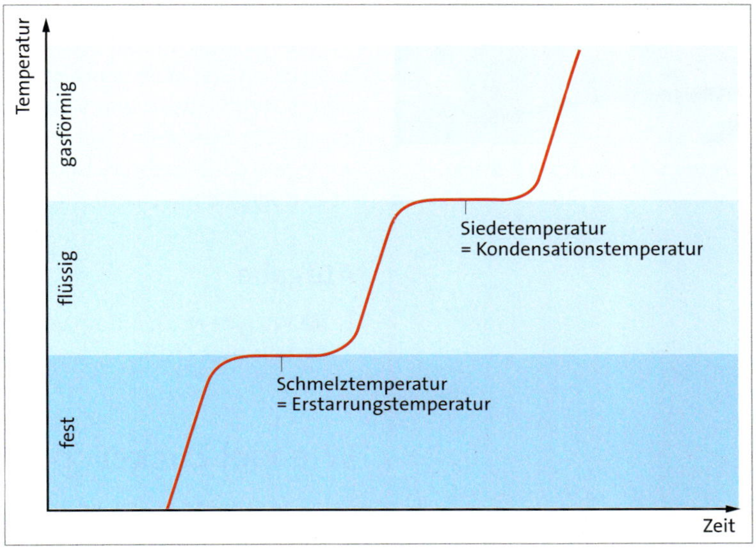

4 *Hier wurde einem Feststoff ständig immer weiter Energie zugeführt.*

Temperatur-Zeit-Diagramme richtig erstellen

Bei einem Diagramm ist es wichtig, dass die Messwerte auch hineinpassen. Dafür muss man die Achsen richtig wählen.

1 Lege fest, welche Werte auf die x-Achse und welche auf die y-Achse kommen sollen. Die Vorgabe (hier die Zeit) wird in der Regel an der x-Achse angetragen, die gemessene Größe (hier die Temperatur) an der y-Achse.

2 Miss aus, wie viel Platz du in Höhe und Breite zur Verfügung hast. Ein DIN-A4-Blatt hat etwa die Maße 21,0 cm · 29,7 cm. Denke auch an die Ränder.

3 Bestimme die größte Differenz zwischen dem kleinsten x-Wert und dem größten x-Wert. Tue dies auch für die y-Werte.

4 Wähle nun geeignete Achsen, sodass beide größten Differenzen gut hineinpassen.

Beispiel: Schmelzen von Eis
Die Eiswürfel aus dem Kühlschrank werden höchstens −10 °C haben. Bei +10 °C ist das Experiment zu Ende. Die y-Achse muss also von −10 bis +10 °C gehen.
Das Schmelzen der Eiswürfel wird – dank einer Wärmequelle – höchstens 20 Minuten dauern. Die x-Achse sollte also von 0 bis 20 min gehen.

Lösen und Schmelzen im Vergleich

1 *Festes Salz löst sich in Wasser.*

Lösen und Schmelzen im Alltag

Der Genuss vieler Lebensmittel hat etwas mit Lösen zu tun. Trinken wir Tee, geben wir Zucker hinein. Der Zucker wird aufgelöst und der Tee schmeckt süß. Es gibt viele andere Beispiele: Die Brausetablette löst sich im Wasser, das Salz im Nudelwasser, der Sirup im Getränk usw.
Auch das Schmelzen kommt oft vor:

- Wenn wir Eis essen, lassen wir es im Mund schmelzen, bevor wir es herunterschlucken.
- Der Eiswürfel in der Cola schmilzt und kühlt sie dabei.
- Tiefkühlkost müssen wir zuerst auftauen. Gehört zur Tiefkühlkost z. B. eine Soße, so schmilzt diese Soße.

Beim Lösen und beim Schmelzen liegt etwas Festes vor, das danach flüssig erscheint. Lösen und Schmelzen sind aber ganz verschiedene Vorgänge. Der Hauptunterschied ist, dass beim Lösen immer *zwei* Stoffe vorliegen: das Lösemittel und der Stoff, der gelöst wird. Beim Schmelzen ist es dagegen nur *ein* Stoff und dieser ändert seinen Aggregatzustand.

Aufgabe

1 Wo gibt es im Alltag weitere Löse- oder Schmelzvorgänge? Erstelle eine Liste.

Wie viel Zucker „passt" in den Tee?

Beim Lösen verteilt sich ein Stoff in die umgebende Flüssigkeit. Die Flüssigkeit, in der er gelöst wird, heißt Lösemittel. Viele Flüssigkeiten können ein Lösemittel sein, z. B. Wasser, Benzin oder Aceton.
Es lässt sich aber immer nur eine bestimmte Menge eines Stoffs in einem Lösemittel lösen. Dann ist die Lösung gesättigt. Die Löslichkeit gibt an, wie viel eines Stoffs sich in 100 g Lösemittel lösen, bevor die Lösung gesättigt ist. Bei Zucker sind dies ca. 200 g in 100 g Wasser. Wenn man in eine gesättigte Zuckerlösung weiteren Zucker gibt, bildet sich ein Bodensatz. Der Zucker löst sich nicht mehr auf.
Die Löslichkeit ist auch abhängig von der Temperatur. In der Regel gilt: Die Löslichkeit von festen Stoffen in einer Flüssigkeit nimmt mit steigender Temperatur zu. ↑2 Die Löslichkeit von Gasen in Flüssigkeiten nimmt dagegen mit steigender Temperatur ab.

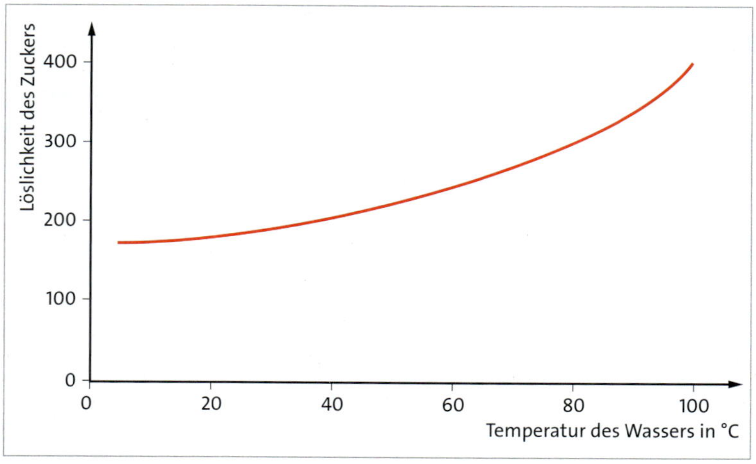

2 *Löslichkeit von Zucker in g je 100 g Wasser*

Aufgabe

2 Lies aus Abb. 2 ab, wie viel Gramm Zucker sich maximal in 250 ml 60 °C warmem Wasser lösen lässt.

Das Lösen und die kleinen Teilchen

Alle Stoffe bestehen aus kleinen Teilchen. Das gilt auch für Zucker und Wasser. Beim Auflösen verteilen sich die einzelnen Zuckerteilchen zwischen den Wasserteilchen. Der Zucker löst sich im Wasser. Die Zuckerteilchen sind jeweils von den Wasserteilchen umgeben. ↑4
Der Zucker als Stoff ist nun nicht mehr sichtbar. Die kleinen Teilchen des Zuckers sind aber immer noch vorhanden. Daher bleibt auch der süße Geschmack des Zuckers.
Die Auflösung kommt durch die Bewegung der kleinen Teilchen und die Kräfte zustande, die zwischen ihnen wirken. Die Wasserteilchen umlagern die Zuckerteilchen und lösen sie so von dem Zuckerkristall ab.

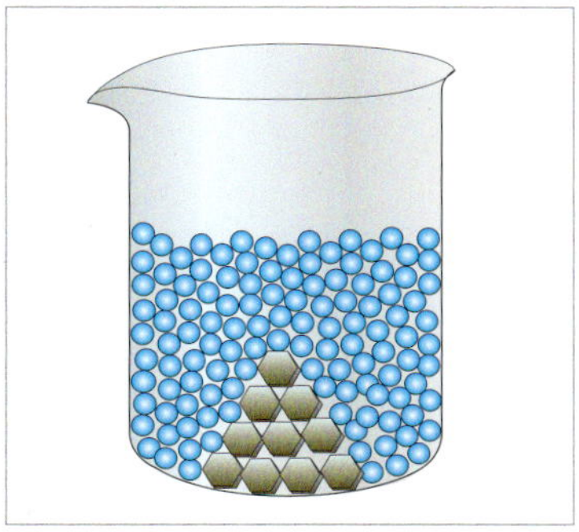

3 *Zucker in Wasser – vor dem Lösen*

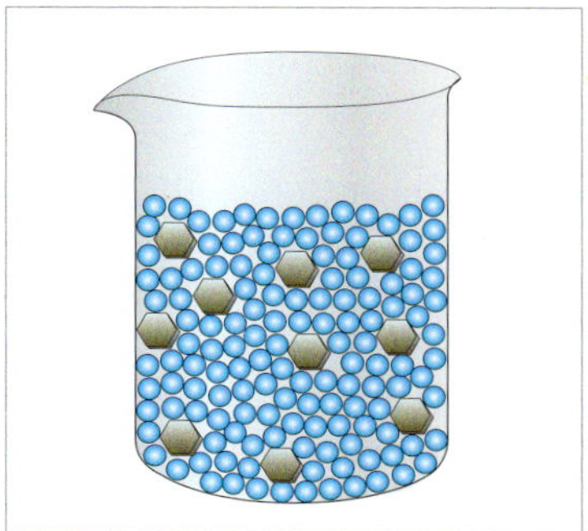

4 *Zucker in Wasser – nach dem Lösen*

Aufgabe

3 Was genau geschieht mit den Teilchen zwischen Abb. 3 und Abb. 4? Zeichne dazu eine Bilderfolge. Erstelle auch eine Bilderfolge für das Schmelzen von Zucker. Formuliere schriftlich eine Erklärung für den Unterschied.

Streusalz – Lösen oder Schmelzen?

Im Winter werden die Straßen mit Salz gestreut, um Unfälle zu verhindern. Das Eis auf der Straße ist immer von einem ganz dünnen Wasserfilm umgeben. ↑5 Wenn das Wasser und das Streusalz zusammenkommen, wird das Salz vom Wasser umgeben und darin gelöst. Das Salz zieht den Wasserfilm von der Eisfläche ab. Der Wasserfilm erneuert sich aber immer wieder, indem etwas Eis schmilzt. Nun löst sich noch mehr Salz. So geht es weiter, bis das Eis vollständig geschmolzen oder das Salz verbraucht ist. ↑9
Und warum bildet sich kein rutschiges „Salzwassereis"? Dafür ist es meist nicht kalt genug. Salzwasser hat eine niedrigere Erstarrungstemperatur als reines Wasser. Es bleibt auch bei Temperaturen knapp unter 0 °C noch flüssig.

Aufgabe

4 Recherchiere, wie viel Streusalz pro Jahr auf deutschen Straßen verteilt wird.

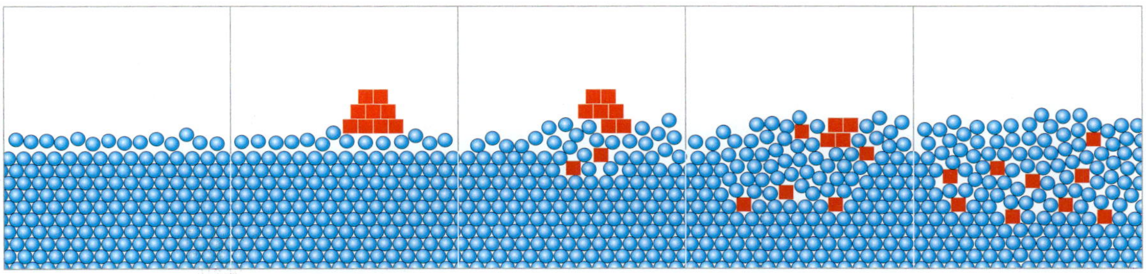

5–9 *Ein Comic zum Lösen von Eis durch Streusalz*

Wege in die Welt des Kleinen

1 *Fliege mit Facettenaugen*

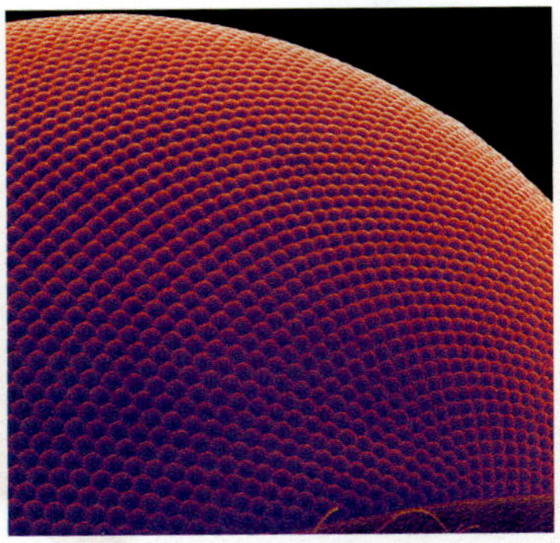

2 *Facettenauge unter dem Mikroskop*

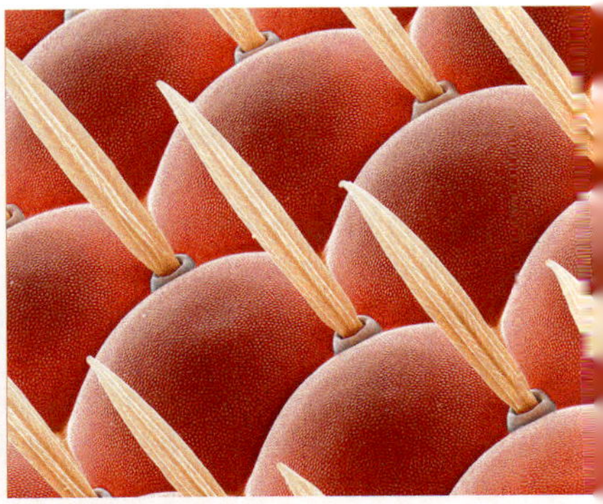

3 *Facettenauge im Spezialmikroskop*

Gerade hast du die Seite 50 in deinem Chemiebuch aufgeschlagen. Die großen Buchstaben der Überschriften kannst du wahrscheinlich ohne Probleme erkennen. Vielleicht hast du aber bei den kleineren Buchstaben im Text leichte Probleme. Da würde dir dann eine **Brille** helfen.
Was aber hilft, wenn die Objekte, die du betrachten möchtest, immer kleiner werden? Hier kannst du auf **Lupen** und **Mikroskope** zurückgreifen. Und dabei kannst du eine echte Überraschung erleben!

1. Das Auge

Auf dem Bild siehst du eine Euromünze. Sie hat einen Durchmesser von ca. 0,023 m. Bei dieser Größe kannst du ohne Probleme Farben und Formen erkennen.

Arbeitsauftrag: Gib den Durchmesser der Euromünze in Millimetern an.

2. Die Lupe

Der Blick durch die Lupe zeigt dir einige Kratzer auf der Ein-Euro-Münze. Mit dem Auge wären diese Kratzer nicht zu erkennen. Sie haben eine Breite von nur etwa 0,0001 m.

Arbeitsauftrag: Gib die Breite eines Kratzers in Millimetern an.

4

5

3. Das Lichtmikroskop
Du schaust durch ein Mikroskop, um einen Kratzer näher zu betrachten. Bei 100-facher Vergrößerung sieht er aus wie der Grand Canyon!

Arbeitsauftrag: Berechne den Durchmesser dieses „Grand Canyons“ in Millimetern.

6

4. Das Elektronenmikroskop
Der silberfarbene mittlere Bereich einer Euromünze besteht aus den Metallen Kupfer und Nickel. Mithilfe eines besonders guten Mikroskops, des Elektronenmikroskops, kannst du noch genauer hinschauen. Das Bild zeigt einen Ausschnitt einer Euromünze, der eine Breite von nur 0,000 001 m hat.

Arbeitsauftrag: Gib den Ausschnitt des Bilds in Millimetern an.

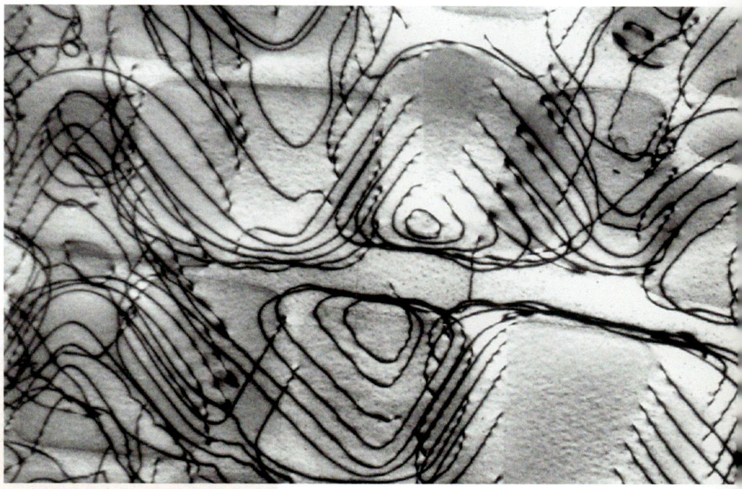

7

5. Das Rastertunnelmikroskop
Der „Ferrari“ unter den Mikroskopen ist das Rastertunnelmikroskop. Mit seiner Hilfe lässt sich die Oberfläche unserer Euromünze besonders gut untersuchen. Es zeigen sich eiförmige Erhebungen, die einen Abstand von nur 0,000 000 0003 m haben.

Arbeitsauftrag: Hier musst du nicht mehr in Millimeter umrechnen. Oder packt dich der Ehrgeiz?

8

Ist Parfüm immer gut?

Auf dieser Doppelseite findest du einen Text und dann Aufgaben dazu. Wenn du die Grundlagen über Stoffe verstanden hast, kannst du zusammen mit dem Text die Aufgaben lösen. Überprüfe dich selbst.

1 *Parfüms verschönern das Leben, oder?*

2 *Die Hersteller halten die genaue Rezeptur natürlich geheim ...*

Lina durfte heute zum ersten Mal das Parfüm ihrer Mutter benutzen. In der Schule rümpfen einige Mitschüler allerdings die Nase.

Immerhin aber sagt Manuela: „Ich finde, das riecht toll!"

Lina antwortet: „Ja, aber jetzt habe ich Kopfschmerzen."

Sie geht zur Lehrerin: „Ich habe totale Kopfschmerzen."

Die Lehrerin meint: „Zu viel Parfüm ist nicht immer angenehm. Nimmt man zu viel Parfüm, wird der Duft aufdringlich. Kommt man über die sogenannte Fluchtschwelle, flüchten sogar die Menschen um einen herum."

Lina: „Ja, das habe ich jetzt verstanden, aber warum habe ich *Kopfschmerzen?*"

Lehrerin: „Viele Parfüms bestehen zu etwa vier Fünfteln aus Alkohol. In dem Alkohol sind natürliche oder künstliche Duftstoffe gelöst. Das sind die sogenannten Riechstoffe. Man kennt heute etwa 400 natürliche und 2000 künstlich hergestellte Duftstoffe. Die künstlich hergestellten heißen auch synthetische Duftstoffe. Leider sind nicht alle Duftstoffe völlig harmlos."

Lina: „Das wusste ich nicht. Was können denn diese Stoffe alles verursachen?"

Die Lehrerin antwortet ihr: „Bei empfindlichen Personen können sie allergische Reaktionen auslösen. Ein zu starker Parfümgeruch kann bei einigen Menschen sogar zu Benommenheit, Kopfschmerzen, Atembeschwerden und Übelkeit führen. Deswegen gibt es Menschen, die den Gebrauch von Parfüm am Arbeitsplatz oder in der Schule verbieten wollen."

Lina: „Dann nehme ich beim nächsten Mal auf jeden Fall weniger Parfüm."

3 *Enthalten Parfüms grundsätzlich nur harmlose Stoffe?*

Wissen und Anwenden

1 Welche andere Bezeichnung gibt es für „künstliche" Duftstoffe?

2 Ein Parfüm enthält 8 von 10 Teilen Alkohol. Berechne den Anteil Alkohol (in ml), der in einem Fläschchen mit 50 ml enthalten ist.

3 Du willst 400 ml Parfüm herstellen, das aus 7 Teilen Alkohol und 3 Teilen flüssiger Duftstoffmischung besteht. Berechne, wie viel Alkohol und Duftstoffmischung du verwenden musst.

4 Beschreibe ein Verfahren zur Gewinnung natürlicher Duftstoffe.

5 Beschreibe einen möglichen Grund, warum Parfüms so viel Alkohol enthalten.

6 Eine parfümierte Person geht an dir vorbei. Du kannst das Parfüm riechen. Aber wie ist das Parfüm in deine Nase gekommen? Einen Spritzer hast du bestimmt nicht abbekommen. Erkläre mit deinen eigenen Worten.

Planen und Untersuchen

7 Du hast zwei Parfüms. Beschreibe ein Experiment, mit dem du untersuchen kannst, welches schneller verdunstet.

8 Du hast ein Parfüm, das aus einem Duftöl und Alkohol besteht. Das Mischungsverhältnis ist dir nicht bekannt. Beschreibe ein Experiment, mit dem du herausfinden kannst, wie viele Teile Alkohol und Duftstoff etwa verwendet wurden.

Kommunizieren, Bewerten und Entscheiden

9 Zeichne den Versuchsaufbau einer Destillationsapparatur.

10 Viele Menschen benutzen täglich Parfüm. Nimm zu den folgenden Aussagen Stellung. Begründe, ob sie deiner Meinung nach sinnvoll und richtig sind.

(1) Man sollte regelmäßig Parfüm benutzen, damit man angenehm riecht.

(2) Parfüms sind für die Hygiene des Menschen nicht notwendig.

11 Manche Leute fühlen sich vom Parfüm anderer Menschen gestört. Nimm zu den folgenden Aussagen Stellung. Begründe, ob sie deiner Meinung nach sinnvoll und richtig sind.

(1) Der Gebrauch von Parfüms in öffentlichen Gebäuden sollte verboten werden, da er andere Personen erheblich stören kann.

(2) Die Benutzung von Parfüms kann das Leben angenehmer machen. Daher sollten wir Parfüms weiterhin überall benutzen dürfen.

12 Sollte man deiner Meinung nach die Benutzung von Parfüms einschränken? Begründe deine Entscheidung.

Stoffe und Gegenstände
Alles, was man anfassen oder in ein Gefäß füllen kann, gilt in der Chemie als Stoff. Es gibt feste, flüssige und gasförmige Stoffe. Beispiele sind Zucker, Olivenöl und Wasserdampf.
Gegenstände, z. B. ein Stuhl oder ein Tisch, haben eine bestimmte Form. Sie können aus verschiedenen Stoffen hergestellt sein.

1 *Festes Blei*

2 *Schmelzendes Blei*

3 *Goldwäsche – auch eine Stofftrennung*

Stoffeigenschaften
Jeder Stoff hat bestimmte Eigenschaften. Manche dieser Eigenschaften kann man mit den Sinnesorganen erfassen, z. B. die Farbe. Zum Erkennen weiterer Eigenschaften braucht man Hilfsmittel, z. B. einen Magneten. Manche Stoffeigenschaften sind auch messbar, z. B. die Schmelztemperatur. Von den Eigenschaften eines Stoffs hängt es ab, wofür man ihn verwenden kann.

Diese Eigenschaften erkennt man ...

... mit den Sinnesorganen
- Farbe
- Geruch
- Geschmack
- Oberfläche

... mit einfachen Hilfsmitteln
- Härte
- Brennbarkeit
- Löslichkeit in Wasser
- elektrische Leitfähigkeit
- Wärmeleitfähigkeit

... mit Messgeräten
- Schmelztemperatur
- Siedetemperatur

4 *Filtrieren*

Reinstoffe und Stoffgemische
Aluminium ist ein Stoff, der mit keinem anderen Stoff vermischt ist. Es ist ein Reinstoff. Schokolade dagegen ist ein Stoffgemisch. Sie besteht aus mehreren Reinstoffen: Zucker, Fett, mehrere Farbstoffe, Vitamin B_2 usw.

5 *Absetzenlassen eines Feststoffs in einer Flüssigkeit (Suspension)*

Stoffgemische kann man trennen
Im Gegensatz zu Reinstoffen kann man Stoffgemische wieder in die einzelnen Reinstoffe trennen. Dazu eignen sich verschiedene Trennverfahren, z. B.:
- Filtrieren
- Extrahieren
- Destillieren
- Adsorbieren
- Absetzenlassen
- Flüssigkeit eindampfen lassen

1 Stoff oder nicht Stoff – das ist hier die Frage.

a Welche der folgenden Begriffe bezeichnen jeweils einen Stoff, welche nicht: Luft, Wasser, Salz, Musik, Eisen, Gedanken, Cola, Wärme?

b Erläutere den Unterschied zwischen Stoffen und Gegenständen.

c Liste für Gold, Luft, Kochsalz und Wasser jeweils drei wichtige Stoffeigenschaften auf.

2 Auch Fahrräder bestehen aus Stoffen.

a Erläutere, welche Eigenschaften der Stoff Eisen hat und warum Eisen zum Bau von Fahrradrahmen verwendet wird.

b Erläutere, warum man Fahrradreifen aus Gummi herstellt.

c Warum nimmt man für die Kabel am Fahrradlicht Kupfer und nicht Eisen?

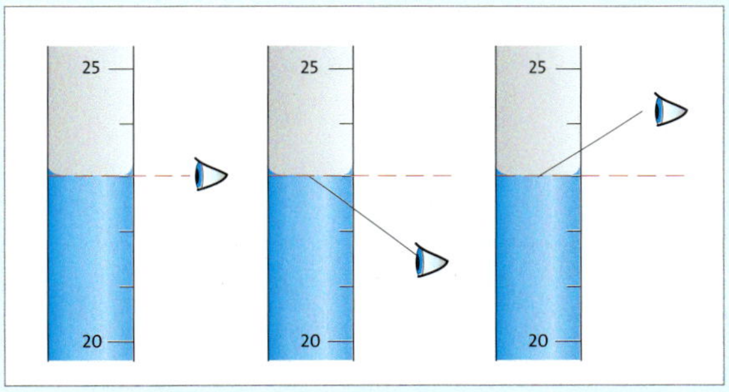

6–8 *Wie liest man richtig ab?*

3 Am Strand findest du viele Stoffe.

a Du findest eine Münze, ein Stück Treibholz, eine Muschel und einen alten Plastikbecher. Erläutere, wie du herausfindest, welches der härteste und welches der weichste Stoff ist.

b Nenne mindestens zwei Wege, wie man ein Gemisch aus Sand und Wasser voneinander trennen kann.

c Beschreibe einen Versuch, mit dem man aus Meerwasser reines Wasser herstellen kann.

4 Lebensmittel sind Stoffgemische.

a Aus einem Lebensmittel soll das enthaltene Fett abgetrennt werden. Erläutere den Vorgang.

b Nenne und beschreibe ein Verfahren, mit dem man Duftstoffe aus einem Rohstoff heraustrennen kann.

5 Lisa und André haben ein tolles Parfüm hergestellt. Die ganze Klasse findet diesen Duft gut. Auf die Frage nach dem Rezept geben sie an: 3 Teile Orangenduft, 5 Teile Rosenduft und 12 Teile Wasser.

a Wie viel der einzelnen Anteile braucht man, um 100 ml des Parfüms herzustellen?

b Mit dem Messzylinder lassen sich 60 ml Wasser sehr genau abmessen. Welcher der drei Schüler auf den Bildern wird tatsächlich 60 ml korrekt ablesen? ↑6–8

Schätze deine Kenntnisse und Fähigkeiten ein!

Ordne dazu deiner Lösung im Heft ein Smiley zu:

☺ Ich konnte die Aufgabe richtig lösen.

😐 Ich konnte die Aufgabe nicht komplett lösen.

☹ Ich konnte die Aufgabe nicht lösen.

➔ **Die Lösungen findest du im Anhang.**

Nr.	Ich kann ...
1	Stoffe erkennen und beschreiben, was Stoffe sind und was nicht.
1, 2	mehr als zehn Stoffeigenschaften aufzählen.
1, 2, 3	Stoffe anhand ihrer Eigenschaften beschreiben.
3, 4	Versuche beschreiben, mit denen man Stoffgemische trennen kann.
5	Mischungsverhältnisse von Stoffgemischen berechnen.
5	Flüssigkeitsstände mit einem Messzylinder korrekt ablesen.

Brände und Brandbe

Welche Bedingungen sind nötig, damit etwas brennen kann? Siehe S. 62 – 63

Was entsteht bei einer Verbrennung? Siehe S. 66 – 69

kämpfung

STORY 057-1

Wie entsteht ein Feuer und wie macht man ein Feuer?
Siehe S. 58 – 61

ONLINE

Abo Shop Ne

Home | Politik | Meinung | Wirtschaft | Geld | Sport | Wissen | Gesundheit | Panorama | Kultu

In den Nachrichten:

Aktualisiert vor 14 Minuten | +++ LIVE-TICKER +++ 31.03.2011

Zigarettenkippe führt zu Waldbrand

Die ganze Nacht arbeiteten mehr als 200 Feuerwehrleute, um den Brand im Tannhäuser Forst zu löschen. Später entdeckte die Polizei im Wald Zigarettenkippen und einen Grill.

Tannhausen – Kilometerweit sahen die Anwohner der kleinen Gemeinde Tannhausen gestern den Rauch. Gegen 15 Uhr hatten Spaziergänger im nahen Forst der Gemeinde den Brand entdeckt. Die Polizei vermutet, dass unvorsichtige Wanderer das Feuer ausgelöst haben. Später fand die Polizei am Waldrand Zigarettenkippen und einen Grill, die vermutlich die Quelle des Brandes waren.

Durch den gestern Abend aufkommenden Wind wurde das Feuer weiter angefacht. So war die Berufsfeuerwehr, unterstützt von der Freiwilligen Feuerwehr, die ganze Nacht im Einsatz. Dann war das Feuer gelöscht. Auf mehreren Hektar waren Waldboden und Bäume verkohlt. Menschen kamen aber nicht zu Schaden.

Der Bürgermeister von Tannhausen, Peter Simon, wies darauf hin, dass wegen der anhaltenden Trockenheit bereits letzte Woche die zweithöchste Waldbrandstufe ausgelöst wurde. Simon appellierte an die Bürger, nicht im Wald zu rauchen und erst recht nicht zu grillen. Zigarettenkippen oder auch Flaschen sollten auch nicht aus den Autos geworfen werden. Auf dem trockenen Gras und Gehölz könnte sonst leicht ein neuer Brand entstehen.

ARTIK

Emp

ANZEIGE

WEITE

Jap

Kai

Wo

Rau

THEME

Wie wird man Feuerwehrmann oder -frau?
Siehe S. 65

Ein Brand ist eine chemische Reaktion. Was kennzeichnet eine chemische Reaktion?
Siehe S. 76 – 79

Feuer und Flammen – näher untersucht

Eine Kerze ist zwar nur ein ganz, ganz kleines Feuer. Aber wir können an ihr alles Wichtige einer Verbrennung entdecken.

1 *Selbst kleine Flammen haben eine faszinierende Wirkung auf uns.*

Beobachten Untersuchen Experimentieren

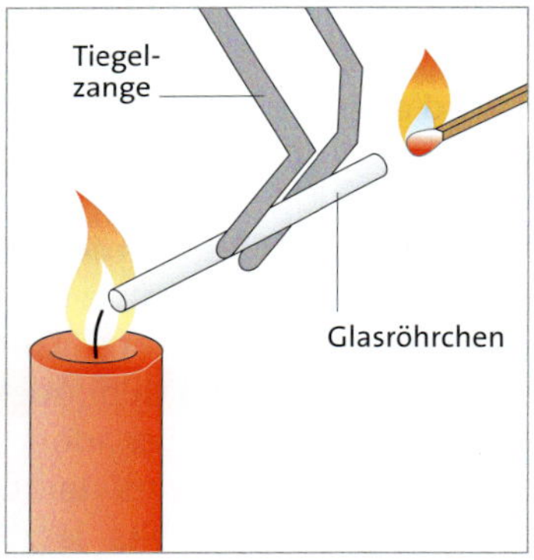

2 *Abzweigen von Wachsdampf*

3 4 5

1 Eine Kerze anzünden
Zünde eine Kerze an. Beobachte sehr genau, was passiert. Wie ändert sich die Größe der Flamme? Was passiert mit dem Wachs in der Nähe des Dochts?

2 Eine Kerze ohne Docht?
Versuche etwas Wachs ohne Docht zu entzünden. Wie gehst du vor? Benutze z. B. ein Zündholz ohne Kopf, das du in das Wachs steckst.

3 Können Gase brennen?
Halte mit einer Tiegelzange das Ende eines etwa 10 cm langen Glasröhrchens in die Mitte einer Kerzenflamme. Halte nun ein brennendes Zündholz an das andere Ende des Röhrchens. ↑2

4 Brennbarer Wachsdampf?
Entzünde eine Kerze. Warte, bis das Kerzenwachs rund um den Docht geschmolzen ist. Puste die Kerze aus. Vom Docht steigt jetzt weißer Wachsdampf nach oben.

a Zünde ein Zündholz an. Halte es ungefähr 2 cm über dem Docht in den aufsteigenden Wachsdampf. ↑3
b Halte in einem zweiten Versuch die Zündholzflamme nun etwa 5 cm über dem Docht in den aufsteigenden Wachsdampf. ↑4
c Zünde die Kerze noch einmal an. Stülpe ein Glasrohr darüber. ↑5 Puste die Kerze anschließend aus. Halte die Zündholzflamme am oberen Glasrand in den Wachsdampf.
d Protokolliere die Beobachtungen dieser Versuchsreihe.

Wie eine Kerze brennt

Das Entzünden einer Kerze dauert ein wenig. Erst wenn der Docht und das Wachs mit einem brennenden Zündholz oder Feuerzeug sehr heiß geworden sind, entsteht die Kerzenflamme.
Festes Kerzenwachs lässt sich nicht entzünden. Auch flüssiges Wachs brennt nicht. Wenn wir aber das Wachs so stark erhitzen, dass es verdampft, dann können wir den Wachsdampf entzünden. Nach diesem Prinzip funktioniert auch eine Kerze: Das Wachs verdampft am Docht. Es geht in den gasförmigen Aggregatzustand über und kann jetzt brennen.

Bei einer Kerze brennt nur der Wachsdampf.
Flammen sind brennendes Gas.

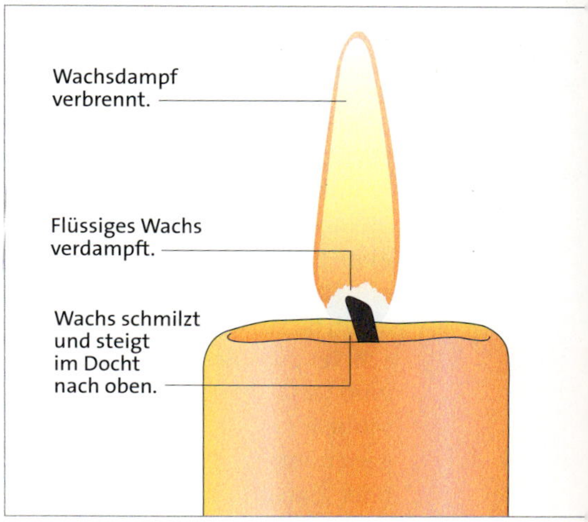

6 *Vorgänge beim Brennen einer Kerze*

Ergänzung: Die Vorgänge in einer Kerze genau beobachtet
Zünden wir die Kerze an, ist es durch das Zündholz oder Feuerzeug so heiß, dass das Wachs am Docht verdampft. Der Wachsdampf beginnt zu brennen. Durch die Hitze, die dabei entsteht, schmilzt das feste Wachs in der Kerze darunter. Das flüssige Kerzenwachs steigt im Docht hoch. Dort ist es noch heißer, sodass das Wachs verdampft und sich entzündet. Die Kerze brennt. ↑6

Beobachten beim Experimentieren
Beim Experimentieren machen wir „Beobachtungen". Dies klingt zwar so, als würde man den Versuch nur mit den Augen verfolgen. Man soll aber das Experiment auch mit allen anderen Sinnen, also auch mit Nase oder Ohren „beobachten".
Dieses aufmerksame Beobachten kannst du trainieren, z. B. mit einer Kerze. Hier eine kleine Auswahl an Fragen, die sich durch genaues Beobachten einer Kerze beantworten lassen:
- Wie lange dauert es, bis eine kalte Kerze brennt?
- Wie verändert sich die Flamme beim Entzünden?
- Hörst du Geräusche beim Anzünden?
- Hörst du Geräusche beim Brennen?
- Wie riecht eine brennende Kerze?
- Ist der Geruch beim Brennen oder nach dem Auspusten stärker?
- Wie sieht die Flamme genau aus?
- Wo ist es in der Nähe der Flamme am heißesten?
- Wo wird die Kerze warm?

Wenn du schon gut beobachten kannst, dann versuche doch mal, das Entzünden und Abbrennen einer Wunderkerze zu beschreiben.

Aufgaben

1 Welchen Aggregatzustand hat Wachs beim Brennen?

2 Ordne die folgenden fünf Sätze in der richtigen Reihenfolge an. Die Sätze sollen genau beschreiben, was beim Entzünden einer Kerze geschieht.
a Das feste Wachs rund um den Docht brennt nicht.
b Der Wachsdampf entzündet sich bei einer bestimmten Temperatur.
c Das flüssige Wachs steigt im Docht nach oben.
d Das Wachs wird beim Halten einer Zündholzflamme an den Docht erhitzt; es schmilzt.
e Das Wachs verdampft.

3 Warum muss eine Kerze mit einer Flamme angezündet werden? Warum geht das nicht auch mit einem Funken?

Ein Feuer – aber wie?

Holz ist ein einfacher Brennstoff. Es ist überall verfügbar. Daher wurde es auch schon von den Steinzeitmenschen genutzt. Es ist aber es ist gar nicht so einfach, ein Stück Holz anzuzünden. Vor allem dicke Holzstücke lassen sich schwer zum Brennen bringen. Es wird also etwas benötigt, das schneller brennt. Das können z. B. ganz dünne Holzspäne, Grashalme oder Papierblätter sein. Darauf werden dann etwas größere Holzstücke gelegt. Erst wenn diese brennen, können große Holzscheite in das Feuer gegeben werden.

1 *Lagerfeuer*

Aufgaben

1 Nicht alle Stoffe sind dazu geeignet, dass mit ihnen ein Feuer gemacht werden kann.
Untersuche verschiedene Stoffe bzw. Gegenstände auf ihre Brennbarkeit: Eisennagel, Holzstück, Eisenwolle, Holzkohle, Papier, Pappe, Aluminiumblech, Leder. Welche Stoffe könntest du noch untersuchen?

a Überlege zuerst, welche Geräte und Materialien du benötigst.

b Führe den Versuch durch. Notiere deine Beobachtungen in einer Tabelle. Erstelle ein Versuchsprotokoll.

2 Untersuche den Einfluss der Zerteilung eines Brennstoffs auf die Möglichkeit, ein Feuer zu machen.
Halte verschieden große Holzstücke in die Brennerflamme.
Was beobachtest du? Fertige ein Versuchsprotokoll an.

3 Mache mit deiner Klasse ein Lagerfeuer auf dem Schulhof oder auf einem Grillplatz in der Nähe.
Was braucht ihr dazu? Wie geht ihr vor?

4 Früher gab es noch keine Zündhölzer oder Feuerzeuge.
Versuche ein Feuer ohne Zündhölzer oder Feuerzeug zu entzünden.
Überlege und informiere dich, welche Möglichkeiten es dazu gibt.

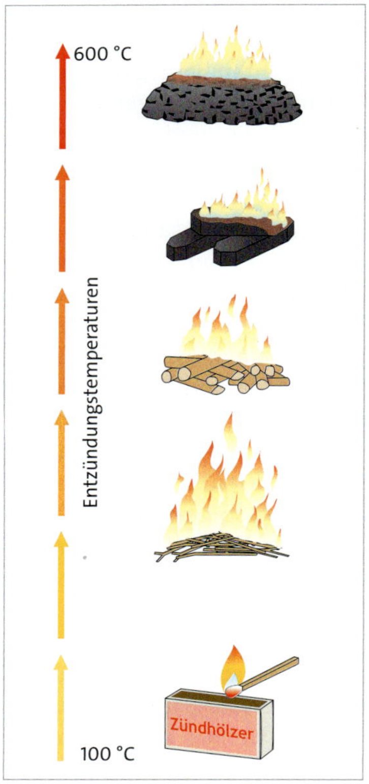

2 *Eine Stufenzündung*

Eine Lampe – selbst gemacht

Baue eine Öllampe wie in Bild 3. Dazu brauchst du ein Glas mit Deckel, einen Docht, Speiseöl, Hammer und Nagel.
Plane dein Vorgehen. Wann brennt deine Öllampe am besten?
Gibt es einen Unterschied, wenn du verschiedene Öle verwendest?

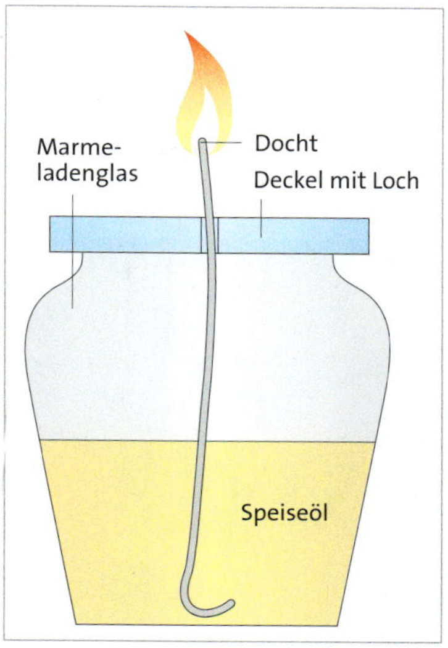

3 *Aus einem Marmeladenglas kannst du eine Öllampe bauen.*

Die heißesten Flammen

Feuer und Flammen braucht man nicht nur, um Licht und Wärme zu erzeugen. In der Technik bietet das Feuer weitere Möglichkeiten. Bei der Verbrennung des Gases Acetylen kann man bis zu 3100 °C heiße Flammen erzeugen. Diese Flammen sind so heiß, dass damit dicke Stahlplatten zerschnitten oder zusammengeschweißt werden können. ↑4, 5 Zum Vergleich: Eine Kerzenflamme hat nur eine Temperatur von etwa 550 °C.

4 *Durchtrennen von Stahl mit dem Schneidbrenner*

5 *Zusammenschweißen zweier Metallstücke*

Aufgaben

5 Wozu wurde das Feuer in der Steinzeit benutzt? Erstelle ein Poster.

6 Stelle eine Übersicht auf, wo wir heute Feuer verwenden und wozu wir es benutzen. Wie unterscheidet sich unsere heutige Nutzung von der in der Steinzeit?

7 Welche Brennstoffe wurden früher benutzt, welche heute?

Der Sauerstoff

Ohne Luft brennt kein Feuer (vgl. Versuch 1). Der Bestandteil der Luft, der dafür verantwortlich ist, ist der Sauerstoff. Nur da, wo der Brennstoff mit dem Sauerstoff der Luft in Berührung kommt, können Flammen entstehen.

1

1 Flamme ohne Luft?
Stülpe ein Becherglas über eine brennende Kerze. Was beobachtest du?

Sauerstoff –
ein Bestandteil der Luft muss zugeführt werden.

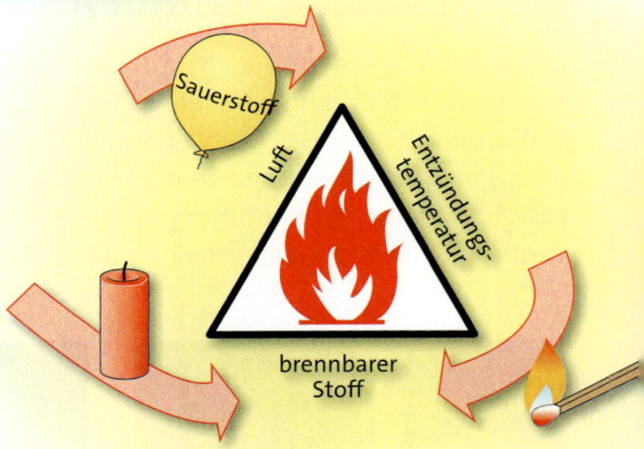

Ein brennbarer Stoff (Brennstoff) muss vorhanden sein.

Der brennbare Stoff

Für ein Feuer braucht man natürlich einen brennbaren Stoff, den Brennstoff. Das kann z. B. Papier, Holz, Kohle, Benzin, Spiritus, Heizöl, Erdgas oder Kerzenwachs sein.

2 Wann brennt Kohle?
Versuche mithilfe einer Tiegelzange ein Stück Holzkohle in der Brennerflamme zu entzünden. Brennt die Holzkohle außerhalb der Flamme weiter?

2

3

Die Entzündungstemperatur

Der Brennstoff muss auf eine ganz bestimmte Temperatur erhitzt werden, damit sich brennbare Gase bilden. Denn nur Gase brennen. Diese sogenannte Entzündungstemperatur ist von Stoff zu Stoff unterschiedlich.

3 Prüfe die Entzündbarkeit von Stoffen
Lege eine Keramikplatte auf einen Dreifuß. Ordne darauf etwa gleich große Stücke folgender Stoffe im gleichen Abstand zur Mitte an: Holzspan, Stahlwolle, Zellstoff, Kupferspan, Holzkohle, Kork, Porzellanscherbe, Watte, Kies, Ziegelstein, Kreide und Papier. ↑4
Stelle einen Bunsenbrenner mit rauschender Flamme unter die Mitte des Drahtnetzes. Notiere die Veränderung an den Stoffen. Welche Stoffe sind brennbar? In welcher Reihenfolge entzünden sie sich?

Eine Zündquelle ist nötig. Sie muss für die erforderliche **Entzündungstemperatur** sorgen.

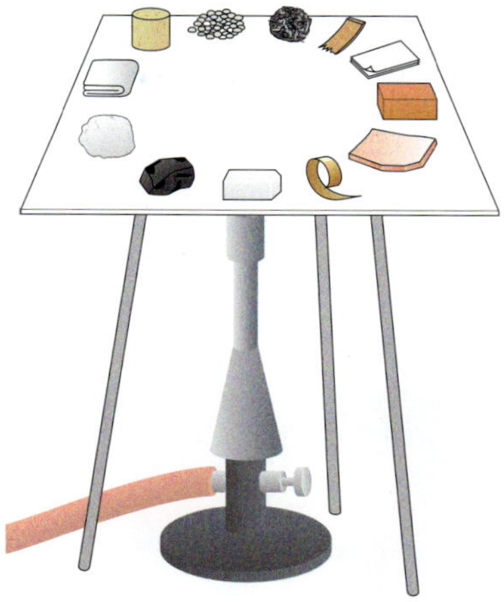

4 Vergleich der Entzündbarkeit

Der Einfluss des Zerteilungsgrads

Je feiner ein Brennstoff zerteilt ist, umso besser brennt er. Das hast du schon beim Anzünden eines Lagerfeuers bemerkt: Große Holzstücke lassen sich schwerer anzünden als kleine Holzspäne. Das liegt daran, dass die Oberfläche des Brennstoffs durch das Zerteilen größer wird und mehr Luftsauerstoff mit dem Brennstoff in Berührung kommen kann.

4 Fein verteilt brennt besser (Lehrerversuch)
Etwas Petroleum (GHS08) wird in eine Porzellanschale gegeben und zu entzünden versucht. Danach wird Petroleum in eine leere Pumpsprayflasche gefüllt und in die Bunsenbrennerflamme gesprüht.

Stoff	Entzündungstemperatur
Zündholzkopf	100 °C
Zeitungspapier	175 °C
Kunststoffe	200–300 °C
Kohle	240–280 °C
Stroh	250–300 °C
Heu	260–310 °C
Holz	280–340 °C
Schreibpapier	360 °C

Aufgaben

1 Beschreibe den Unterschied zwischen „Brennen" und „Glühen" am Beispiel eines Stücks Holzkohle. Benutze dabei den Begriff Entzündungstemperatur.

2 Auf Dosen für Haarspray oder Körperspray steht: „Nicht in offene Flammen sprühen." Erläutere.

3 Im Innern einer Kerzenflamme befindet sich Wachsdampf. Trotz einer Temperatur von etwa 800 °C brennt er nicht. Wachsdampf am Rand einer Flamme brennt dagegen schon bei Zimmertemperatur. Erkläre.

Feuer machen und Feuer löschen als Beruf

Großfeuerwerkerin/ Großfeuerwerker

Große Feuerwerke können eine ganze Stunde dauern. Dass die Feuerwerkskörper in der richtigen Reihenfolge abbrennen und dass niemand gefährdet wird, liegt in der Verantwortung der Pyrotechniker. Sie planen den Ablauf des Feuerwerks, beantragen Genehmigungen bei den Behörden, sorgen für die Sicherheit, bauen die Feuerwerkskörper auf und zünden sie schließlich.

Bühnenfeuerwerkerin/ Bühnenfeuerwerker

Bei Theateraufführungen oder Konzerten sorgen Pyrotechniker für sprühende Funken, Flammen und Rauch. Besondere Sicherheitsvorschriften sind hier zu beachten, denn meistens sind die Veranstaltungen in geschlossenen Räumen und viele Zuschauer sind dabei. Nichts darf passieren und alles muss funktionieren: live on stage!

FEUER MACHEN

Pyrotechnikerin/Pyrotechniker

„Pyro“ ist griechisch und bedeutet Feuer. Feuerwerke und zündende Spezialeffekte sind also die Bereiche, in denen Pyrotechnikerinnen und Pyrotechniker tätig sind. Daher werden sie auch Feuerwerkerin und Feuerwerker genannt. Der Beruf Pyrotechniker ist kein Ausbildungsberuf. Man muss aber Lehrgänge machen und praktische Erfahrung sammeln, bevor man selber „zünden“ darf. Für die Spezialisierung in bestimmten Bereichen sind weitere Lehrgänge erforderlich.

1 *Großfeuerwerk*

Filmpyrotechnikerin/ Filmpyrotechniker

Explodierende Autos, brennende Häuser, einschlagende Kugeln: Im Film müssen die Spezialeffekte immer ganz echt aussehen. Dass trotzdem niemandem etwas passiert, ist eine der Aufgaben der Pyrotechniker bei Film- und Fernsehproduktionen. Ganz wichtig ist hierbei das Timing und die Zuverlässigkeit, denn viele Szenen können nur einmal gedreht werden.

2 *Pyrotechnik in der Filmindustrie*

... bei der Berufsfeuerwehr

Voraussetzung für eine Tätigkeit bei der Berufsfeuerwehr ist, dass man eine abgeschlossene handwerkliche Ausbildung besitzt, sportlich und schwindelfrei ist und sich gut in Deutsch, Mathe, Chemie, Physik und Technik auskennt. In der Ausbildung lernt man dann vieles Weitere, u. a. wird man auch zum Rettungssanitäter geschult. Hat man das alles geschafft, arbeitet man in einem spannenden, vielfältigen, aber auch anstrengenden Beruf. Jede Sekunde kann ein Einsatz kommen, in dem es um Leben und Tod geht.

FEUER LÖSCHEN

Feuerwehrfrau/Feuerwehrmann

Brände gab es schon immer und wird es wohl auch immer wieder geben. Eine Stelle bei der Feuerwehr ist damit ein sicherer Arbeitsplatz. Dabei ist das Feuerlöschen nur eine Aufgabe neben vielen anderen: Retten, löschen, bergen, schützen – die Feuerwehr kümmert sich um den Rettungsdienst, leistet technische Hilfe bei Verkehrsunfällen oder hilft bei gefluteten Kellern bei Hochwasser.
Es gibt verschiedene Feuerwehren, deren Ausbildung sich auch unterscheidet.

3 *Feuer ist oft schön oder nützlich, manchmal wirkt es aber auch zerstörerisch.*

... bei der Werksfeuerwehr

Besonders gefährdete oder große Betriebe wie Flughäfen, Betriebe der chemischen Industrie, Automobilhersteller oder Kraftwerke besitzen meist eine eigene Feuerwehr. Das hat den Vorteil, dass die Feuerwehrleute besonders gut auf die speziellen Gefahren dieses Betriebs reagieren können. Im Gegensatz zur Feuerwehr im öffentlichen Bereich brauchen Bewerber hier keinen bereits erlernten Beruf. In einer anerkannten dreijährigen Ausbildung erlernt man hier alles, um den Betrieb und die Menschen, die darin arbeiten, zu schützen.

... bei der Freiwilligen Feuerwehr

Wer das alles nicht hauptberuflich machen möchte, kann sich der Freiwilligen Feuerwehr anschließen. Hier lernt man all das, was hauptberufliche Feuerwehrleute auch lernen – aber in der Freizeit. Und wenn es dann brennt und die Sirene oder der Piepser am Gürtel losgeht, lässt man alles stehen und liegen und eilt zur Feuerwache. Das ist sicherlich eine der spannendsten Aufgaben, wie man sich um das allgemeine Wohl unserer Gesellschaft kümmern kann. Und das kann man nicht nur als Erwachsener: Informiere dich doch mal über die Jugendfeuerwehr.

Bei Verbrennungen werden Stoffe umgewandelt

Wenn wir die Vorgänge bei einer Verbrennung genau untersuchen, können wir ein wichtiges Prinzip der Chemie entdecken: die chemische Reaktion.

1 *Abgase eines Kohlekraftwerks entstehen bei einer Verbrennung.*

Beobachten Untersuchen Experimentieren

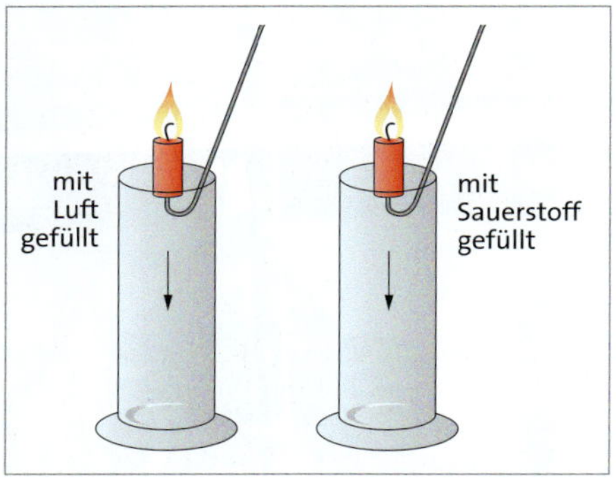

2 *Standzylinder mit Luft und mit Sauerstoff*

3 *Glimmspanprobe zum Nachweis von Sauerstoff*

1 „Verbrauchte" Luft

Befestige eine Kerze mit etwas Wachs auf einer Glasplatte und entzünde sie. Stülpe ein Becherglas über die Kerze. Nachdem die Flamme erloschen und das Glas wieder abgekühlt ist, wird das Becherglas zusammen mit der Glasplatte umgedreht. Stelle dann eine brennende Kerze in das Glas. Erkläre.

2 Feuer in Luft und Sauerstoff

Stelle zwei Standzylinder nebeneinander auf einen Tisch. Fülle einen Standzylinder mit Sauerstoff (GHS04|03) aus der Gasflasche oder einem Luftballon. Halte eine brennende Kerze, die an einem Metalldraht befestigt ist, nacheinander in beide Standzylinder. Was beobachtest du? ↑2

3 Glimmspanprobe

Fülle einen Standzylinder mit Sauerstoff (GHS04|03) aus der Gasflasche oder einem Luftballon. Entzünde einen Holzspan. Puste die Flamme nach kurzer Zeit aus und halte den noch glimmenden Holzspan in den Standzylinder. Was beobachtest du? ↑3

4 Bei Verbrennungen entsteht etwas

Halte ein kaltes Becherglas verkehrt herum kurz über eine brennende Kerze. Das Glas beschlägt. Woraus besteht der Beschlag? Prüfe mit weißem Kupfersulfat (GHS07|09). Weißes Kupfersulfat färbt sich mit Wasser blau.

Stelle eine lange Kerze in einen Standzylinder und lass sie einige Zeit brennen. Nimm sie dann heraus, gib etwas Kalkwasser in den Standzylinder und schüttle kurz. Kalkwasser trübt sich, wenn Kohlenstoffdioxid vorhanden ist.

In einer Kerze werden Stoffe umgewandelt

Ohne Luft kann keine Kerze brennen. Genau genommen wird die Flamme nur von einem Teil der Luft gefördert: Sauerstoff. Lässt man eine Kerze in reinem Sauerstoff brennen, ist die Verbrennung viel stärker als in Luft. Die anderen Gase in der Luft – das ist vor allem Stickstoff – ermöglichen keine Verbrennung. ↑4

Der Sauerstoff wird beim Brennen einer Kerze genauso wie der Brennstoff Wachs benötigt. Es entstehen aber auch neue Stoffe. Wir können Wasser und das Gas Kohlenstoffdioxid nachweisen.

Stoffumwandlungen mit Sauerstoff bezeichnen wir auch als Oxidation. Deshalb heißen Stoffe, die bei einer solchen Stoffumwandlung entstehen, Oxide, z. B. Kohlenstoffdioxid.

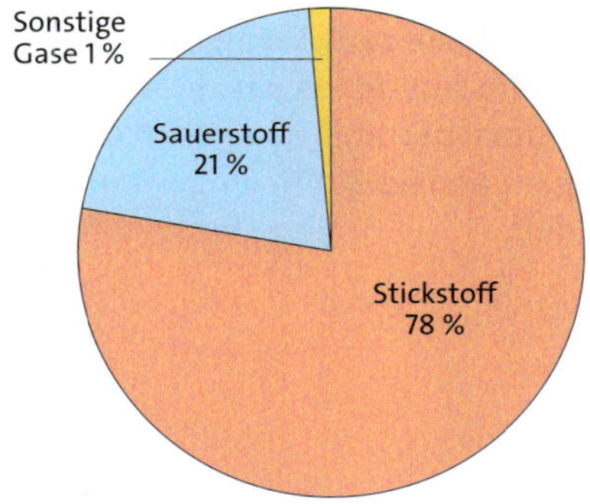

4 *Zusammensetzung der Luft*

Beim Brennen einer Kerze entstehen aus dem Brennstoff Wachs und dem Sauerstoff der Luft Kohlenstoffdioxid und Wasser. Es findet eine Stoffumwandlung statt.

Ergänzung: Andere Stoffumwandlungen

Auch bei der Verbrennung von Kohle, Erdgas oder Holz finden Stoffumwandlungen statt. Hier entstehen auch Kohlenstoffdioxid und Wasser. Das ist aber nicht immer so. Bei anderen Stoffumwandlungen können auch andere Stoffe entstehen.

Ebenfalls finden Stoffumwandlungen nicht nur bei Verbrennungen statt. Das Rosten von Eisen ist ein Beispiel für eine Stoffumwandlung ohne Verbrennung.

Aufgabe

1 Nenne die Ausgangsstoffe und die Reaktionsprodukte für die beschriebenen Stoffumwandlungen.

Beobachten Untersuchen Experimentieren

5 Reaktionsprodukte nachweisen

Bei der Verbrennung von Erdgas, Erdöl oder Holz mit Sauerstoff entstehen die Reaktionsprodukte Kohlenstoffdioxid und Wasser.

Als Nachweis für das Kohlenstoffdioxid dient die Kalkwasserprobe. Kalkwasser wird bei der Einleitung von Kohlenstoffdioxid trübe.

Das Wasser, das entsteht, ist zunächst gasförmig. Wir können es kondensieren, auffangen und genauer betrachten. Einen Nachweis für Wasser bietet das weiße Kupfersulfat (GHS07|09). Es färbt sich beim Kontakt mit Wasser blau.

Du siehst hier die Skizze eines Versuchs. ↑5 Mit ihm kann man nachweisen, dass bei der Verbrennung von Erdgas oder Holz Kohlenstoffdioxid und Wasser entstehen. Überlege, wie dieser Versuch einmal für Erdgas und einmal für Holz funktioniert. Formuliere, ausgehend von der Versuchsskizze, eine ausführliche Versuchsbeschreibung.

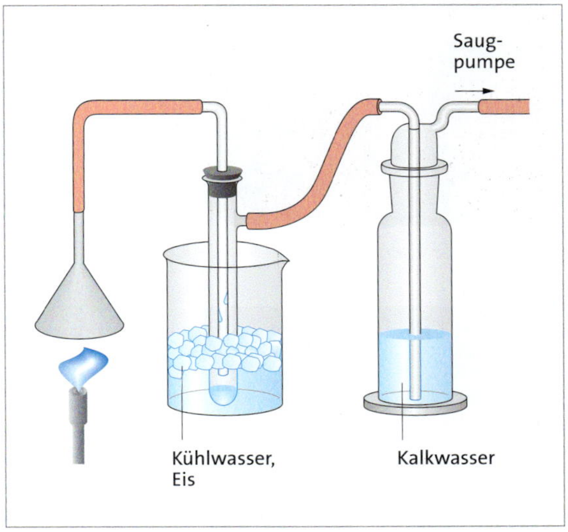

5 *Skizze zu Versuch 5*

Was chemische Reaktionen gemeinsam haben

Wenn ein Haus abbrennt, bleibt eine Ruine zurück. Fast alle Stoffe, aus denen das Haus einmal bestand, haben sich in ganz andere Stoffe umgewandelt.

1 *Nach einem Brand sieht alles ganz anders aus.*

Beobachten Untersuchen Experimentieren

2 *Glühende Eisenwolle*

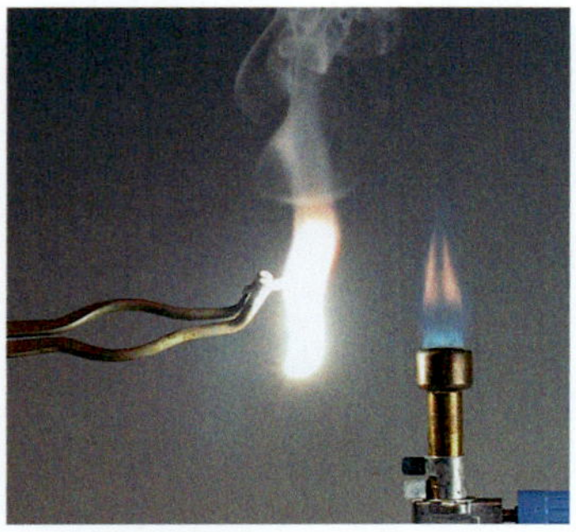
3 *Brennendes Magnesiumband*

1 Die glühende Holzkohle
Lege ein kleines Stückchen Holzkohle (ca. 5 mm) in eine Porzellanschale. Gib 3 Tropfen Sicherheitsgrillanzünder auf die Holzkohle. Zünde den Grillanzünder an. Wenn keine Flamme mehr zu erkennen ist, puste mit einem Strohhalm vorsichtig Luft auf die Kohle. Beschreibe deine Beobachtungen. Beschreibe auch die Reaktionsprodukte.

2 Auch Eisen kann brennen
Nimm ein kleines Knäuel Eisenwolle. Halte es mit der Tiegelzange kurz in die Flamme des Gasbrenners und dann über eine feuerfeste Unterlage. ↑2
Beschreibe das Reaktionsprodukt.

3 Der rostige Eisennagel
Lege einen Eisennagel in einer Schale auf ein feuchtes Zellstofftaschentuch. Halte das Taschentuch 2 Wochen lang feucht. Beobachte während dieser Zeit den Nagel.
Notiere deine Beobachtungen.

4 Die Magnesiumfackel
Nimm ein kleines Stück Magnesiumband (ca. 2 cm, GHS02).
Halte es mit der Tiegelzange in die Flamme des Gasbrenners.
Achtung: Nicht direkt in die Flamme schauen! ↑3
Beschreibe das Reaktionsprodukt.

Chemische Reaktionen

Bei einer Stoffumwandlung entstehen aus Stoffen neue Stoffe mit anderen Eigenschaften. Man sagt, die Stoffe „reagieren" miteinander. So reagieren in einer Kerzenflamme die Stoffe Wachs und Sauerstoff zu den Stoffen Kohlenstoffdioxid und Wasser.

Wachs + Sauerstoff → Kohlenstoffdioxid + Wasser

Die Stoffe, die miteinander reagieren, werden als Ausgangsstoffe oder auch Edukte bezeichnet. Die Stoffe, die entstehen, nennt man Reaktionsprodukte. Der gesamte Vorgang heißt „chemische Reaktion".

Bei einer Stoffumwandlung werden Ausgangsstoffe (Edukte) in Reaktionsprodukte umgewandelt. Eine Stoffumwandlung wird in der Chemie chemische Reaktion genannt.

Ergänzung: Energie bei chemischen Reaktionen
Bei einer chemischen Reaktion werden häufig auch Licht und Wärme freigesetzt, zwei wichtige Energiearten. Das wird bei einer Verbrennung sehr deutlich.
Bei anderen chemischen Reaktionen ist das nicht immer so deutlich erkennbar. Eine chemische Reaktion mit Sauerstoff kann auch ohne Flamme ablaufen: Eisen reagiert an der feuchten Luft mit Sauerstoff, es rostet. Diese Reaktion ist aber so langsam, dass man nicht unmittelbar beobachten kann, wie Wärmeenergie freigesetzt wird. Reaktionen können aber auch sehr schnell ablaufen, z. B. bei einer Explosion.
Bei anderen chemischen Reaktionen kann von den reagierenden Stoffen sogar Energie aus der Umgebung aufgenommen werden.

4 *Eine chemische Reaktion*

Aufgaben

1 Erläutere an Experiment 1 alles, was du bisher schon über Verbrennungen und chemische Reaktionen gelernt hast.

2 Stelle Reaktionsgleichungen für die Versuche 2 bis 4 auf.

3 Recherchiere: Wo verbrennt man Magnesium, um Licht zu erzeugen?

4 Erläutere, warum die Umwandlung von Wasser in Eis keine chemische Reaktion ist.

Reaktionsgleichungen aufstellen

METHODE

Bei chemischen Reaktionen entstehen neue Stoffe. Es findet also eine Stoffumwandlung statt. Die neuen Stoffe nennt man Reaktionsprodukte. Es können bei einer chemischen Reaktion ein oder auch mehrere Reaktionsprodukte entstehen.
Die Stoffe, die vor der Reaktion vorhanden sind, werden als Ausgangsstoffe oder auch als Edukte bezeichnet. Auch hier kann es sich um einen oder um mehrere Ausgangsstoffe handeln.
Die Stoffumwandlung der Ausgangsstoffe in Reaktionsprodukte drücken wir in der Reaktionsgleichung aus. Für den Vorgang der chemischen Reaktion benutzt man dabei einen Pfeil:

Ausgangsstoffe → Reaktionsprodukte

Lies: „Ausgangsstoffe reagieren zu Reaktionsprodukten."

Die Reaktionsgleichung für die Verbrennung von Wachs lautet also:

Wachs + Sauerstoff → Kohlenstoffdioxid + Wasser

Lies: „Wachs und Sauerstoff reagieren zu Kohlenstoffdioxid und Wasser."

Vorsicht!
Bei einer Reaktionsgleichung ist eigentlich gar nichts gleich. Die Ausgangsstoffe sind etwas vollkommen anderes als die Reaktionsprodukte. Daher setzt man auch kein Gleichheitszeichen in die Mitte, sondern den Reaktionspfeil.

Aufgabe

5 Aus dem Alltag weißt du, dass Eisen an der Luft rostet. Wie müsste hier die Reaktionsgleichung lauten?

Feuer löschen

Nicht jedes Feuer ist gewollt. Über 200 000 Brände entstehen jedes Jahr allein in Haushalten. Was kann man tun, um Brände zu verhindern? Wie löscht man eigentlich Feuer? Worauf muss man dabei achten?

1

Arbeiten am Projekt

Auf diesen Seiten findet ihr einige Denkanstöße über Brände und die Bekämpfung von Bränden. Wichtig ist, dass ihr euch vorher genau überlegt, welches Themengebiet ihr bearbeiten wollt. Die Übersicht auf dieser Seite kann euch helfen, euch zu entscheiden.

Teilt euch in Gruppen auf und bearbeitet eure Fragen mithilfe verschiedener Informationsquellen. Haltet eure Ergebnisse auf einem Plakat oder in einer Informationsbroschüre fest.

Brandvorbeugung:

Brände müssen gar nicht erst entstehen, wenn bestimmte Vorkehrungen getroffen werden.

- Was versteht man unter Brandschutz?
- Wie werden die meisten Brände im Haushalt ausgelöst?
- Verschiedene Orte, verschiedene Sicherheitsmaßnahmen: Erkundigt euch, welche Maßnahmen z. B. in eurer Schule, in einer Chemiefabrik, bei einem Gefahrguttransport ... getroffen werden, um Brandunfälle zu vermeiden.
- Manche Brände werden auch als „Brandkatastrophen" in der Geschichte bezeichnet. Vom Brand in Rom unter Kaiser Nero habt ihr sicher schon gehört. Aber es gab z. B. auch die Brandkatastrophe in Chicago oder in Hamburg. Recherchiert darüber.

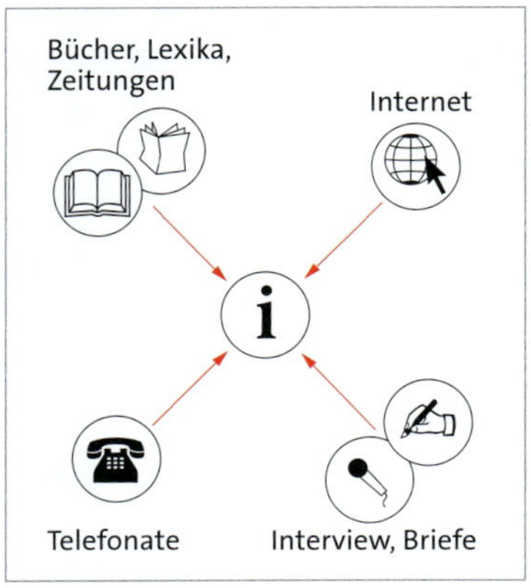

2 *Informationsquellen auswählen*

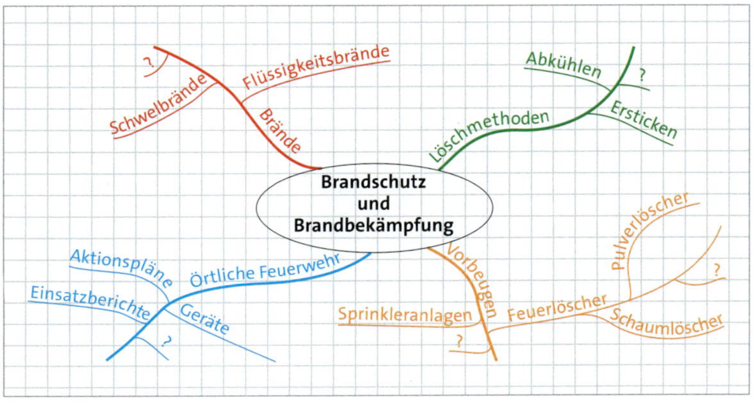

3 *Unterthemen und Arbeitsgruppen mit einer Mind-Map organisieren*

4 *Löschdecke im Einsatz*

Brandbekämpfung:

Das Entstehen von Feuer hat drei Ursachen: Es braucht genug Sauerstoff, einen brennbaren Stoff und die Entzündungstemperatur muss erreicht sein.
- Es gibt entsprechend den drei Brandursachen auch drei verschiedene Löschmethoden. Welche?
- Recherchiert über die Brandklassen. Wonach richtet sich die Einteilung der brennbaren Stoffe?
- Welche verschiedenen Feuerlöscher gibt es und wie funktionieren sie?
- Untersucht, welche Löschmittel in eurer Schule und besonders in eurem Chemieraum vorhanden sind. Wozu und wie werden sie verwendet?
- Baut einen eigenen Feuerlöscher und erklärt seine Funktionsweise.

Die Feuerwehr:

Besucht eure Feuerwehr vor Ort oder ladet einen Vertreter ein. Vielleicht kennt ihr ja auch jemand, der bei der Feuerwehr arbeitet.
- Erstellt vorher einen genauen Fragenkatalog. Sortiert die Fragen, z. B. Fragen zur Ausbildung, zum Arbeitsalltag, zur Ausrüstung, zu besonderen Erlebnissen …
- Vielleicht könnt ihr eure Fragen schon einmal vorher der Feuerwehr schicken, damit beide Seiten gut vorbereitet sind.
- Informiert euch über die Freiwillige Feuerwehr und die Jugendfeuerwehr.

Verhalten im Brandfall:

Wenn es doch einmal brennt, ist es lebensnotwendig, sich richtig zu verhalten.
- Wie müsst ihr euch beim Ausbruch eines Feuers verhalten?
- Warum müssen Strom und Gas bei Feuer ausgeschaltet werden?
- Was ist besonders in der Schule zu beachten?
- Wie muss ein Brand bei der Feuerwehr gemeldet werden?

5 *Brandschutz in der Schule*

Auch Abgase verschwinden nicht einfach

Ohne Energie ist unser Alltag kaum vorstellbar. Wir brauchen Energie zum Kochen, für elektrische Geräte oder das Licht. Ohne Wärme aus der Heizung wäre es im Winter sehr kalt im Haus. Treibstoffe verwenden wir für den Antrieb von Autos, Bussen oder Flugzeugen.

1 *Reaktionsprodukte aus Kraftwerken und Industrieanlagen*

2 *Reaktionsprodukte im Verkehr*

3 *Auch das Heizen hinterlässt Reaktionsprodukte.*

Abgase bei Verbrennungen

In Kraftwerken gewinnen wir elektrische Energie. In vielen Kraftwerken wird Kohle verbrannt. Dadurch wird Wasser erhitzt und verdampft. Dieser Wasserdampf treibt Turbinen an, mit denen elektrischer Strom erzeugt wird. Mit dem Strom können wir zu Hause alle elektrischen Geräte betreiben, von der elektrischen Zahnbürste bis hin zum Kühlschrank.

Aber auch in den Heizungen für unsere Häuser und Wohnungen verbrennen wir etwas: Erdgas oder Erdöl. Auch hier wird Wasser erhitzt. Das Wasser fließt dann durch die Heizkörper und in den Zimmern wird es warm.

Erdöl ist auch die Basis zur Herstellung von Benzin oder Diesel. Benzin und Diesel werden in den Motoren von Autos oder Bussen verbrannt. Diese Verbrennung treibt die Motoren an, damit Autos und Busse fahren.

Alle Verbrennungen haben eines gemeinsam: Ein Brennstoff reagiert mit dem Sauerstoff aus der Luft. Brennstoffe sind hier Erdgas, Erdöl und Kohle. Bei der Verbrennung dieser Brennstoffe entstehen als wichtigste Reaktionsprodukte Kohlenstoffdioxid und Wasser. Diese Reaktionsprodukte gelangen durch Schornsteine oder den Auspuff in die Umwelt. ↑1–3

Neben Kohlenstoffdioxid und Wasser entstehen auch noch andere Verbrennungsprodukte, z. B. Stickstoffoxid. Welche Stoffe entstehen, hängt in erster Linie von der Art und Zusammensetzung der Brennstoffe ab. Einige dieser Reaktionsprodukte können für unsere Umwelt schädlich sein oder zur Entstehung schlechter Luft in unseren Innenstädten beitragen.

Weniger Abgase – der Umwelt zuliebe!

Beim Verbrennen von Brennstoffen entstehen Abgase. Diese Abgase können unsere Umwelt belasten. Daher sollten wir uns bemühen, möglichst wenig Abgase zu erzeugen.
Damit wir wenig Abgase verursachen, sollten wir sparsam mit Energie umgehen. Je weniger Energie wir verbrauchen, desto weniger wird auch die Umwelt mit Abgasen belastet. Hier kann jeder mithelfen, die Umwelt zu schonen.

Was kannst du tun, um Energie zu sparen?

- Heizung: Wenn die Heizung läuft, sollten die Fenster geschlossen sein. So bleibt die Wärme im Zimmer und entweicht nicht direkt auf die Straße. Beim Lüften solltest du stoßweise lüften oder die Heizung ausschalten. ↑4
  Manchmal sind 2 bis 3 °C weniger im Zimmer immer noch warm genug. Wenn du nicht zu Hause bist, sollte die Heizung heruntergestellt werden.
- Elektrogeräte: Wenn du elektrische Geräte nicht brauchst, schalte sie aus. Zum Beispiel sollte der Computer nur angeschaltet sein, wenn du daran arbeitest oder spielst.
  Viele Fernseher werden oft nur über die Fernbedienung ausgeschaltet. Sie laufen dann im Stand-by-Modus weiter. Schaltet man auch das Stand-by aus, spart man Strom. ↑5
- Verkehr: Autos verbrauchen viel Benzin. Für kurze Wege sollten wir besser das Fahrrad benutzen oder zu Fuß gehen.
  Wir sollten mehr mit Bussen und Bahnen fahren. Busse und Bahnen verschmutzen unsere Umwelt weniger, als wenn jeder einzeln mit dem Auto unterwegs ist. ↑6

4 Bei offenem Fenster sollte man die Heizung ausschalten.

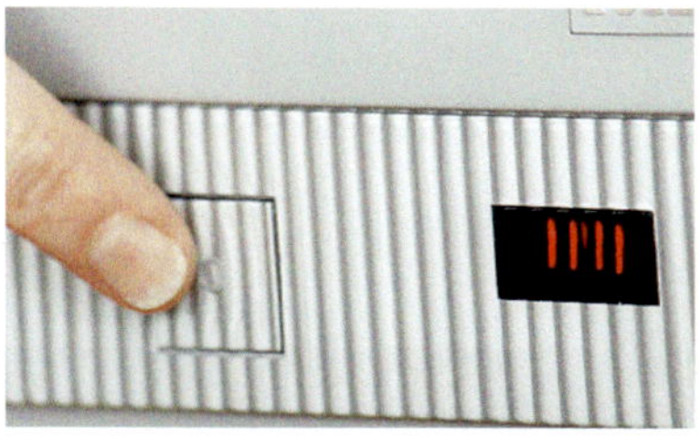

5 Geräte verbrauchen im Stand-by-Modus viel Strom.

6 Öffentliche Verkehrsmittel können unsere Umwelt schonen.

Aufgaben

1 Stelle ein Liste auf: Welche Geräte laufen bei dir zu Hause häufig im Stand-by? Welche Geräte sind oft angeschaltet, obwohl du sie nicht benutzt?

2 Recherchiere: Wie viel Benzin verbraucht ein Auto durchschnittlich? Wie viel ein Reisebus? Warum ist der Reisebus umweltschonender?

3 Frage bei deinem Energieversorgungsunternehmen nach Broschüren zum Energiesparen. Welche Tipps werden gegeben, die du sofort umsetzen kannst? Erstelle ein Poster.

Chemische Reaktionen wandeln auch Energie um

Das Foto zeigt eine heftige chemische Reaktion des Stoffs Dynamit. Eine Menge zerstörerische Energie wird frei. Warum aber startet diese Reaktion erst, wenn sich die Sprengmeister in Sicherheit gebracht haben?

1 *Gut vorbereitete Sprengung eines alten Fußballstadions*

Beobachten Untersuchen Experimentieren

2 *Bündeln von Licht mit einer großen Sammellinse*

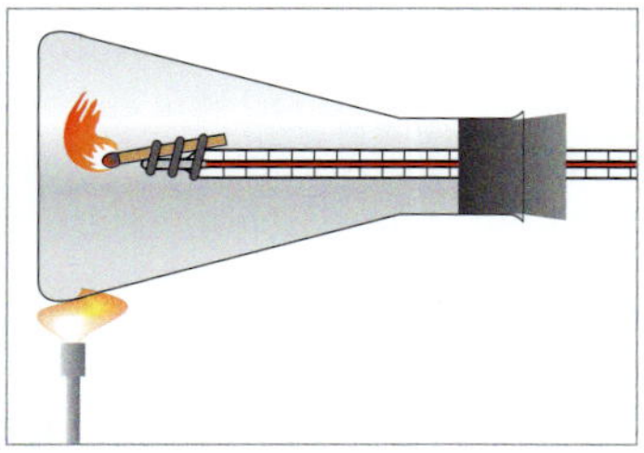

3 *Ein Streichholz kann man ganz ohne „Streichen", nur durch Erhitzen aktivieren.*

1 Ein Zündholz mit Licht entzünden

Halte eine Lupe in das Licht der Sonne. Halte nun den Kopf eines Zündholzes in den Brennpunkt. Das ist der Punkt, in dem die Lichtstrahlen der Lupe gebündelt werden. ↑2

2 Ein Zündholz gezielt aktivieren

Nimm ein Thermometer (300 °C) in einem doppelt durchbohrten Stopfen. Befestige ein Zündholz mit Draht an der Spitze des Thermometers, sodass der Zündholzkopf das Thermometer um 1 cm überragt. Spanne einen Erlenmeyerkolben (250 ml) waagerecht ein und verschließe ihn mit dem Stopfen wie in Bild 3. Erwärme den Erlenmeyerkolben langsam mit einem Gasbrenner. Bei welcher Temperatur entzündet sich das Zündholz? Auf die gleiche Weise kannst du auch die Entzündungstemperaturen von Heu, Stroh oder Papier messen. ↑3

3 Kupferoxid aktivieren

Mische in einer Porzellanschale 2 g Aktivkohlepulver mit 2 g Kupferoxid (in Drahtform, GHS07|09). Erhitze das Gemisch in einem schwer schmelzbaren Reagenzglas 5 Minuten lang in der rauschenden Flamme des Gasbrenners.
Lass das Reagenzglas nach der Reaktion abkühlen. Schütte den Inhalt in eine Porzellanschale. Entferne die Aktivkohlereste durch vorsichtiges Pusten über dem Papierkorb. Was stellst du fest?

Die Reaktion „anschieben“

Von allein wird Dynamit niemals ein Hochhaus sprengen. Die Reaktion zwischen Dynamit und Sauerstoff muss zunächst „angeschoben“ werden. Es ist, als müsste die Reaktion vor dem Start eine Art Hindernis, einen „Berg“, überwinden. Sobald der Berg überwunden ist, läuft die Reaktion selbstständig weiter ab. Um das Dynamit zu zünden, muss ihm der Sprengmeister zunächst eine bestimmte Menge Energie zuführen, die Aktivierungsenergie.

Auch zum Entfachen eines Lagerfeuers wird Aktivierungsenergie benötigt. Danach liefert das Feuer aber viel mehr Wärme, als zum Entzünden gebraucht wurde. Eine solche Reaktion, bei der insgesamt Wärmeenergie an die Umgebung abgegeben wird, wird als exotherme Reaktion bezeichnet. Etwas anders sieht das bei der Gewinnung von Kupfer aus Kupferoxid aus. ↑Exp. 3 Hier muss ständig Energie in Form von Wärme zugeführt werden. Reaktionen, bei denen ständig Energie zugeführt werden muss, heißen endotherme Reaktionen.

Chemische Reaktionen beginnen erst, wenn genügend Aktivierungsenergie vorhanden ist. Chemische Reaktionen, bei denen Energie abgegeben wird, nennt man exotherme Reaktionen. Chemische Reaktionen, die insgesamt Energie benötigen, werden als endotherme Reaktionen bezeichnet.

Ergänzung: Ablauf chemischer Reaktionen

Nachdem eine exotherme Reaktion gestartet wurde, läuft diese häufig freiwillig ab. Die Verbrennung ist ein gutes Beispiel. Es gibt aber auch Vorgänge, die nach dem Start freiwillig ablaufen und dennoch endotherm sind. Die Auflösung von Ammoniumchlorid ist ein solches Beispiel. Mit solchen Reaktionen werden z. B. Kühlkissen betrieben.

Interessantes

Das „Bergmodell“

Will ein Wanderer in den Bergen von einem in ein anderes Tal gelangen, so muss er über den Berg klettern. Der Weg zur Bergspitze ist anstrengend. Er kostet den Wanderer viel Energie. Ist er allerdings an der Spitze angekommen, so fällt ihm der Abstieg ins andere Tal leicht. Ähnlich verhalten sich die Ausgangsstoffe bei vielen chemischen Reaktionen. Erst wenn genügend Energie (Aktivierungsenergie) zugeführt wurde, kann die Reaktion von allein zu Ende laufen.

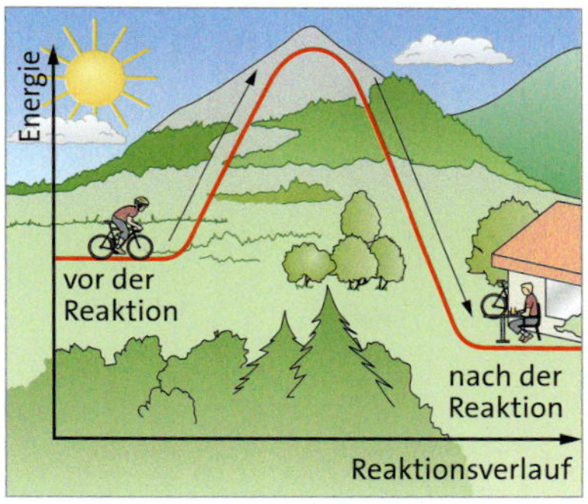

4 *Energieverlauf einer chemischen Reaktion*

Aufgaben

1 Nenne drei Möglichkeiten, wie ein Zündholz entzündet werden kann. Welche Energieform sorgt jeweils für die Aktivierung?

2 Nenne fünf exotherme Reaktionen, die dir im Alltag begegnen. Kennst du auch eine endotherme Reaktion?

3 Magnesium verbrennt, nachdem es am Gasbrenner entzündet wurde. Beschreibe die Verbrennung von Magnesium mit den Begriffen: exotherme oder endotherme Reaktion, Aktivierungsenergie, Ausgangsstoffe, Reaktionsprodukte.

4 Zeichne in Anlehnung an Bild 5 ein Energieschema für eine endotherme chemische Reaktion. ↑5

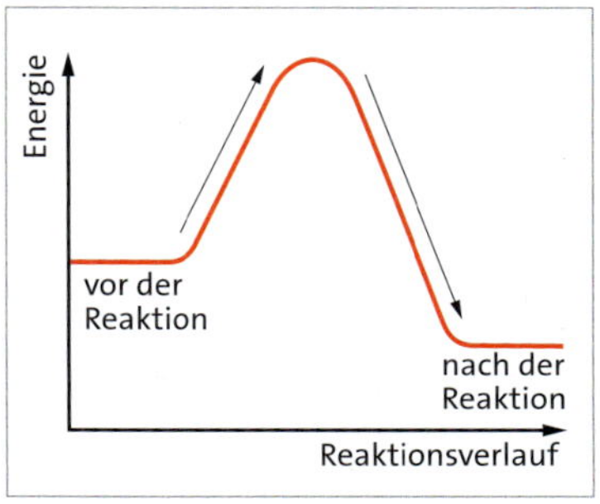

5 *Energieschema einer exothermen chemischen Reaktion*

Bei chemischen Reaktionen geht nichts verloren

Häufig sagen wir, ein Stoff sei „verbrannt". Wir meinen damit, dass der Stoff nach der Verbrennung „weg" ist. Aber ist das so? Ist nach der Verbrennung oder einer anderen chemischen Reaktion wirklich weniger da als vorher?

1, 2 *Nach dem Grillen sind nur noch wenige Reste der Holzkohle im Grill.*

Beobachten Untersuchen Experimentieren

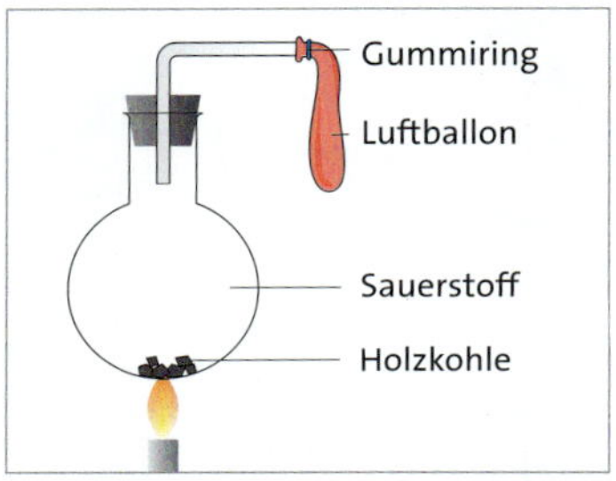

3 *Verbrennen von Holzkohle*

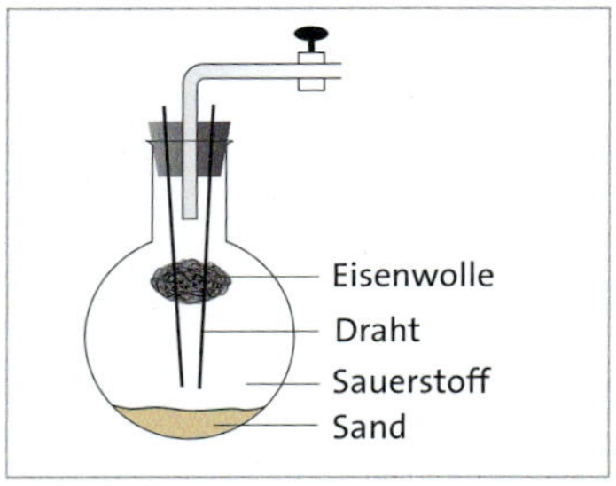

4 *Verbrennen von Eisenwolle*

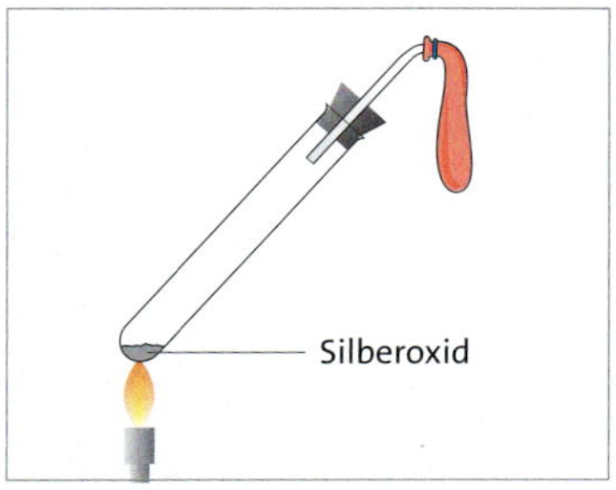

5 *Spalten von Silberoxid*

1 Holzkohle im geschlossenen Gefäß verbrennen
Gib 250 mg trockene Holzkohle in einen Rundkolben. Spüle den Kolben mit Sauerstoff (GHS04|03) aus der Gasflasche. Verbinde den Rundkolben über einen durchbohrten Stopfen und Glasrohr mit einem Luftballon. Wiege alles zusammen. ↑3
Erhitze nun den Rundkolben von außen über der Brennerflamme, bis die Kohle verglüht ist. Wiege nach dem Abkühlen erneut. Erkläre alle Beobachtungen.

2 Eisenwolle im geschlossenen Gefäß verbrennen
Bereite einen Rundkolben mit Stopfen, Sand, zwei Metallstangen, zwei Drähten und einem Glasrohr mit Hahn wie in Bild 4 vor. Befestige zwischen den Drahtenden etwas entfettete Eisenwolle. Spüle den Kolben mit Sauerstoff (GHS04|03) aus der Gasflasche. Verschließe den Rundkolben und wiege alles zusammen. ↑4
Zünde die Eisenwolle durch das Anlegen eines elektrischen Stroms. Wiege nach dem Abkühlen erneut. Öffne dann den Hahn und wiege ein drittes Mal. Erkläre alle Beobachtungen.

3 Silberoxid spalten
Gib genau 1 g Silberoxid in ein Reagenzglas. Verbinde das Reagenzglas über einen durchbohrten Stopfen, ein Glasrohr und einen Schlauch mit einem kleinen Luftballon. ↑5
Wiege alles zusammen.
Erhitze nun das Silberoxid über der Brennerflamme.
Wiege nach dem Abkühlen erneut alles zusammen.

Nichts geht verloren

Nach einer chemischen Reaktion erscheint es häufig so, als ob etwas verschwunden wäre. Eine abgebrannte Kerze ist scheinbar verschwunden. Im Grill ist nach der Verbrennung kaum noch etwas von der Holzkohle übrig. ↑1, 2 Aber bei der Verbrennung von Wachs oder Holzkohle entstehen gasförmige Reaktionsprodukte. Auch andere chemische Reaktionen finden unter Beteiligung von Gasen statt. Bei der Spaltung von Silberoxid entstehen Silber und das Gas Sauerstoff. Addiert man die Massen aller Ausgangsstoffe und vergleicht mit der Summe der Massen aller Reaktionsprodukte, stellt man immer fest: Die Summen sind gleich. Bei einer chemischen Reaktion geht niemals etwas von der Masse verloren. ↑6

Bei jeder chemischen Reaktion haben alle Ausgangsstoffe zusammen die gleiche Masse wie alle Reaktionsprodukte zusammen.

Ergänzung: Reaktion im geschlossenen System

Will man bei einer chemischen Reaktion alle beteiligten Stoffe zusammen betrachten, muss man die Reaktion so durchführen, dass kein Stoff während der Reaktion hinzukommen oder austreten kann. Die Reaktion muss also in einer geschlossenen Apparatur durchgeführt werden. Man nennt dies auch ein geschlossenes System.

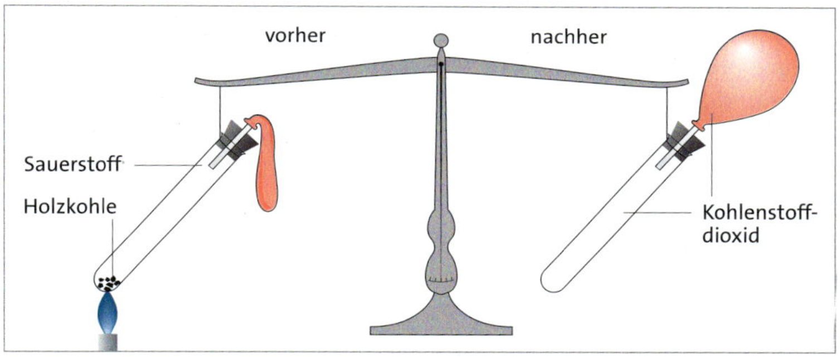

6 *Alle Ausgangsstoffe haben die gleiche Masse wie alle Reaktionsprodukte.*

Aufgaben

1 „Was verbrannt ist, ist weg." Erläutere, warum dieser Satz nicht richtig ist.

2 Wenn Eisen verbrennt, entsteht Eisenoxid. Erläutere, warum das Eisenoxid schwerer ist als das Eisen vor der Reaktion.

3 Beschreibe ein mögliches Experiment, mit dem man zeigen kann, dass bei der Verkohlung von Holz zu Holzkohle die Reaktionsprodukte insgesamt genauso schwer sind wie die Ausgangsstoffe.

Interessantes

Aus Holz wird Holzkohle

Holzkohle wird aus Holz hergestellt. Dies geschieht im Holzkohlenmeiler. ↑7 Im Kohlenmeiler entzündet man das Holz. Man verhindert aber, dass Luft an das Holz gelangt. Das Holz verbrennt nicht, sondern verschwelt. Dabei reagieren die Stoffe im Holz und es wird Wasser frei. Das Wasser entweicht als Dampf aus dem Kohlenmeiler. Übrig bleibt die Holzkohle. Die Holzkohle selbst ist viel leichter als das eingesetzte Holz. Für die Herstellung von 1 kg Holzkohle benötigt man etwa 3 bis 5 kg Holz.

7 *Holzkohlenmeiler*

Warum geht bei Reaktionen nichts verloren?

Bei der Verbrennung reagieren Holzkohle und Sauerstoff zu Kohlenstoffdioxid. Kohlenstoffdioxid hat ganz andere Eigenschaften als eine Mischung von Holzkohle und Sauerstoff. Wie erklärt die Theorie der kleinen Teilchen die Reaktion zu diesem neuen Stoff?

1 *Durch bloßes Mischen von Holzkohle und Sauerstoff erhält man noch längst kein Kohlenstoffdioxid.*

Andere kleine Teilchen – andere Eigenschaften

Bei der Verbrennung der Holzkohle reagieren die Ausgangsstoffe Holzkohle und Sauerstoff miteinander. Holzkohle besteht aus Kohlenstoffteilchen, Sauerstoff aus Sauerstoffteilchen. Holzkohle und Sauerstoff reagieren zu dem neuen Stoff Kohlenstoffdioxid. Dieser hat ganz andere Eigenschaften:

- Holzkohle ist ein schwarzer fester Stoff.
- Sauerstoff ist ein Gas, das die Verbrennung fördert.
- Kohlenstoffdioxid ist ein Gas, das Verbrennungen erstickt.

Kohlenstoffdioxid ist also ein neuer Stoff mit neuen Eigenschaften. Kohlenstoffdioxid muss daher aus ganz anderen kleinen Teilchen bestehen.

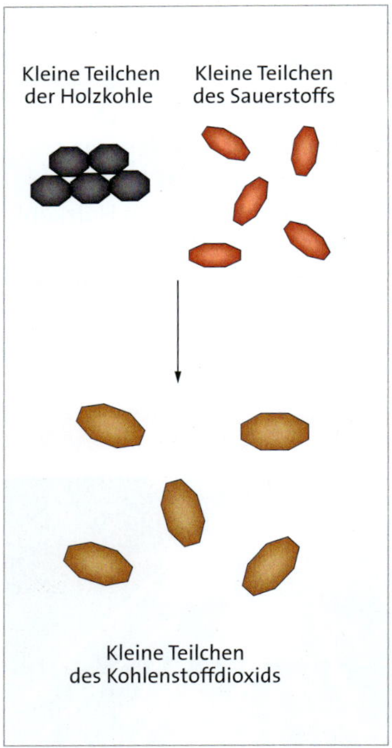

2 *Die Verbrennung von Holzkohle – erklärt mit der Theorie der kleinen Teilchen*

Chemische Reaktionen mit den kleinen Teilchen erklärt

Alle Stoffe bestehen aus kleinen Teilchen. Diese Teilchen sind die Ursache für die Eigenschaften der Stoffe.
Bei einer chemischen Reaktion entstehen aus den Ausgangsstoffen neue Stoffe mit neuen Eigenschaften. Wenn man die kleinen Teilchen von den Ausgangsstoffen und den Reaktionsprodukten vergleicht, erkennt man, dass bei der Reaktion andere Teilchen entstanden sind.
Diese Veränderung der kleinen Teilchen der Ausgangsstoffe zu anderen kleinen Teilchen der Reaktionsprodukte ist typisch für jede chemische Reaktion. ↑2

Wie sieht die Veränderung der kleinen Teilchen aus?

Alle Stoffe bestehen aus kleinen Teilchen. Diese kleinen Teilchen sind aus einem oder mehreren noch kleineren Bausteinen aufgebaut. Diese Bausteine heißen Atome.
Die kleinen Teilchen des Sauerstoffs bestehen immer aus zwei gleichen Bausteinen, zwei Sauerstoff-Atomen. Teilchen, die aus mehreren Atomen bestehen, werden Moleküle genannt.
Die Holzkohle ist ebenfalls nur aus einer Sorte von Bausteinen aufgebaut, aus Kohlenstoff-Atomen. Bei der chemischen Reaktion von Kohlenstoff und Sauerstoff reagieren die zwei Sauerstoff-Atome mit einem Kohlenstoff-Atom. Die drei Atome bilden bei der Reaktion ein neues Teilchen, ein Kohlenstoffdioxidteilchen. Die kleinen Teilchen des Kohlenstoffdioxids – die Kohlenstoffdioxidmoleküle – werden aus zwei Sauerstoff-Atomen und einem Kohlenstoff-Atom gebildet. ↑3

Bei jeder chemischen Reaktion bleiben alle Bausteine der kleinen Teilchen erhalten. Die Bausteine der kleinen Teilchen können niemals verschwinden. Es findet nur eine Umgruppierung der Bausteine zu neuen kleinen Teilchen statt. Daher haben alle Reaktionsprodukte nach der Reaktion auch immer die gleiche Masse wie alle Ausgangsstoffe zusammen.

Bildung von Kohlenstoffmonooxid

Wenn bei der Reaktion von Kohlenstoff und Sauerstoff nicht genügend Sauerstoff vorhanden ist, entsteht ein anderer Stoff, das Kohlenstoffmonooxid. Die kleinen Teilchen des Kohlenstoffmonooxids – die Kohlenstoffmonooxidmoleküle – bestehen nur aus einem Sauerstoff-Atom und einem Kohlenstoff-Atom. ↑4

Der Begriff „Atom" – früher und heute

Schon vor 2400 Jahren sprach man in Griechenland von Atomen. Damals vermutete man, dass alle Stoffe aus kleinen, nicht weiter teilbaren Teilchen aufgebaut sind. Diese Teilchen benannte man nach dem griechischen Wort für „unteilbar": atomos.
Heute wissen wir, dass es solche kleinen Teilchen tatsächlich gibt. Wir wissen aber auch, dass man zwischen den kleinen Teilchen und deren Bausteinen unterscheiden muss. Auch weiß man, dass man sowohl die kleinen Teilchen als auch deren Bausteine – die Atome – noch weiter zerlegen kann.
Dennoch ist man bei dem Begriff der Atome für die Bausteine geblieben, aus denen sich die kleinen Teilchen zusammensetzen.

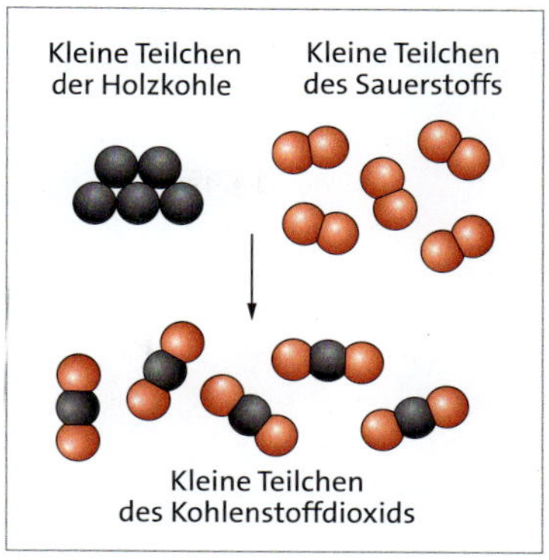

3 *Die Verbrennung von Holzkohle – erklärt mit der Theorie der Atome*

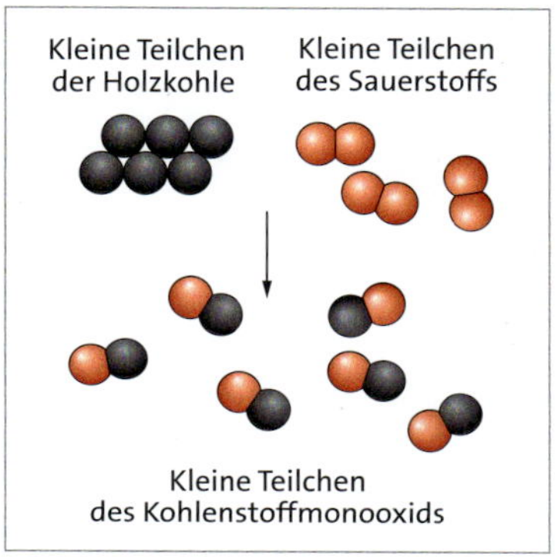

4 *Die Verbrennung von Holzkohle mit wenig Sauerstoff – erklärt mit der Theorie der Atome*

Aufgaben

1 Erläutere, warum alle Reaktionsprodukte zusammen immer die gleiche Masse haben wie die Ausgangsstoffe zusammen.

2 Recherchiere die Eigenschaften von Kohlenstoffdioxid und von Kohlenstoffmonooxid. Vergleiche die Eigenschaften.

3 Bei der Verbrennung von Erdgas entstehen Kohlenstoffdioxid und Wasser. Die kleinen Teilchen des Wassers bestehen aus Sauerstoff-Atomen und Wasserstoff-Atomen. Erläutere, welche Atome in den kleinen Teilchen des Erdgases vorhanden sein müssen.

Daltons Zahlenspielerei

1 *John Dalton (1766 bis 1844)*

„Zusammensetzung und Eigenschaften einer echten Verbindung sind überall auf der Erde gleich. Zinnober aus Japan besitzt die gleichen Eigenschaften wie Zinnober aus Spanien. Auf der ganzen Welt existiert nur ein Kochsalz, ein Salpeter usw."

Ein Gespräch mit John Dalton

Vor etwa 200 Jahren behauptete der englische Schullehrer John Dalton, dass jeder Stoff aus kleinen Kugeln bestehen müsse, den Atomen. Dalton nahm an, dass es verschiedene Atome geben müsste, die sich in ihrer Größe und Masse unterscheiden. Folgendes Gespräch könnte sich zwischen Dalton und einem befreundeten Wissenschaftler zugetragen haben:

Dalton: „Wir haben da eine Theorie. Die Theorie sagt, dass alles aus Atomen besteht. Es gibt diese Atome wirklich, obwohl man sie nicht sehen kann!"
Freund: „Und wie wollt ihr das dann wissen?"
Dalton: „Das kann man nicht wissen, aber es kann eigentlich gar nicht anders sein. Pass mal auf: Wenn du 3 g Zinksulfid herstellen willst, musst du genau 2 g Zink und 1 g Schwefel nehmen. Anders geht es nicht. Wenn du z. B. umgekehrt nur 1 g Zink und dafür 2 g Schwefel nimmst, werden es nur 1,5 g Zinksulfid und 1,5 g Schwefel bleiben übrig. Und weißt du dafür eine Erklärung?"
Freund: „Nein, weiß ich nicht ..."
Dalton: „Das kann eben nur an diesen Atomen liegen: Zink-Atome und Schwefel-Atome reagieren miteinander. Und weil ein Zink-Atom doppelt so viel Masse hat, braucht man eben immer für je 2 g Zink genau 1 g Schwefel."

Die Masse bei chemischen Reaktionen

Daltons Angaben bezüglich der Massen waren noch recht ungenau. Aber sie ließen die richtige Schlussfolgerung zu: Zink- und Schwefel-Atome reagieren immer im Zahlenverhältnis 1 zu 1.

Zink + Schwefel → Zinksulfid

Versucht man, die gleiche Menge Zink mit unterschiedliche Mengen Schwefel reagieren zu lassen, entsteht dennoch immer die gleiche Menge Zinksulfid. Der restliche Schwefel bleibt übrig.

Masse an Zink in g	Masse an Schwefel in g	Masse an Zinksulfid in g	Masse des Schwefelrests in g	Masse des mit Zink reagierenden Schwefels in g
6,5	4,0	9,7	0,8	3,2 g
6,5	6,0	9,7	2,8	3,2 g
6,5	8,0	9,7	4,8	3,2 g

Diese Erkenntnis kann man auf alle Verbindungen übertragen: Alle chemischen Verbindungen enthalten die Atome, aus denen sie bestehen, in einem bestimmten Verhältnis. Damit hat auch das Massenverhältnis zwischen den Atomen in einer Verbindung immer einen ganz bestimmten Wert. Allerdings können manche Atome miteinander verschiedene Stoffe bilden. So können Kohlenstoff und Sauerstoff miteinander zu zwei verschiedenen Verbindungen reagieren: Kohlenstoffmonooxid und Kohlenstoffdioxid. Die Untersuchung der Zusammensetzung dieser Verbindungen brachte folgendes Ergebnis:

100 g Kohlenstoff verbinden sich
mit 133 g Sauerstoff
zu 233 g Kohlenstoffmonooxid.

100 g Kohlenstoff verbinden sich
mit 266 g Sauerstoff
zu 366 g Kohlenstoffdioxid.

Das Verhältnis der beiden Sauerstoffmassen in Kohlenstoffmonooxid und Kohlenstoffdioxid beträgt 133 zu 266 oder 1 zu 2. Wenn man die Massenverhältnisse in anderen Verbindungen untersucht, dann taucht dieses kleine ganzzahlige Verhältnis immer auf. Dies lässt den Schluss zu: Wenn ein Atom (hier: Kohlenstoff) mit einer unterschiedlichen Zahl einer anderen Atomsorte (hier: Sauerstoff) reagieren kann, dann stehen diese Massen in einem ganzzahligen Verhältnis zueinander.
In der Verbindung Kohlenstoffmonooxid sind die Atomsorten Kohlenstoff und Sauerstoff im Verhältnis 1 zu 1 enthalten.
In der Verbindung Kohlenstoffdioxid sind die Atomsorten Kohlenstoff und Sauerstoff im Verhältnis 1 zu 2 enthalten.

Aufgaben

1 Berechne jeweils:
- **a** Wie viel Gramm Sauerstoff verbinden sich mit 150 g Kohlenstoff zu Kohlenstoffmonooxid?
- **b** Wie viel Gramm Sauerstoff verbinden sich mit 50 g Kohlenstoff zu Kohlenstoffdioxid?
- **c** Wie viel Gramm Schwefel verbinden sich mit 10 g Zink zu Zinksulfid?

2 Stellt die Bildung von Kohlenstoffmonooxid und Kohlenstoffdioxid als Klasse in Form einer szenischen Darstellung dar. ↑ S. 43

3 Plane ein Experiment, das zeigen soll, ob bei der Verbrennung von Kohle Kohlenstoffmonooxid oder Kohlenstoffdioxid entstanden ist.

Einfache Modelle für chemische Reaktionen

1 *Die Verbrennung von Wasserstoff*

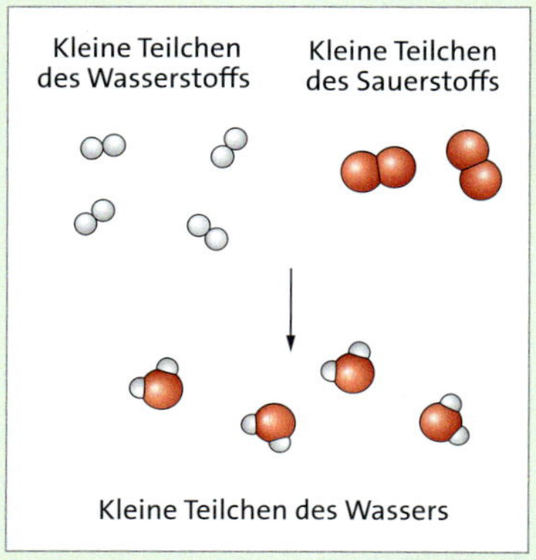

2 *Die Verbrennung von Wasserstoff – erklärt mit der Theorie der Atome*

Auch Wasser ist ein Reaktionsprodukt einer Verbrennung. Wasser entsteht, wenn Wasserstoff und Sauerstoff miteinander reagieren. ↑1

Bei der Verbrennung von Wasserstoff reagieren die kleinen Teilchen des Wasserstoffs mit den kleinen Teilchen des Sauerstoffs. Die kleinen Teilchen des Wasserstoffs – die Wasserstoffmoleküle – sind aus zwei Wasserstoff-Atomen aufgebaut, die des Sauerstoffs – die Sauerstoffmoleküle – aus zwei Sauerstoff-Atomen. Zwei Teilchen des Wasserstoffs – zwei Wasserstoffmoleküle – reagieren mit einem kleinen Teilchen des Sauerstoffs – einem Sauerstoffmolekül. Dabei bilden sich zwei kleine Teilchen des Wassers – zwei Wassermoleküle. Aus diesem Grund ist jedes Wassermolekül aus zwei Wasserstoff-Atomen und einem Sauerstoff-Atom aufgebaut. ↑2

Die Umlagerung der Bausteine der kleinen Teilchen bei chemischen Reaktionen kannst du leicht nachbauen. Dazu brauchst du Styropor- oder Zellstoffkugeln, Drahtstifte und ein wenig Farbe. ↑3

1. Nimm dir so viele Styropor- oder Zellstoffkugeln, wie du brauchst.
2. Färbe die Kugeln ein. In der Chemie nimmt man für bestimmte Atome die gleiche Farbe. So erkennt man auf den ersten Blick, worum es geht. Als Sauerstoff-Atome nimmt man meist rote, als Wasserstoff-Atome weiße und als Kohlenstoff-Atome schwarze Kugeln.
3. Füge die Bausteine der kleinen Teilchen des Sauerstoffs und Wasserstoffs so zusammen, wie du es gelernt hast.
4. Nun kannst du durch Auseinandernehmen und Zusammensetzen die Verbrennung von Wasserstoff oder von Holzkohle erklären.

3 *Die Verbrennung von Wasserstoff im Modell*

Symbole für chemische Stoffe

4 *Werbung mit der Formel „H_2O“*

Die Chemie hat eine ganz eigene Sprache. Je länger du Chemie lernen wirst, desto mehr wirst du über diese Sprache, ihre Spielregeln und ihre Hintergründe lernen.
Vielleicht ist dir die „Geheimsprache“ der Chemie auch schon einmal begegnet. Wahrscheinlich kennst du „H_2O“. ↑4
H_2O ist die chemische Abkürzung für Wasser. Der Grund für diese Abkürzung liegt im Aufbau der kleinen Wasserteilchen aus Wasserstoff- und Sauerstoff-Atomen. Wie das genau funktioniert, ist in der Tabelle erklärt. Solche Abkürzungen werden wir zukünftig für die Stoffe selbst, aber auch in Reaktionsgleichungen benutzen.

Schritt	Beispiel Wasser	Beispiel Kohlenstoffdioxid
1 Du informierst dich, aus welchen Atomen die kleinen Teilchen eines Stoffs zusammengesetzt sind.	Die kleinen Teilchen des Wassers bestehen aus einem Sauerstoff-Atom und zwei Wasserstoff-Atomen.	Die kleinen Teilchen des Kohlenstoffdioxids bestehen aus einem Kohlenstoff-Atom und zwei Sauerstoff-Atomen.
2 Für jede Sorte von Atomen hat die Chemie eine bestimmte Abkürzung aus einem oder zwei Buchstaben. Diese müssen wir heraussuchen.	Wasserstoff-Atome kürzen wir mit H vom lateinischen Namen *hydrogenium* ab. Sauerstoff-Atome kürzen wir mit O ab, nach dem lateinischen Namen *oxygenium*. 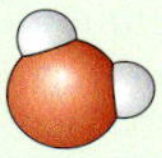	Kohlenstoff-Atome kürzen wir mit C vom lateinischen Namen *carbonium* ab. Sauerstoff-Atome kürzen wir mit O ab, nach dem lateinischen Namen *oxygenium*. 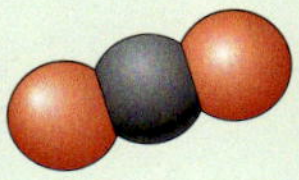
3 Nimm für jedes Atom in dem kleinen Teilchen den entsprechenden Buchstaben bzw. die Abkürzung aus zwei Buchstaben.	HOH	OCO
4 Gleiche Atome fassen wir zusammen. Ihre genaue Anzahl drücken wir durch eine kleine Zahl unten an dem entsprechenden Buchstaben aus. Diese Schreibweise nennen wir die **chemische Formel** des Stoffs.	H_2O	CO_2

Aufgaben

1 Stelle die chemischen Formeln für Sauerstoff und Wasserstoff auf. Der Aufbau ihrer Teilchen ist auf den vorigen Seiten beschrieben.

2 Stelle die chemische Formel für Kohlenstoffmonooxid auf.

3 Wichtigster Bestandteil von Erdgas ist der Stoff Methan. Kleine Methanteilchen bestehen aus einem Kohlenstoff-Atom und vier Wasserstoff-Atomen. Stelle die chemische Formel für die kleinen Teilchen des Methans auf.

Element	Abkürzung
Sauerstoff	O
Stickstoff	N
Wasserstoff	H
Kohlenstoff	C
Schwefel	S
Phosphor	P
Chlor	Cl
Magnesium	Mg
Eisen	Fe

5 *Einige wichtige Abkürzungen*

Der brennende Adventskranz

Auf dieser Doppelseite findest du verschiedene Informationen und Aufgaben. Wenn du die Grundlagen über Feuer und Brände verstanden hast, solltest du zusammen mit dem kurzen Text in der Lage sein, diese Aufgaben zu lösen. Überprüfe dich selbst.

Rita hat gerade die dritte Kerze ihres Adventskranzes angezündet, als es an der Wohnungstür klingelt. Vor der Tür steht ihre Freundin Bettina und die beiden fangen an, sich zu unterhalten.
Auf einmal sagt Bettina: „Es riecht verbrannt." Rita dreht sich um und sieht den Rauch in ihrer Wohnung. Schnell rennen die beiden los. Sie können den brennenden Adventskranz gerade noch mit einem Eimer Wasser löschen.
Rita bedankt sich bei Bettina: „Mit meiner verschnupften Nase habe ich das Feuer gar nicht gerochen. Vielen Dank für deine Hilfe."
„Kein Problem, aber du solltest dir einen Rauchmelder zulegen. Sicherheitsexperten empfehlen, dass sich in jedem Zimmer Rauchmelder an der Decke befinden sollen. Rauchmelder warnen bei einem Brand rechtzeitig." ↑2
Skeptisch fragt Rita nach: „Funktionieren diese Rauchmelder denn auch zuverlässig?"
„Ja, denn die Rauchmelder reagieren bereits bei sogenanntem kaltem Rauch. Der undurchsichtige Rauch lenkt im Rauchmelder einen Lichtstrahl ab. Dann wird der Alarm ausgelöst. Es müssen also nicht erst Flammen vorhanden sein. Auch bei einem Schwelbrand, also ohne Flammen, hört man einen lauten Alarmton. Der Rauchmelder ist allerdings so eingestellt, dass er auf den leichten Rauch einer ausgepusteten Kerze nicht reagiert."
Rita: „Dann kaufe ich mir bestimmt Rauchmelder. Es kann ja immer einmal etwas passieren."
Ritas brennender Adventskranz ist kein Einzelfall: Alle anderthalb Minuten bricht in Deutschland ein Feuer aus.

1 Weihnachtsbaumkerzen haben schon viele Brände verursacht.

Stoff	Entzündungstemperatur
Zündholzkopf	100 °C
Zeitungspapier	175 °C
Kunststoffe	200–300 °C
Kohle	240–280 °C
Stroh	250–300 °C
Heu	260–310 °C
Holz	280–340 °C
Fett	> 300 °C
Schreibpapier	360 °C

2 Rauchmelder

3 Feuerwehr bei der Arbeit

Wissen und Anwenden

1 Wie nennt man einen Brand ohne Flammen?

2 Die Mieter eines Hauses mit 4 Wohnungen möchten sich für alle Zimmer Rauchmelder anschaffen. Jede Wohnung besteht aus einem Flur, drei Wohnräumen, einer Küche und einem Bad. Wie hoch sind die gesamten Anschaffungskosten, wenn ein Rauchmelder 10 € kostet?

3 Berechne, wie oft pro Jahr in Deutschland ein Feuer ausbricht.

4 Nenne die drei Bedingungen für das Entstehen eines Feuers.

5 Welcher Stoff entzündet sich beim Erhitzen als letzter: Zeitungspapier, Holz oder Fett?

6 Erläutere, warum Kohlenstoffdioxid die chemische Formel CO_2 hat.

Planen und Untersuchen

7 Beschreibe einen Versuch, mit dem du nachweisen kannst, dass beim Brennen einer Öllampe als Reaktionsprodukt Wasser entsteht.

8 Bei einem Wohnungsbrand entsteht neben Rauch immer auch das Gas Kohlenstoffdioxid. Beschreibe einen Versuch, mit dem du nachweisen kannst, dass es nicht das Kohlenstoffdioxid ist, das den Alarm des Rauchmelders auslöst.

Kommunizieren, Bewerten und Entscheiden

9 Wenn man Benzin verbrennt, entstehen Kohlenstoffdioxid und Wasser. Stelle eine Reaktionsgleichung auf.

10 Man sollte zu Hause immer auf ein Feuer vorbereitet sein. Nimm zu den folgenden Aussagen Stellung und begründe, ob sie deiner Meinung nach sinnvoll und richtig sind.

(1) In jeder Wohnung sollten Rauchmelder installiert werden, da sie größere Brände verhindern können.

(2) Feuerlöscher bieten nur eine „Scheinsicherheit". Eine Anschaffung ist daher Geldverschwendung.

11 Es gibt an den Autobahnen Notrufsäulen. Im Bedarfsfall werden nicht nur die Pannenhilfe, der Krankenwagen und die Polizei sondern auch die Feuerwehr zu Hilfe gerufen. Nimm zu den folgenden Aussagen Stellung und begründe, ob sie deiner Meinung nach sinnvoll und richtig sind.

(1) Die Notrufsäulen sollten aus Kostengründen abgeschafft werden, da heutzutage sowieso fast jeder ein Handy dabei hat.

(2) Es sollten auch auf Landstraßen Notrufsäulen eingerichtet werden, da Landstraßen oftmals abgelegen und wenig befahren sind.

12 Viele Menschen haben keine Rauchmelder in ihrer Wohnung. Sollte es ein Gesetz geben, das Rauchmelder zur Pflicht macht? Formuliere und begründe deine Position.

Damit ein Feuer brennen kann, müssen drei Voraussetzungen erfüllt sein.

Brennstoff

Besonders gute Brennstoffe sind z. B. Holz, Benzin oder Erdgas. Andere Stoffe wie Wasser, Kohlenstoffdioxid oder Sand können nicht brennen. Brennstoffe müssen nicht unbedingt sichtbar sein. Einige unsichtbare Gase (oder auch fein verteilte Stäube) reagieren mit Sauerstoff explosionsartig.
Am Aufbau der meisten Brennstoffe sind Kohlenstoff-Atome beteiligt. Bei der Verbrennung dieser Stoffe entsteht Kohlenstoffdioxid.

Sauerstoff

Bei einer Verbrennung reagieren immer zwei Stoffe miteinander: Brennstoff *und* Sauerstoff. Sauerstoff ist unsichtbar und kann leicht übersehen werden. Damit ein Feuer gut brennen kann, muss die Kontaktfläche zwischen Brennstoff und Sauerstoff möglichst groß sein.

Entzündungstemperatur

Brennstoffe reagieren nur dann mit Sauerstoff, wenn eine bestimmte Temperatur – die Entzündungstemperatur – überschritten ist. Das führt bei vielen Stoffen dazu, dass sie nur im gasförmigen Zustand brennen können.

Löschen eines Feuers

Um ein Feuer zu löschen, reicht es, wenn eine der drei Voraussetzungen nicht mehr erfüllt ist. Für Wasser als Löschmittel gilt: Wasser kann den Brennstoff unter seine Entzündungstemperatur kühlen. Wasser kann auch den Kontakt zwischen Brennstoff und Sauerstoff stören.
Wasser ist aber nicht zum Löschen von allen Bränden geeignet. Brennende Metalle oder brennende Flüssigkeiten wie Fett in einer Pfanne lassen sich mit Wasser nicht löschen.

Chemische Reaktionen

Bei jeder chemischen Reaktion reagieren ein oder mehrere Ausgangsstoffe (Edukte) miteinander. Sie bilden ein oder mehrere Reaktionsprodukte. Die Reaktionsprodukte haben andere Eigenschaften als die Ausgangsstoffe, sind also neue Stoffe.
Bei chemischen Reaktionen geht nichts verloren. Alle Ausgangsstoffe zusammen haben die gleiche Masse wie alle Reaktionsprodukte zusammen.
Bei chemischen Reaktionen verändern sich die kleinen Teilchen der Ausgangsstoffe: Die Bausteine der kleinen Teilchen – die Atome – lagern sich zu anderen kleinen Teilchen zusammen. ↑1

Energie bei chemischen Reaktionen

Chemische Reaktionen beginnen erst, wenn genügend Aktivierungsenergie vorhanden ist. ↑2
Chemische Reaktionen, bei denen Energie an die Umgebung abgegeben wird, nennt man exotherme Reaktionen. Reaktionen, die Energie benötigen, bezeichnet man als endotherme Reaktionen.

Atome und Moleküle

Alle Stoffe bestehen aus kleinen Teilchen. Diese kleinen Teilchen können wiederum aus einem oder mehreren noch kleineren Bausteinen aufgebaut sein. Diese Bausteine heißen Atome.
Mehrere Atome können miteinander verbunden sein. Die kleinen Teilchen des Sauerstoffs etwa bestehen immer aus zwei Sauerstoff-Atomen. Solche Teilchen, die aus mehreren Atomen bestehen, nennen wir Moleküle.

Symbole für chemische Stoffe

Für die verschiedenen Atomsorten gibt es Abkürzungen, z. B. „H“ für Wasserstoff oder „O“ für Sauerstoff. Für Stoffe gibt es chemische Formeln. Die chemische Formel des Wassers lautet „H_2O“, da dessen Moleküle aus zwei Wasserstoff-Atomen und einem Sauerstoff-Atom bestehen.

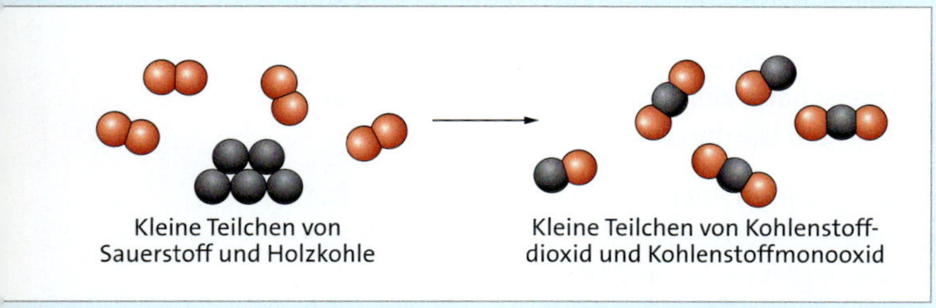

1 *Vor und nach der Verbrennung von Holzkohle – im Teilchenmodell*

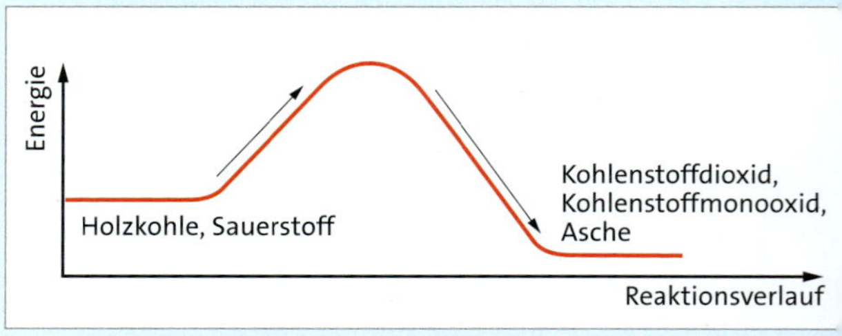

2 *Vor und nach der Verbrennung von Holzkohle – im Energiediagramm*

1 Familie Chaos wird bald „Feuer und Flamme" sein. ↑1

a Suche die Gefahrenquellen.

b Worin besteht die Gefahr?

c Wie sollte man sie beseitigen?

d Was macht das Zündeln des Jungen so gefährlich?

e Wie müsste man löschen, wenn es an den Gefahrenquellen tatsächlich zu einem Brand kommt?

2 Es passiert immer wieder, dass sich Öl in der Pfanne beim Braten oder Frittieren entzündet.

a Wie kann das geschehen, ohne dass eine Flamme in der Nähe ist?

b Wenn versucht wird, solch einen Brand mit Wasser zu löschen, kommt es zu einer explosionsartigen Stichflamme. Das Wasser verdampft schlagartig und reißt kleine Fetttropfen mit. Erkläre, warum das der Grund für eine Stichflamme ist.

3 Du hast einen Holzkohlengrill entzündet.

a Woran erkennst du, dass es sich beim Abbrennen der Holzkohle um eine chemische Reaktion handelt?

b Nenne die Ausgangsstoffe und das Reaktionsprodukt dieser Reaktion. Beschreibe die Eigenschaften dieser Stoffe.

c Stelle die Reaktionsgleichung in Wortform für die Verbrennung von Holzkohle auf.

d Erläutere das Verbrennen der Holzkohle mithilfe der Bausteine der kleinen Teilchen möglichst genau.

4 Chemische Reaktionen wandeln Energie um.

a Es gibt Kunststoffkissen, die man an einer Stelle knicken kann. Dann kristallisiert ein in Wasser gelöstes Salz und das Kissen erwärmt sich. Handelt es sich um einen exothermen oder einen endothermen Vorgang? Erläutere.

b Erläutere, warum beim Entzünden einer Kerze durch eine Flamme Energie zugeführt werden muss und die Kerze dann eigenständig, ohne Zuführung von Energie, weiterbrennt.

Schätze deine Kenntnisse und Fähigkeiten ein!

Ordne dazu deiner Lösung im Heft ein Smiley zu:

☺ Ich konnte die Aufgabe richtig lösen.

😐 Ich konnte die Aufgabe nicht komplett lösen.

☹ Ich konnte die Aufgabe nicht lösen.

→ **Die Lösungen findest du im Anhang.**

Nr.	Ich kann ...
1	Gefahrenstellen für Brände im Alltag erkennen.
1	ein Feuer löschen.
2	das Entstehen von Feuer ohne Flamme erklären.
3	erläutern, dass bei chemischen Reaktionen Stoffe mit neuen Eigenschaften entstehen.
3	eine Reaktionsgleichung aufstellen.
3	die Verbrennung auf der Ebene der kleinen Teilchen und ihrer Bausteine erklären.
4	die Fachbegriffe „exotherm" und „endotherm" richtig anwenden.

Die Welt der Metalle

Was ist Recycling?
Warum ist Recycling wichtig?
Siehe S. 106 / 107

Wird aus wertvollen Metallen schließlich immer Rost und Schrott?
Siehe S. 114 – 117

Eisen und Stahl finden sich überall. Aber woher kommen sie und worin unterscheiden sie sich?
Siehe S. 100–105

Was sind Metalle?
Was haben sie gemeinsam?
Was unterscheidet sie?
Siehe S. 90–93

Recyclingbetriebe Müller, Industriering 3–7, 44797 Bochum

Wir bieten eine Ausbildungsstelle zur

FACHKRAFT FÜR KREISLAUF- UND ABFALLWIRTSCHAFT

Der Schwerpunkt unserer Aktivitäten liegt in der Sammlung und Aufbereitung von Schrott und Metallen. Insbesondere sammeln und sortieren wir Eisen, Stahl, Kupfer, Aluminium und andere Metalle und führen diese der Wiederverwertung zu.

Unser Betrieb ist ein anerkannter Fachbetrieb im Bereich Recycling und Wertstoffrückgewinnung. Ihr Aufgabengebiet umfasst: Annahme, Vorbehandlung und Behandlung von Abfall und insbesondere Schrott; analytisches Arbeiten; Diagnose von Störungen; Messung, Steuerung und Regelung.

Voraussetzungen für die Einstellung sind der Haupt- oder Realschulabschluss, gute Kenntnisse in Biologie, Chemie und Physik sowie technisches Verständnis und handwerkliche Fähigkeiten.

Die Ausbildung dauert drei Jahre. Bei späterer Übernahme bieten wir allen unseren Mitarbeitern eine abwechslungsreiche Tätigkeit, leistungsgerechte Entlohnung sowie geregelte Arbeitszeiten.

Welche anderen Berufe gibt es im Metallbereich?
Siehe S. 96 / 97

Gemeinsamkeiten der Metalle

Es gibt sehr viele Stoffe mit allen möglichen Stoffeigenschaften. Was genau sind die typischen Stoffeigenschaften der Metalle?

1 *Proben verschiedener Stoffe*

Beobachten Untersuchen Experimentieren

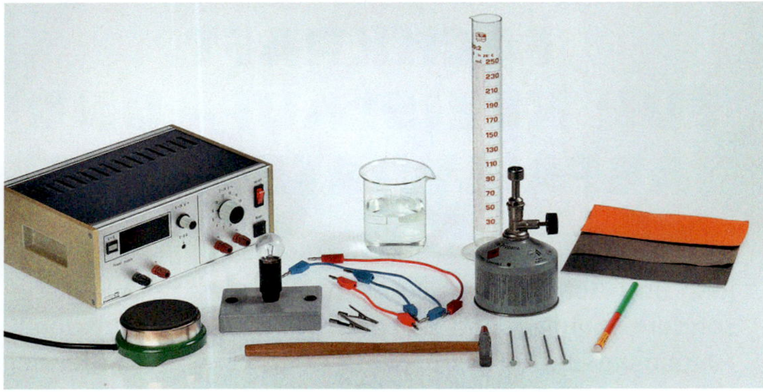

2 *Experimentiergeräte zu Experiment 1*

1 Die Stoffgruppe „Metalle“
Es wird dir nicht schwerfallen, aus den Stoffen von Abb. 1 drei Stoffe herauszufinden, die gemeinsam eine Stoffgruppe bilden – die Metalle. Doch welche Eigenschaften sind es, die die Gemeinsamkeit ausmachen? Abb. 2 gibt dir Hinweise auf Experimente, die du durchführen kannst, um diese Eigenschaften herauszufinden.

Metalle

Die verschiedenen Metalle zeigen teilweise unterschiedliche Farben. Alle Metalle aber haben folgende gemeinsame Eigenschaften:
- Sie leiten elektrischen Strom und Wärme sehr gut
- Sie glänzen metallisch – zumindest, wenn man sie geschmirgelt hat
- Sie können verformt werden und zerbrechen dabei nicht so einfach
- Sie sind bei Raumtemperatur fest (bis auf Quecksilber, das flüssig ist)

Im Alltag – und erst recht in der Technik – benutzt man eine ganze Reihe von Metallen. Eisen ist mengenmäßig mit Abstand das wichtigste Metall. Es kann sehr kostengünstig gewonnen werden.
Andere Metalle sind seltener und deshalb auch teurer, z. B. Kupfer. Dennoch verwendet man auch diese Metalle sehr gerne: Kupfer z. B. leitet den elektrischen Strom besser als Eisen.

Es gibt etwa 80 verschiedene Metalle. Sie alle weisen eine bestimmte Kombination typischer Eigenschaften auf.

Ergänzung: Legierungen
Alle Metalle schmelzen, wenn man sie genug erhitzt. Geschmolzene Metalle kann man sehr gut miteinander mischen. Nach dem Abkühlen hat man dann Mischmetalle, denen man gar nicht mehr ansieht, dass sie aus mehreren Metallen bestehen. Solche Mischmetalle nennt man Legierungen.

Die wichtigsten Legierungen enthalten vor allem Eisen, zusammen mit verschiedenen anderen Metallen und auch etwas Kohlenstoff. Eisenlegierungen heißen Stahl. Stahl ist weniger spröde als Eisen und auch härter. Einige Stahlsorten rosten auch nicht. Stahl ist deshalb der mit Abstand am häufigsten verwendete metallische Werkstoff. ↑3

Auch vom Kupfer gibt es wichtige Legierungen:
- Messing besteht aus Kupfer und Zink. Je nach Zusammensetzung hat es eine Farbe, die der Farbe von Gold sehr nahekommen kann.
- Bronze besteht aus Kupfer und Zinn. In der Bronzezeit vor 3000 bis 4000 Jahren war Bronze der wichtigste metallische Werkstoff.

Ergänzung: Können alle Metalle rosten?
Eigentlich können alle Metalle mehr oder weniger gut chemische Reaktionen eingehen. Viele Metalle können z. B. brennen – zumindest, wenn sie als feines Pulver vorliegen.

Vom Eisen ist auch bekannt, dass es rosten kann. Dies geschieht langsam, ist aber eine normale chemische Reaktion. Eisen reagiert dabei mit Wasser und dem Sauerstoff der Luft. Als Reaktionsprodukt entsteht ein neuer Stoff: Rost.

Bei anderen Metallen spricht man nicht vom „Rosten". Es gibt aber ähnliche Vorgänge: Kupferdächer beispielsweise werden im Lauf der Jahre grün. Das Kupfer hat an seiner Oberfläche reagiert und es ist ein neuer Stoff entstanden. ↑4

3 Der Eiffelturm in Paris besteht aus 18.038 Stahlteilen.

4 Der Kaiserdom zu Speyer hat mehrere Kupferdächer.

5 Um Gewicht zu sparen, wurden beim Airbus A380 die Stromleitungen nicht aus Kupfer, sondern aus Aluminium hergestellt.

Aufgaben

1 Begründe, warum hartes, poliertes Eichenholz kein Metall ist.

2 Auf einer Messe sollen Werbeplakate für Eisen, Kupfer und Aluminium präsentiert werden. Erstelle ein solches Werbeplakat für eines der Metalle. Nutze dazu die Informationen dieser Seite und führe weitere Recherchen durch.

Interessantes

Edelmetalle
Einige Metalle, vor allem Gold, Platin und Silber, gelten als besonders edel. Sie gehen praktisch gar keine chemischen Reaktionen ein. Gold verliert deshalb nie seinen schönen Glanz. Wegen ihrer Beständigkeit, ihrer Schönheit und ihrer Seltenheit sind diese Metalle extrem teuer. Sie dienen als Schmuck, als Münzmetall und vor allem als Geldanlage.

6 Niemand würde Trauringe aus Eisen herstellen …

Gemeinsamkeiten – aber auch Unterschiede

Metalle haben die elektrische Leitfähigkeit, die gute Wärmeleitfähigkeit und den typischen metallischen Glanz als gemeinsame Eigenschaften. Nun gilt es zu untersuchen, ob diese und andere Eigenschaften bei den Metallen im gleichen Maß ausgeprägt sind. Findet es heraus!

1 *Metalle unterscheiden sich z. B. in der Stoffeigenschaft „Zugfestigkeit".*

2 *Vergleich der Wärmeleitfähigkeit*

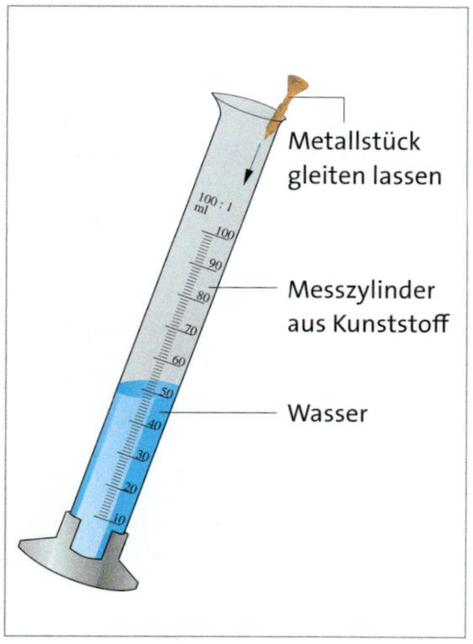

3 *Volumenbestimmung*

Wichtige Eigenschaften unterscheiden

Die Zugfestigkeit (in Abb. 1) ist nur *eine* interessante Eigenschaft von Metallen. Um ein Metall genauer beschreiben zu können, muss man weitere Eigenschaften kennenlernen. Untersucht die vier Metalle Eisen, Kupfer, Aluminium und Zinn.

Aussehen

Reibt je ein Stück der Metalle mit feinem Schleifpapier ab. Beschreibt Farbe und Oberfläche der Metalle – sofort und nach zwei Tagen.

Härte

Fahrt mit einem großen Nagel und immer demselben Druck über die vier Probestücke. Vergleicht anschließend die Oberflächen.

Magnetische Eigenschaften

Überprüft mit einem Magneten, ob die Probestücke der verschiedenen Metalle magnetisch angezogen werden.

Verformbarkeit

Untersucht mit einem Hammer und einer festen Unterlage, wie gut sich gleich starke Probestücke verformen lassen.

Wärmeleitfähigkeit

Bringt auf das eine Ende von 5 cm langen Probestücken der vier Metalle je einen Tropfen Kerzenwachs auf. Haltet dann mit einer Tiegelzange die anderen Enden der Probestücke in eine Brennerflamme. ↑2
Bei welchem Metall schmilzt das Wachs zuerst?

Dichte

Bestimmt mit einer Waage und einem Messzylinder die Dichte der Probestücke. ↑3

Eisen oder Kupfer: Welcher Stoff leitet besser?

Eine wichtige gemeinsame Eigenschaft der Metalle ist, dass sie den elektrischen Strom leiten. Leiten alle Metalle gleich gut?
Die Idee dieses Experiments ist es, Eisen und Kupfer als elektrische Leiter zu verwenden. Dabei soll gemessen werden, bei welchem Metall der größere elektrische Strom fließt.

a Baut je einen Stromkreis mit einem 0,1 m langen Eisendraht und einem 1 m langen Kupferdraht auf. Messt in beiden Fällen die Stromstärke. ↑4
Vorsicht: Nur kurz anschließen, die Drähte werden heiß! Als elektrische Energiequelle eine 4,5-V-Batterie verwenden!

b Baut nun erneut je einen Stromkreis auf. Diesmal soll der Kupferdraht 0,1 m und der Eisendraht 1 m lang sein.

c Wiederholt den Versuch. Nehmt diesmal aber gleich lange Drähte. Welcher Stoff ist der bessere elektrische Leiter?

4 *Messen der Stromstärke*

Vergleichendes Experimentieren

Angenommen, man will den Einfluss eines Materials untersuchen, z. B. den Einfluss eines Metalls auf die Leitfähigkeit. Dann muss man sich zunächst informieren, was außer dem Material noch eine Rolle spielen könnte – z. B. die Länge des Drahts. Will man nur den Materialeinfluss untersuchen, muss man alle anderen Einflüsse gleichhalten. Alle Drähte müssen also z. B. die gleiche Länge haben.

- Untersucht, ob die Wahl der Batterie, die Dicke des Drahts, der Lichteinfall oder die Temperatur die Leitfähigkeit beeinflussen. ↑5
- Jemand will herausfinden, ob Salz oder Zucker in größerer Menge in Wasser löslich ist. Auf welche Weise muss er dabei vorgehen?

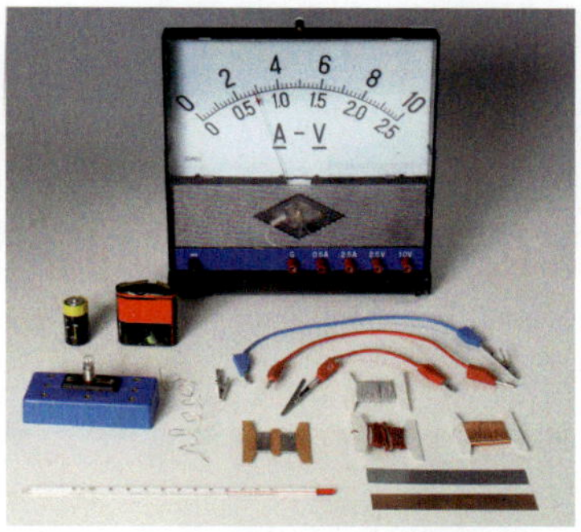

5 *Material zum Experimentieren*

Aufgaben

1 Erstellt einen Stoffsteckbrief für Eisen.

2 Bereitet einen Lückentext zu den Eigenschaften von Kupfer vor.

3 Bereitet ein Referat vor, das sich mit den Eigenschaften von Aluminium beschäftigt. Recherchiert auch Informationen über seine Verwendung.

4 Erfindet ein Ratespiel, bei dem man wichtige Eigenschaften der untersuchten Metalle wissen muss.

5 Erstellt ein Plakat, das über die Eigenschaften des Metalls Magnesium informiert.

6 *Welche besonderen Stoffeigenschaften sind es, die Gold so wertvoll machen?*

Metalle und Feuerwerk

Viele Metalle und ihre Verbindungen können brennen:
- Magnesiumband verbrennt mit einer sehr hellen weißen Flamme.
- Einige Metallverbindungen verbrennen mit gelber, roter, violetter oder grüner Flamme.

Diese schönen Lichteffekte werden bei Feuerwerken ausgenutzt.

1 *Verschiedene Farben beim Feuerwerk – woher kommen sie?*

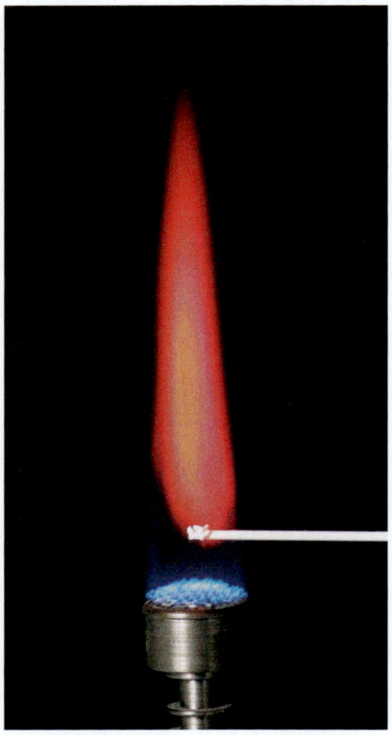

2 *Strontium färbt Flammen rot.*

Flammenfärbungen
Viele Metalle und Metallverbindungen geben – wenn sie brennen – der Flamme eine bestimmte Farbe.
Vorsicht: Während des gesamten Versuchs Schutzbrille tragen!
Untersucht Verbindungen von Lithium, Natrium, Kalium und Magnesium. Nehmt dazu mit einem Magnesiastäbchen eine Metallverbindung auf und haltet sie in eine Brennerflamme. Wascht die Stäbchen zwischendurch in etwas verdünnter Salzsäure (GHS07) aus.

Wunderkerzen selbst gemacht
Ihr braucht: Bariumnitrat (GHS03|07), Aluminiumpulver (GHS02), Eisenpulver, Stärke, Wasser, Waage, Filterpapier, dünne Eisenstäbe, Becherglas, Rührstab.
Vorsicht: Die Funken der Wunderkerze sind sehr heiß – nur in Anwesenheit der Lehrkraft abbrennen! Schutzbrille tragen!
Wiegt 11 g Bariumnitrat, 1 g Aluminiumpulver, 5 g Eisenpulver und 3 g Stärke ab. Vermischt die Stoffe gründlich in einem Becherglas. Gebt dann 2–3 ml kochendes Wasser zu.
Anschließend verrührt ihr alles zu einem steifen Brei und gebt die Masse auf zuvor entfettete Eisenstäbe. Lasst die Wunderkerzen dann mindestens 24 Stunden trocknen.

Feuerwerk selbst herzustellen ist sehr gefährlich. Nur die Lehrkraft darf die folgenden Versuche durchführen! Unbedingt alle Sicherheitsvorschriften beachten!

3 *Bengalisches Feuer*

Bengalisches Feuer (Lehrerversuch)

Man braucht: Puderzucker, Kaliumchlorat (GHS03|07|09), Strontiumnitrat (GHS03|07).

Vorsicht: Stoffe nie in einer Reibschale mischen (Explosionsgefahr; hohe Brenntemperatur von 2500 °C)!

Zwei Bechergläser befüllen und Inhalt getrennt voneinander verreiben:

Glas 1: 10 g Kaliumchlorat

Glas 2: 10 g Puderzucker, 20 g Strontiumnitrat

Inhalte vorsichtig mithilfe zweier Papiere vermischen und dann zu einem Kegel anhäufen. Mit einer Wunderkerze entzünden. ↑3

Tanzende Glut (Lehrerversuch)

Man braucht: Kaliumnitrat (GHS03|07), Holzkohle.

Vorsicht: Heiße Kaliumnitratschmelze kann spritzen! Schutzbrille tragen!

5 g Kaliumnitrat im Reagenzglas schmelzen (unter das Reagenzglas eine Porzellanschale stellen, da das Glas platzen kann). Dann ein erbsengroßes Stück Holzkohle zugeben. ↑4

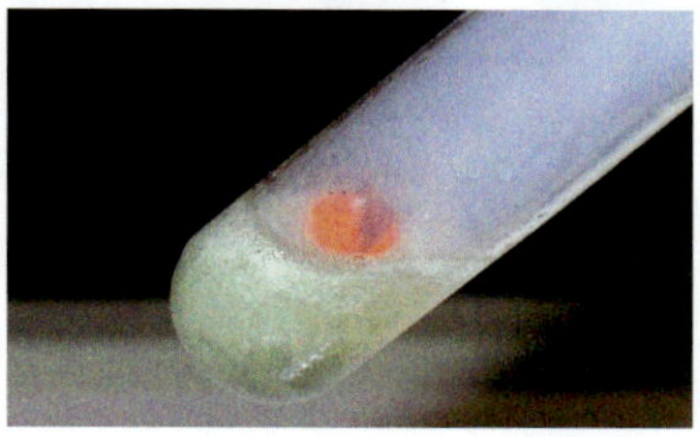

4 *Glühende Holzkohle*

Blitze unter Wasser (Lehrerversuch)

Man braucht: Kaliumpermanganat (GHS03|07|09), konz. Schwefelsäure (GHS05), n-Propanol (GHS02|05|07).

Vorsicht: Schutzbrille tragen!

Ein Reagenzglas mit 10 ml Schwefelsäure füllen und vorsichtig mit einer Pipette 10 ml n-Propanol überschichten. Nun eine Spatelspitze Kaliumpermanganat zugeben und 1–2 Minuten warten.

Geschichte des Feuerwerks

Der erste Schritt war die Entdeckung des Schwarzpulvers im alten China vor mehr als 1000 Jahren. Im 13. Jahrhundert brachten niederländische Seefahrer dann das Schwarzpulver nach Europa.

Zunächst wurde es nur in Kriegen verwandt, bevor 1379 die friedliche Anwendung begann: Zu Pfingsten wurde eine Funken sprühende „Taube" an einem Seil entlang bewegt. Später erfreute sich der Adel an Theaterstücken mit Feuerwerkseinlagen. Ludwig XV. ließ 1770 im Park von Versailles 20 000 „Raketen", 6000 „Vulkane" und 80 „Sonnen" zünden. Das bisher größte Feuerwerk wurde 1988 in Japan gezündet, z. B. mit einer Kugelbombe von 700 kg und einem Explosionsdurchmesser von 1200 m.

Aufgaben

1 Sucht im Internet nach Bildern der Flammenfärbungen der verschiedenen Metalle. Haltet eure Ergebnisse als Tabelle fest.

2 Recherchiert im Internet über Gefahren und Unfälle im Zusammenhang mit Feuerwerkskörpern. Erstellt eine Liste mit Warnhinweisen.

Doris, 17, Auszubildende zur CNC-Fräserin

Bernd, 15, Auszubildender zum Industriemechaniker

Anne, 16, Auszubildende zur Goldschmiedin

Antonio, 17, Auszubildender zum Metallbauer (Konstruktionstechnik)

In der Kantine einer Berufsschule …

Anne: „Hallo … Seid ihr auch alle neu auf der Berufsschule?"
Bernd: „Ich ja. Macht ihr auch alle eine Ausbildung?"
Doris: „Ich habe eine Lehre zur CNC-Fräserin angefangen."
Antonio: „Und ich lerne Metallbauer Fachrichtung Konstruktionstechnik."
Bernd: „Meine Lehre hat auch etwas mit Metallen zu tun. Ich werde Industriemechaniker."
Anne: „Und ich will Goldschmiedin werden. Mich fasziniert die Arbeit mit Edelmetallen."

Antonio: „Was genau macht denn eine Goldschmiedin?"
Anne: „Wir gestalten und entwerfen Schmuck- und Gebrauchsgegenstände aus Edelmetallen. Auch die Reparatur von defekten Schmuckteilen ist Aufgabe der Goldschmiede."
Doris: „Muss man da nicht total sorgfältig arbeiten?"
Anne: „Ja, das muss sein. Außerdem ist Kreativität wichtig. Und wenn man Schmuckstücke in Absprache mit Kunden herstellen will, dann ist auch Kommunikationsfähigkeit von Bedeutung."

Doris: „Sorgfalt ist für CNC-Fräser auch wichtig. Wir arbeiten im Millimeterbereich. Allerdings sorgen computergesteuerte Maschinen für die Präzision."
Bernd: „Und solche Maschinen kannst du steuern, als Frau?"
Doris: „Ja sicher! Ich habe in einem Praktikum auch Programmierungen selbst gemacht. Das fand ich so spannend, dass ich mich weiter über den Beruf informiert habe. Jetzt bin ich froh, eine Ausbildung in einem Gebiet gefunden zu haben, das mir Spaß macht. Außerdem verdient man besser als in vielen ‚Frauenberufen'."

Antonio: „Praktika finde ich auch wichtig. Ich habe insgesamt drei Praktika in verschiedenen Berufen gemacht – zwei davon in den Ferien. Durch die Praktika konnte ich herausfinden, was mir wirklich liegt. Bei der Bewerbung kam das auch gut an, dass ich mich vorher gründlich über verschiedene Berufe informiert habe."

1 *Bei der Ausbildung als Industriemechaniker/-in*

2 *CNC-Fräsmaschine*

Anne: „Was macht denn eigentlich ein Metallbauer Fachrichtung Konstruktionstechnik?"
Antonio: „Wir bauen Überdachungen oder Tore aus Stahl oder anderen Metallen. Außerdem montieren wir Anlagen, z. B. elektrische Antriebe für Tor- und Sonnenschutzanlagen. Auch die Verbindung von Metallen durch Schweißen, Nieten oder Schrauben ist unser Fachgebiet."
Bernd: „Da überschneiden sich unsere Fachgebiete. Auch wir Industriemechaniker müssen Metalle verbinden können. Allerdings arbeiten wir in Betrieben und kümmern uns darum, dass die mechanischen Anlagen funktionieren. Dazu müssen wir sie warten und teilweise reparieren. Manchmal stellen wir Ersatzteile sogar selbst her."
Doris: „Es gibt echt eine Menge Berufe, die mit Metallen zu tun haben."
Anne: „Weil ich die Arbeit mit Metallen mag, habe ich mich bei der Arbeitsagentur vor der Lehre genauer informiert. Es gibt über 200 Berufe, die mit Metallen zu tun haben."
Antonio: „Ja, da hast du recht. Sich im Vorfeld über Berufe zu informieren – entweder über die Arbeitsagentur oder durch Praktika –, das lohnt sich. Schließlich verbringt man viel Lebenszeit mit seinem Beruf."
Bernd: „Finde ich auch. Wenn einem der Beruf keinen Spaß macht, kann man auch keine richtig guten Leistungen bringen. Und ich will später mal Karriere machen."

3 *Goldring in einer Lötflamme*

4 *Metallbauer bei der Arbeit*

Nach der Lehre noch höher?
- Fortbildungskurse
- Technikerschule
- Meisterschule
- Maschinenbaustudium (mit Fachhochschulreife oder Hochschulreife)
- sich selbstständig machen
- ...

Aufgaben

1 Begründe, warum gerade für eine Goldschmiedin ein sorgfältiges Arbeiten besonders wichtig ist. Erläutere auch, welche Folgen es haben könnte, wenn eine Goldschmiedin nicht gut mit ihren Kunden kommunizieren kann.

2 Es gibt eine ganze Reihe von Möglichkeiten, um zwei Metallteile miteinander zu verbinden. Nenne möglichst viele dieser Möglichkeiten und formuliere jeweils eine kurze Definition des Verfahrens.

Es gibt etwa 80 Metalle – und etwa 15 besonders interessante Nichtmetalle.

1 *Das Nichtmetall Schwefel kann schöne Kristalle bilden.*

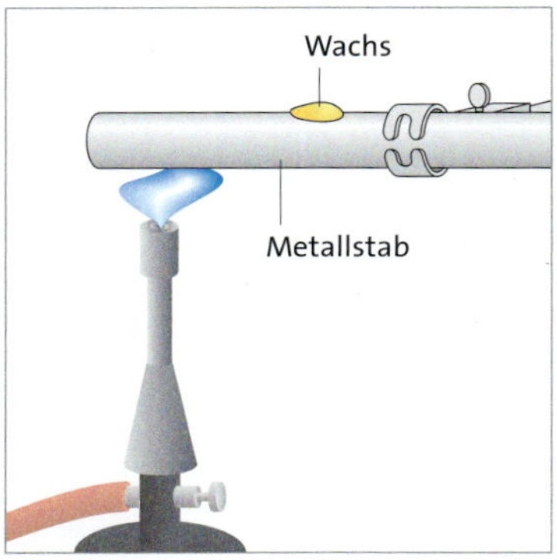

2 *Wie schnell schmilzt das Wachs?*

Aufgaben

1 Vergleiche Metalle mit Nichtmetallen. Spanne dazu einen Metallstab (Eisen, Kupfer) waagerecht in ein Stativ ein. Die Stativklammer muss den Stab ganz am Ende festhalten. ↑2
Bringe einen Tropfen Wachs auf die Mitte des Stabs auf. Erhitze dann den Stab an seinem freien Ende mit dem Gasbrenner. Miss die Zeit, bis das Wachs schmilzt.
Führe den Versuch noch einmal durch, jetzt aber mit einem Kohlestab. Vergleiche deine Ergebnisse.

2 Vergleiche mit einem geeigneten Versuch die elektrische Leitfähigkeit von einem Metallstab und einem Stück Stangenschwefel.

3 *Das Nichtmetall Iod sublimiert leicht.*

Metalle und Nichtmetalle

Alle Metalle haben typische gemeinsame Merkmale: Sie sind undurchsichtig und glänzen metallisch. Wärme und elektrischen Strom leiten sie gut. Reine Metalle sind gut verformbar, also nicht spröde.
Einige Stoffe, z. B. Schwefel, Kohlenstoff oder Phosphor, zeigen zwar einige, aber nicht alle dieser Stoffeigenschaften. Sie werden als Nichtmetalle bezeichnet.
Alle Metalle – bis auf Quecksilber – sind bei Raumtemperatur fest. Einige Nichtmetalle sind dagegen bei Raumtemperatur gasförmig, z. B. Sauerstoff, Stickstoff oder Chlor.
Metalle sind vor allem in der Technik wichtig. Die Nichtmetalle dagegen sind in den verschiedensten Bereichen überaus wichtig. Unser Körper etwa besteht fast vollständig aus Verbindungen der Nichtmetalle.

Schwefel

Dieses Nichtmetall kommt stellenweise in reiner Form an der Erdoberfläche vor, z. B. an den Hängen von Vulkanen. Schwefel fasziniert die Menschen seit Jahrtausenden, weil:

- er eine leuchtend gelbe Farbe hat und sich diese Farbe beim Erhitzen auch noch ändert,
- er mit blauer Flamme verbrennt und dabei giftige Gase entstehen,
- man ihn als Bestandteil von Schießpulver oder von Hautsalben verwenden kann,
- er mit vielen Stoffen heftige chemische Reaktionen eingeht.

Kohlenstoff

Dieses Nichtmetall gilt als das „Element des Lebens". Alle Lebewesen bestehen zu einem erheblichen Teil aus Kohlenstoff.
Auch unsere fossilen Brennstoffe Erdöl, Erdgas und Kohle enthalten sehr viel Kohlenstoff. Sie sind nichts anderes als fossilierte oder umgewandelte Überreste früherer Lebewesen.
Reiner Kohlenstoff brennt sehr gut. Da Kohle aus Kohlenstoff besteht, eignet sie sich sehr gut als Brennstoff.

Phosphor

Auch dieses Nichtmetall ist für Lebewesen völlig unersetzlich. Phosphorverbindungen sind daher ein wichtiger Bestandteil von Pflanzendüngern. Dennoch wurde Phosphor erst recht spät und nur durch chemische Forschung entdeckt. Dies liegt daran, dass Phosphor als Reinstoff in der Natur nicht vorkommt. Reiner Phosphor ist chemisch sehr reaktiv und kommt daher in der Natur nur in Verbindungen vor.

Silicium

Silicium steht mit seinen Eigenschaften zwischen Metallen und Nichtmetallen; man bezeichnet es daher als Halbmetall. Beispielsweise leitet es den elektrischen Strom besser als die Nichtmetalle, aber nicht so gut wie die Metalle. Es ist also ein sogenannter Halbleiter. Seine elektrische Leitfähigkeit hängt z. B. davon ab, ob Lichtenergie zugeführt wird. Auf dieser Eigenschaft als Halbleiter beruht die Verwendung von Silicium in Solarzellen und in Computerchips.

4 *Kohlenstoff (Graphitpulver) macht Fingerabdrücke sichtbar.*

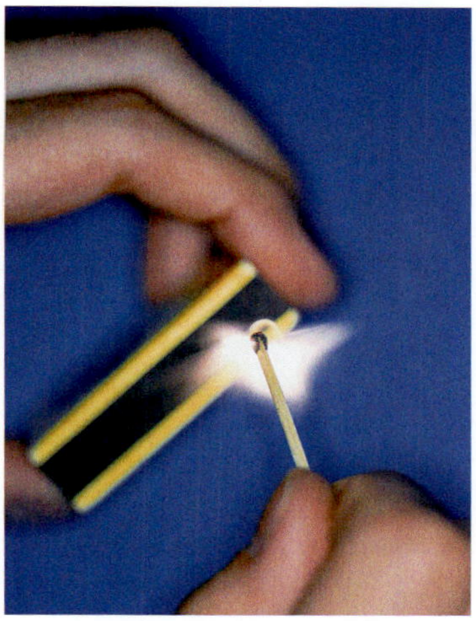

5 *Phosphor ist in den Reibflächen von Streichholzpackungen enthalten.*

6 *Die meisten Solarzellen enthalten hochreines Silicium.*

Aufgaben

3 Untersuche, wie sich Schwefel beim Erhitzen verhält.

4 Informiere dich in Lexika, Chemiebüchern oder im Internet über folgende sechs Nichtmetalle: Helium, Fluor, Neon, Chlor, Argon und Brom. Stelle jeweils einen Stoffsteckbrief auf, und zwar für alle Stoffe nach dem gleichen Muster.
Vergleiche die sechs Stoffe und versuche sie zu Gruppen zusammenzufassen.

Eisen – im Erz „versteckt"

**Es gibt keine Bergwerke, in denen *Eisen* abgebaut wird. Wohl aber gibt es zahlreiche Bergwerke, in denen *Eisenerz* gewonnen wird.
Was ist der Unterschied zwischen Eisen und Eisenerz?**

1 *Eisenerz ist eines der weltweit wichtigsten Bergbauprodukte.*

Beobachten Untersuchen **Experimentieren**

2 *Zinkpulver in der Brennerflamme*

Für die folgenden Versuche brauchst du jeweils eine feuerfeste Unterlage und einen Brenner.

1 Kann Eisenblech brennen?
Halte ein Eisenblech mit der Tiegelzange in die nicht-leuchtende Brennerflamme; lass es eine Zeit lang glühen. Vergleiche es dann mit nicht geglühtem Eisen.

2 Kann man Metallwolle entzünden?
a Halte ein Knäuel aus Eisenwolle mit der Tiegelzange kurz an beide Pole einer Blockbatterie (9 Volt).
b Halte etwas Zinkwolle (GHS02|09) mit der Tiegelzange für kurze Zeit in die nicht-leuchtende Brennerflamme.

Interessantes

Eisen aus Meteoriten
Auf uns regnet ständig Materie aus dem Weltall nieder. Glücklicherweise sind das meist kleine Teile, eher „Stardust", Sternenstaub. Wir kennen das als Sternschnuppen. Wenn der Staub in die Atmosphäre eindringt, verglüht er meistens.
Große Sternschnuppen sind die Meteore. Eisenhaltige Meteore waren in der Antike wahrscheinlich die ersten Quellen für Eisen mit guter Qualität.
Tutanchamun, der berühmte Pharao Ägyptens, besaß einen Dolch aus Meteoreisen. Der Dolch wurde ins Grab mitgegeben. Chemiker haben zweifelsfrei bestätigt, dass er aus außerirdischem Eisen besteht.

3 *Der Komet Hale-Bopp (1997)*

Metalloxide

Viele Metalle können mit Sauerstoff chemisch reagieren. Dabei entstehen ganz neue Stoffe. Wenn beispielsweise Eisen mit Sauerstoff reagiert, entsteht Eisenoxid:

Eisen + Sauerstoff $\rightarrow$ Eisenoxid

Andere Metalle, z. B. Zink, gehen ganz ähnliche Reaktionen ein:

Zink + Sauerstoff $\rightarrow$ Zinkoxid

Die allgemeine Reaktionsgleichung lautet:

Metall + Sauerstoff $\rightarrow$ Metalloxid

Wenn Metalle mit Sauerstoff reagieren, bilden sich Metalloxide.

4 Viele Metalloxide haben schöne Farben und werden als Farbpigmente genutzt.

Ergänzung: Metallerze
Viele Metalle können nicht nur mit Sauerstoff, sondern auch mit anderen Stoffen reagieren, z. B. mit Schwefel. Bei der Reaktion mit Schwefel entstehen Metallsulfide:

Kupfer + Schwefel $\rightarrow$ Kupfersulfid
Metall + Schwefel $\rightarrow$ Metallsulfid

Die meisten Metalle sind also chemisch recht reaktive Stoffe. Sie gehen verschiedene Verbindungen ein. Daher kommen viele Metalle in reiner metallischer Form in der Natur gar nicht vor. Man findet meist nur Metallverbindungen, oft auch Gemische verschiedener Verbindungen. ↑6

Erze sind Gesteine mit einem besonders hohen Gehalt an wirtschaftlich interessanten Metallverbindungen. In manchmal sehr aufwendigen chemischen Verfahren werden aus den Erzen die darin „versteckten" Metalle gewonnen.

In Lagerstätten findet man meist nicht reine Metalle, sondern Metallerze.

5 Drei ganz unterschiedliche Stoffe

6 Roteisenerz besteht überwiegend aus Eisenoxid.

Interessantes

Zu edel zum Reagieren
Gold, Platin und in gewissem Maße auch Silber reagieren nicht mit Stoffen wie Sauerstoff oder Schwefel. In der Natur findet man sie daher nicht in Verbindungen, sondern in reiner, gediegener Form – manchmal sogar als faustgroße Goldnuggets!

7 Im Erzgebirge im südlichen Sachsen kann man reines Silber finden, wenn man Glück hat.

Aufgaben

1 Woran kann man in Exp. 1 und 2 erkennen, dass die Metalle mit Sauerstoff reagiert haben?

2 Stelle die Reaktionsgleichung für die Bildung von Aluminiumoxid auf.

3 Es gibt eine ganze Reihe von wichtigen Eisenerzen: Magneteisenerz, Roteisenerz, Brauneisenerz, Spateisenerz ... Was könnten die Unterschiede sein? Recherchiere.

Eisen aus dem Hochofen

In Hochöfen wird Eisen aus Eisenerzen gewonnen. Wie funktioniert das?

1 *Eisen entsteht im Hochofen.*

Beobachten Untersuchen Experimentieren

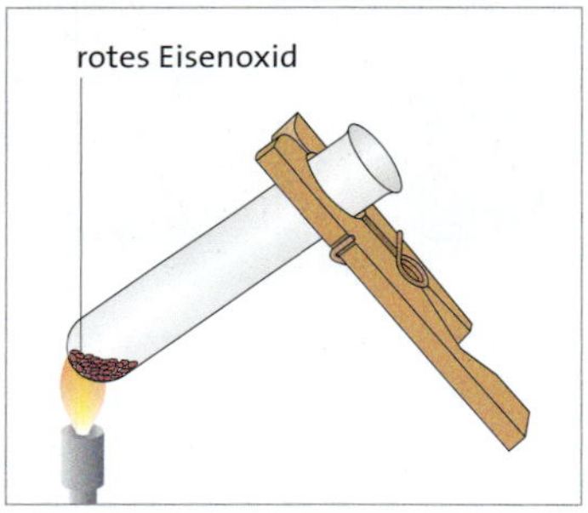

2 *Erhitzen von Eisenoxid*

1 Kann man Eisen aus Erz ausschmelzen?

Gib etwas rotes Eisenoxid in ein schwer schmelzbares Reagenzglas. Versuche durch kräftiges Erhitzen, das Eisen aus dem Erz herauszuschmelzen. ↑2

Teste den Ausgangsstoff vor und nach dem Erhitzen mit einem Magneten. Tipp: Umwickle den Magneten vorher mit etwas Papier, damit er sauber bleibt.

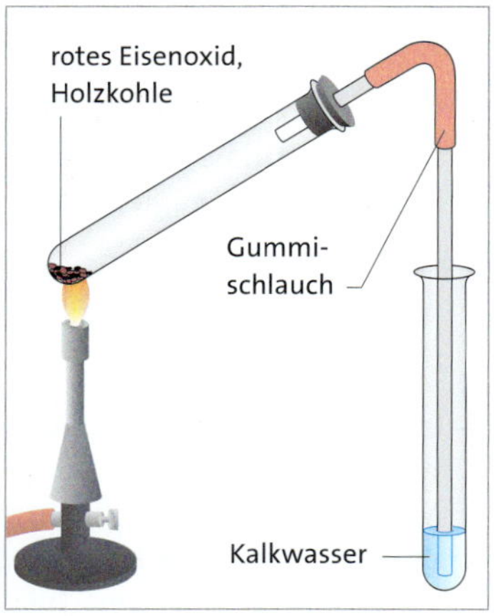

3 *Erhitzen mit Holzkohlepulver*

2 Kann man Eisen durch eine chemische Reaktion gewinnen? (Lehrerversuch)

Zu 3 g rotem Eisenoxid gibst du 0,5 g Holzkohlepulver und vermischst beide Stoffe gut. Gib das Gemisch in ein schwer schmelzbares Reagenzglas und erhitze sehr kräftig. *Schutzscheibe!* Leite die entstehenden Gase in ein Gefäß mit Kalkwasser. ↑3

Um zu verhindern, dass das Kalkwasser in das heiße Gemisch zurückfließt, musst du den Gummischlauch lösen und die Apparatur belüften, *bevor* du das Experiment beendest.

Lass den Versuch abkühlen. Schütte das entstandene Reaktionsprodukt auf ein Blatt Papier. Prüfe es auf magnetische Eigenschaften.

Gewinnung von Eisen

Um Eisen zu gewinnen, muss man Eisenoxid zerlegen. Dies gelingt aber nicht durch bloßes Erhitzen. Man muss einen Reaktionspartner zufügen, z. B. Kohlenstoff. Dieser bindet den Sauerstoff, der ursprünglich im Eisenoxid enthalten war. Die Abspaltung von Sauerstoff aus einem Metalloxid nennt man in der Chemie der Metalle Reduktion. Man sagt: Der Kohlenstoff reduziert das Eisenoxid.
Als Reaktionsprodukte entstehen bei dieser Reaktion Eisen und Kohlenstoffdioxid. ↑Exp. 2 Die Reaktionsgleichung lautet:
Eisenoxid + Kohlenstoff → Eisen + Kohlenstoffdioxid

Das Eisenoxid ist also reduziert worden. Gleichzeitig ist der Kohlenstoff oxidiert worden. Treten Reduktion und Oxidation gemeinsam auf, nennt an dies in der Chemie der Metalle eine Redoxreaktion.

Um Eisenoxid zu spalten, muss ein Reaktionspartner zugegeben werden, der den Sauerstoff bindet.

Ergänzung: Eisen aus Eisenerz im Hochofen
In der Industrie wird Eisen in Hochöfen gewonnen. Eisenoxidhaltiges Erz wird mit Kohlenstoff (Koks/Kohle) vermischt. Durch Einblasen von Sauerstoff (Luft) bildet sich in einem ersten Schritt Kohlenstoffmonooxid:

Kohlenstoff + Sauerstoff → Kohlenstoffmonooxid

Dieses Gas ist im Hochofen der eigentliche Reaktionspartner für die Spaltung des Eisenoxids. Das Kohlenstoffmonooxid reagiert mit dem Eisenoxid zu Eisen und wird dabei selbst zu Kohlenstoffdioxid:

Eisenoxid + Kohlenstoffmonooxid → Eisen + Kohlenstoffdioxid

Das Roheisen und die Reste des Erzes, die sogenannte Schlacke, können am Boden des Hochofens entnommen werden. ↑4

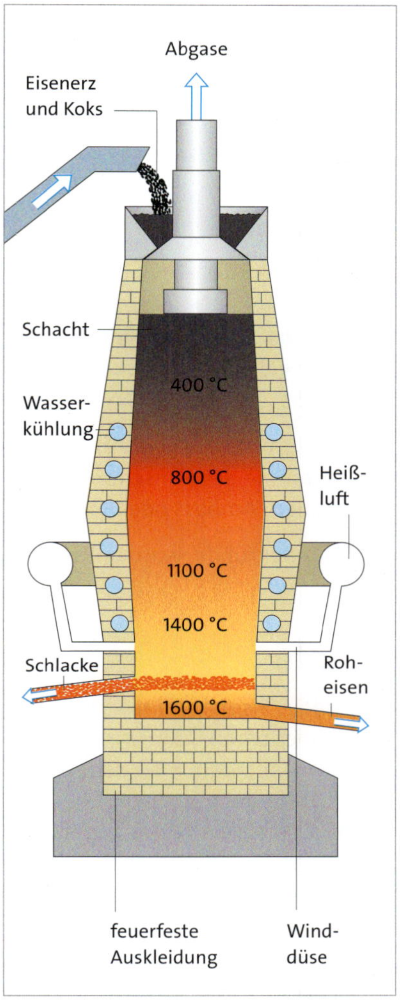

4 *Schema eines Hochofens*

5 *Flüssiges Roheisen*

Aufgaben

1 Erläutere mit eigenen Worten, warum Kohlenstoff bei der Gewinnung von Eisen eine so große Bedeutung hat.

2 Kupfer kann durch die Reaktion von Kupferoxid und Kohlenstoff gewonnen werden. Gib hierfür die Reaktionsgleichung an.

3 Erläutere die Abb. 4 „Schema eines Hochofens“.

Eisen

Eisen ist ein Material, das ziemlich schlecht zu bearbeiten ist. Es ist spröde, kann also zerbrechen. Außerdem kann man es nicht schweißen und nicht verformen. Ursache ist der recht hohe Anteil an Kohlenstoff (etwa 5 %).

1 *Gusseisen ist nur für manche Zwecke gut geeignet.*

Aufgaben

1 Übergieße in einem Erlenmeyerkolben (250 ml) einige kleinere Stücke Gusseisen vorsichtig mit verdünnter Schwefelsäure (GHS07). Koche den Ansatz unter dem Abzug so lange, bis sich die Eisenstücke vollständig gelöst haben. Filtriere den Inhalt des Erlenmeyerkolbens.

2 Erhitze einen Stab aus Gusseisen in der nicht-leuchtenden Flamme des Bunsenbrenners. Versuche anschließend, den Stab auf einem Amboss oder Schraubstock zu schmieden.

3 Begründe, warum Eisen einen so hohen Kohlenstoffanteil hat.

Stahl

Sprödes Eisen kann man in schmiedbaren Stahl umwandeln, und zwar indem man den Kohlenstoffgehalt verringert.
Es ist nicht ganz einfach, eine eindeutige Grenze zwischen Eisen und Stahl zu ziehen. Als „Eisen" gilt heute das Roh- oder Gusseisen, das mehr als 2 % Kohlenstoff enthält. „Stahl" enthält weniger als 2 % Kohlenstoff.
Beim Stahl kann man Härte und Zähigkeit durch Temperaturbehandlung verbessern. Bei diesem Verfahren wird nicht die Anzahl der Kohlenstoffteilchen im Stahl verändert, sondern ihre Anordnung. Eine bessere Gebrauchsfähigkeit kann auch durch Legieren erzielt werden: durch Zumischen weiterer Metalle wie Mangan, Vanadium, Chrom oder Molybdän.

2 *Manche Stahlsorten sind sehr biegbar.*

3 *Viele Stahlsorten sind erheblich härter als Aluminium.*

Aufgaben

4 Erhitze einen Stahlstift in der Brennerflamme zur Rotglut. Schrecke ihn anschließend in einem bereitstehenden Wasserbad ab. Versuche, den Stift auf einem Amboss oder Schraubstock zu schmieden. Versuche auch, mit dem Stift eine Glasplatte zu ritzen.

5 Nur etwa 10 % der Roheisenproduktion werden auch als Eisen genutzt. Etwa 90 % des Eisens verwendet man zur Herstellung von Stahl. Erläutere.

Eisbrecher sind Wunderwerke der Technik. Selbst bei −40 °C kämpfen sie sich durch meterdicke Eisplatten. Dabei nutzen sie die mechanischen Eigenschaften des Eises aus. Eis ist hart, gleichzeitig aber auch spröde. Das ist der Grund, warum Eisbrecher das Eis nicht schneiden, sondern brechen. Ein Eisbrecher schiebt sich dank der Kraft riesiger Motoren auf die Eisplatte. Diese bricht dann unter dem Gewicht des Schiffes in Stücke.

Aufgabe

6 Erläutere, warum der Stahlrumpf eines Eisbrechers nicht – wie bei Handelsschiffen – spitz ist, sondern flach.

Piercings sind heute total in. Der Begriff kommt aus dem Englischen „to pierce" und bedeutet so viel wie „durchstechen" oder „durchbohren". Der Körperschmuck kann nahezu an jeder Körperstelle angebracht werden. Beliebt sind besonders Lippen-, Nasen-, Augenbrauen- und Bauchnabelpiercings. Sogar im Intimbereich sind Ringe und Stäbe aus Edelstahl zu finden. Wenn man allerdings das falsche Material auswählt, kann es z. B. zu einer Nickelallergie kommen. Man verwendet daher unter anderem eine Art Edelstahl, die praktisch kein Nickel freisetzt.

Aufgabe

7 Recherchiere, woraus sich Chirurgenstahl zusammensetzt.

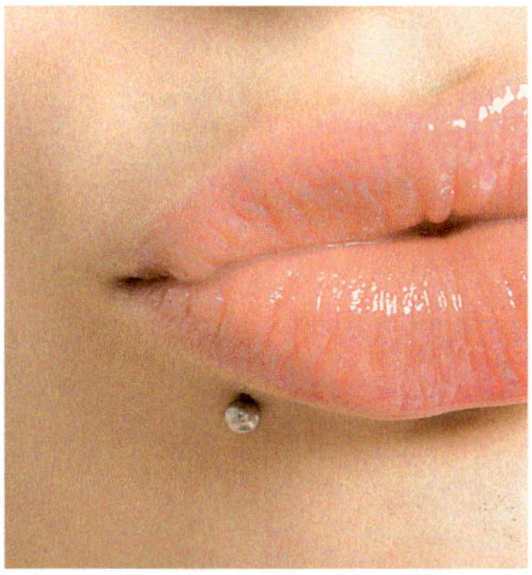

Sportwagen mit über 1000 PS aus acht Litern Hubraum, Beschleunigungen von 0 auf 100 km/h in 2,5 Sekunden – da wirken enorme Kräfte. Ermöglicht wird dies durch die Verwendung eines Edelstahls mit der seltsamen Bezeichnung „31CrMoV9 mod.". So sind auch Spitzengeschwindigkeiten von über 400 km/h möglich.

Aufgabe

8 Welche Metalle werden bei der Herstellung des Edelstahls „31CrMoV9 mod." zugegeben, um die gewünschten Eigenschaften zu erzielen?

Hochseilklettergärten liegen voll im Trend. Sie sind die Spielplätze für Erwachsene, bringen Freude an Bewegung und einen tollen Adrenalinkick. Meist etwa fünf bis acht Tonnen Stahl verbergen sich in einer solchen Anlage und sorgen für die nötige Standfestigkeit und Sicherheit. Zehn Millimeter dicke feuerverzinkte Stahlseile schaffen z. B. die Verbindungen zu großen hölzernen Plattformen, zu Seilrutschen oder zur Kletterwand.

Aufgabe

9 Recherchiere, was unter „feuerverzinken" zu verstehen ist. Warum werden die Stahlseile „feuerverzinkt"?

Recycling – was ist das?

**Jeden Tag eine neue Zeitung, ein schicker Fernseher statt des alten Geräts, ein neues Fahrrad, weil das alte halb kaputt ist ...
Doch was passiert mit den Dingen, die wir nicht mehr brauchen? Sie landen auf der Mülldeponie – oder?**

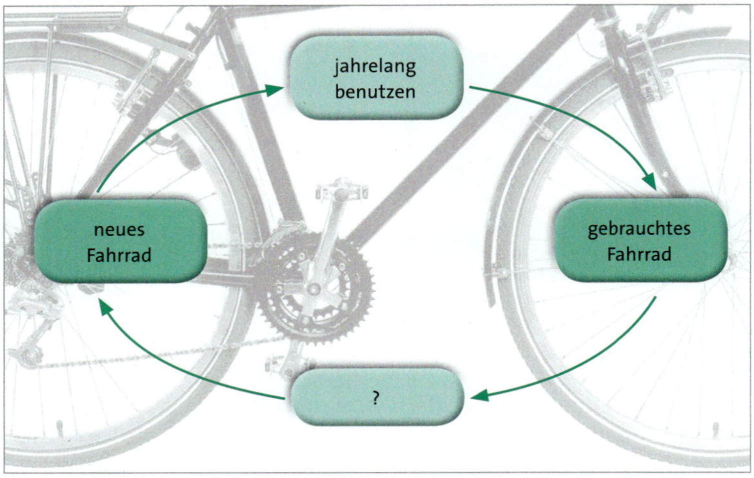

1 *Wie macht man aus einem gebrauchten Fahrrad ein neues Fahrrad?*

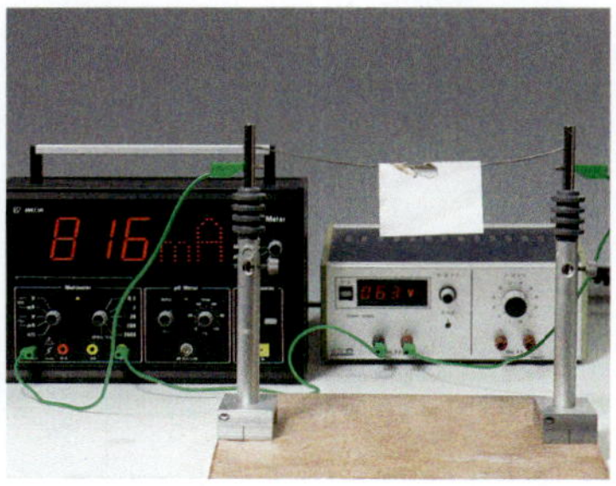

3 *Einen Draht unter Strom setzen*

Aufgabe

1 Untersuche, wie sich elektrischer Strom auf Metalle auswirkt. Dazu brauchst du einen Draht, mehrere Kabel, zwei Leiterstelzen, ein Netzgerät, ein Papierschiffchen, ein Strommessgerät und eine feuerfeste Unterlage. Baue den Versuch damit nach Abb. 3 auf. Schalte das Netzgerät ein und erhöhe langsam die Spannung. Beobachte die Stärke des elektrischen Stroms und den Draht. Erhöhe die Spannung schrittweise so lange, bis der Draht kaputt ist. Erstelle ein Versuchsprotokoll. Formuliere einen Zusammenhang zwischen der Stromstärke und der Temperatur des Drahts.

Recycling

Viele ausgediente Geräte sind nicht zwangsläufig Abfall. Sie können recycelt werden.
Was bedeutet Recycling eigentlich? Im Wort Recycling steckt der englische Begriff **cycle** (Kreislauf). Recycling bedeutet also eine Kreislaufführung:
Stoffe, die in bestimmten Geräten ausgedient haben, werden eingesammelt und voneinander getrennt. Zusammen mit anderen Stoffen verwendet man sie dann wieder in neuen Produkten. Dies ergibt einen Kreislauf aus Rohstoff und Produkt.
Du weißt bestimmt, dass man alte Zeitungen als Rohstoff für neues Papier nutzt. Aus alten Flaschen kann neues Glas gewonnen werden. Einer der wertvollsten „gebrauchten Rohstoffe" ist aber Eisen. Daher werden für Eisenschrott auf dem Weltmarkt hohe Preise gezahlt.

2 *Metallschrott – ein Rohstoff*

Wie wird aus Alteisen neuer Stahl?

Stahlwerke, die aus Eisenschrott neuwertigen Stahl herstellen, schmelzen die Alteisenteile ein. Die hohen Temperaturen, die dafür notwendig sind, werden nicht durch die Verbrennung von Kohle, Öl oder Gas erreicht, sondern durch den Einsatz elektrischer Energie. Man leitet einen sehr großen Strom durch das Alteisen. Das Alteisen wird dadurch immer heißer und beginnt schließlich zu schmelzen. Bei etwa 1500 °C schmilzt das Alteisen und kann in neue Formen gegossen oder gewalzt werden. Je nach Zusammensetzung des Alteisens können Stahlsorten mit den jeweils gewünschten Eigenschaften produziert werden. Auch andere Metalle, z. B. Aluminium, kann man durch Einschmelzen wieder nutzbar machen.

4 *Abstich des „neuen" Stahls*

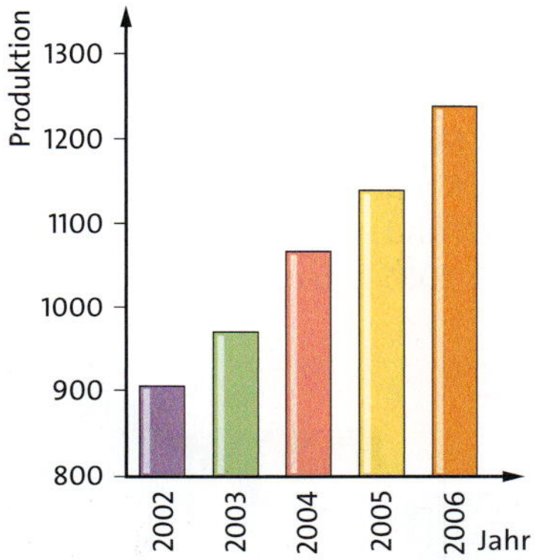

5 *Weltjahresproduktion an Rohstahl in Milliarden Kilogramm*

Recyceln für die Umwelt

Das Recycling von Altmetallen hat für die Umwelt viele Vorteile:

- Es entlastet die Mülldeponien, weil weniger Müll anfällt.
- Es schont die Lagerstätten von Metallerzen, weil weniger Erze gebraucht werden.
- Es verbraucht weniger Energie als die Metallgewinnung aus Erzen, teilweise bis zu 90 % weniger.

Bei der Gewinnung von Eisen aus Erzen entstehen immer große Mengen an Kohlenstoffdioxid, das als Hauptursache für den Treibhauseffekt gilt. Dies muss beim Recycling von Alteisen nicht unbedingt sein. Hier wird zwar viel elektrische Energie benötigt. Diese kann man aber ohne die Entstehung von Kohlenstoffdioxid gewinnen. Ein Beispiel dafür ist das Stahlwerk Mo i Rana in Norwegen. Dort wird die gesamte notwendige Energie aus Wasserkraft gewonnen.

Alle diese ökologischen Vorteile gelten nicht nur für das Recycling von Schrott, sondern auch für Stoffe wie Glas oder Papier. Auch die Autoindustrie hat erkannt, dass das Recycling von Rohstoffen sinnvoll ist. Neue Autos sind so konstruiert, dass viele Teile recycelt werden können.

Ob man Schrott recycelt oder nicht, ist für die Umwelt wirklich wichtig. Weltweit werden jetzt jedes Jahr für jeden Menschen durchschnittlich 200 Kilogramm Stahl hergestellt – für Häuser und Brücken, Autos und Fahrräder, Schiffe und Fabriken, Kochtöpfe und Bügeleisen ... ↑5
Wahrscheinlich wird die Weltproduktion an Stahl weiter zunehmen, z. B. aufgrund des Nachholbedarfs von ärmeren Ländern wie China oder Indien. Entsprechend dürfte die Umweltbelastung steigen.

Aufgaben

2 Frage zu Hause nach, welche Abfälle ihr sammelt und dem Recycling zuführt. Wie sieht das an eurer Schule aus?

3 Erkläre, warum Recycling ein aktiver Beitrag zum Umweltschutz ist.

4 Erstelle ein Plakat, das für Recycling wirbt.

5 In den letzten Jahren (seit etwa 2004) sind die Weltmarktpreise sowohl von Eisenerz als auch von Eisenschrott dramatisch angestiegen. Woran lag das? Recherchiere.

Die Geschichte des Ruhrgebiets

Das Ruhrgebiet ist ein Ballungsraum, in dem heute etwa 5 Millionen Menschen auf einer Fläche von ca. 4000 km^2 leben. Doch das war nicht immer so.
Das Gebiet war ursprünglich landwirtschaftlich geprägt. Sein Aufstieg begann mit dem Abbau von Kohle zu Beginn des 19. Jahrhunderts. Innerhalb weniger Jahre wuchs die Zahl der Kohlebergwerke, sogenannter Zechen, auf 300 an. War ein Kohlevorkommen erschöpft, so wurde die nächste Zeche „eröffnet". Im Lauf der Zeit entstanden so über 2500 Zechen.

Mit der Kohleförderung eng verbunden ist die Eisen- und Stahlindustrie. Ein Symbol dieses Industriezweigs ist die Firma „Krupp" in Essen. Die Erfindung des „nahtlosen Eisenbahn-Radreifens" und die Produktion von Waffen ließ „Krupp" zeitweise zu einem der größten Unternehmen Europas wachsen.

Seit Mitte des 20. Jahrhundert sind die Wachstumsjahre allerdings vorbei. Der Abbau der Kohle lohnt sich nicht mehr. Es begann das „Zechensterben" und damit auch der Untergang der Eisen- und Stahlindustrie. Im Jahr 2005 gab es im Großraum Ruhrgebiet nur noch 8 Zechen.

Die Entdeckungsgeschichte der Kohle

Einst hütete im Muttental ein Junge die Schweine seines Vaters. Feuchtkalte Nebelschwaden zogen durch das Tal. Frierend sammelte der Hirtenjunge Reisig, um sich an einem kleinen Feuer zu wärmen. Bevor er am Abend die Schweine nach Hause trieb, bedeckte er die Feuerstelle mit Steinen, die die Schweine aus dem Boden gewühlt hatten.

Am nächsten Morgen traute er seinen Augen nicht: Die schwarzen Steine glühten. Eilends lief er nach Hause, um dem Vater von diesem Ereignis zu berichten. Der Vater ärgerte sich über den vermeintlichen Unsinn seines Sohns, ging dann aber doch mit zur Feuerstelle. Erstaunt sammelte er eine Handvoll dieser schwarzen Steine auf und nahm sie mit nach Hause. Nach kurzer Zeit brannten die Steine auf der heimischen Feuerstelle und verbreiteten wohlige Wärme.

1 *Die Schwerindustrie spielt heute im Ruhrgebiet keine so große Rolle mehr.*

2 *Im Jahr 2010 war das Ruhrgebiet „Kulturhauptstadt" Europas.*

3 *Ein großer Durchbruch war die Erfindung der Produktion nahtloser Stahlrohre.*

Aufgaben

1 Erläutert, warum die Kohleförderung und die Eisen- und Stahlindustrie so eng miteinander verbunden sind.

2 Vergleicht die Bevölkerungsdichte des Ruhrgebiets mit der von Deutschland. Im Durchschnitt leben in Deutschland auf einem Quadratkilometer 230 Menschen.

3 Sammelt Informationen über die Geschichte und den heutigen Stand der Firma Krupp in Essen. Stellt diese auf einem Zahlenstrahl dar.

Das Ruhrgebiet am Beispiel der Stadt Dortmund – Arbeit braucht Hände

Dortmund ist heute die größte Ruhrgebietsstadt; sie gehörte auch schon im späten Mittelalter zu den großen Städten der Region. Damals lebten dort etwa 6000–10 000 Menschen im Schutz der „Großstadt".

Zwar sank die Einwohnerzahl Dortmunds durch die Pest zunächst auf etwa 4500 Menschen. Später, im Zug der Industrialisierung, stieg sie aber in einem Jahrhundert auf 110 000 an. Aufgrund der enormen Produktivität des Ruhrgebiets war es unbedingt notwendig, „Hände" zu finden, die nach Kohle gruben und aus Eisenerz Eisen bzw. Stahl herstellten.

Die Arbeitsbedingungen waren teilweise katastrophal. Schon 9-jährige Kinder hatten einen 10-Stunden-Tag „unter Tage". Dennoch zog der Lockruf des „schwarzen Golds" in den folgenden Jahren Hunderttausende Menschen nach Dortmund. Dabei wurden in der Zeit vor dem Zweiten Weltkrieg vor allem Arbeiter aus Osteuropa angeworben.

In den Jahren nach dem Zweiten Weltkrieg gab es wieder einen Wirtschaftsboom. Wieder fehlten Arbeitskräfte. Diesmal folgten vor allem Italiener und Spanier dem Ruf der „Anwerber", die einen festen Job, anständige Bezahlung und ein eigenes Dach über dem Kopf im „Schlaraffenland Ruhrpott" versprachen.

1965 wurde der Einwohnerhöchststand erreicht. In der Großstadt Dortmund lebten jetzt 665 000 Menschen; die Städteplaner träumten schon von einer Millionenmetropole. Doch seit dieser Zeit sind die Einwohnerzahlen rückläufig.

4 *Arbeiter im Stollen, 1961*

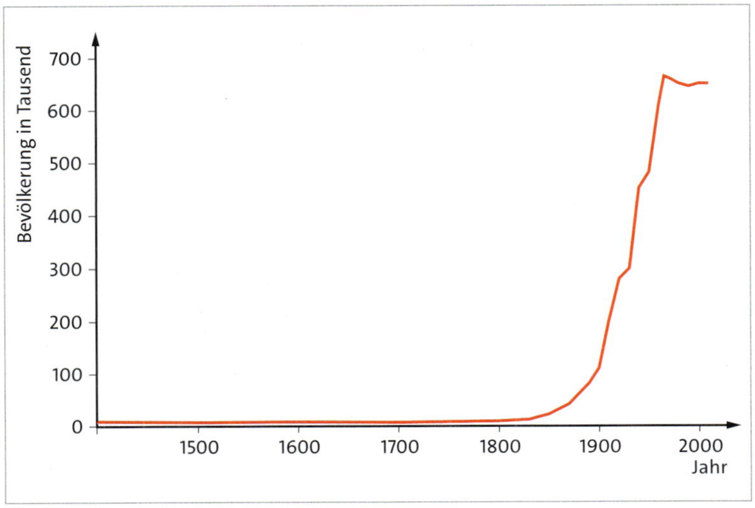

5 *Bevölkerungsentwicklung in Dortmund*

Aufgaben

4 Ordnet dem Diagramm „Bevölkerungsentwicklung" die Ereignisse aus dem Text zu.

5 Informiert euch, wie die Bevölkerungsentwicklung in anderen Städten des Ruhrgebiets verlaufen ist, z. B. in Bochum, Essen oder Duisburg. Erläutert die Zusammenhänge.

6 Recherchiert, warum die Bevölkerungszahlen im Ruhrgebiet seit einigen Jahren rückläufig sind.

1

2 *Klassisches Museum: das Dortmunder Naturkundemuseum*

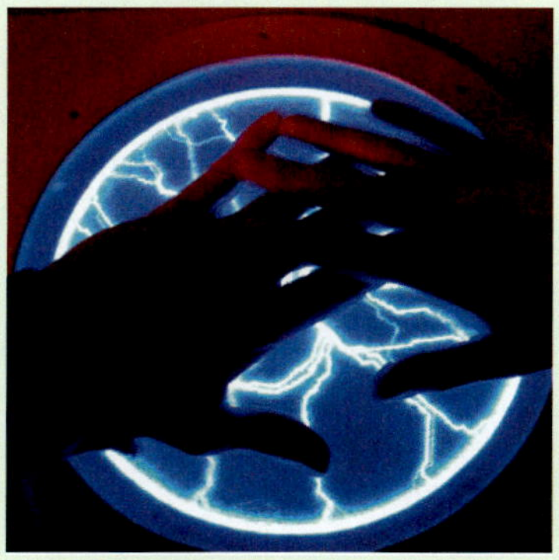
3 *Mitmach-Museum: das „Phänomenta" in Lüdenscheid*

4 *Erlebnis-Museum: Kletterwand am alten Erzbunker*

1 Ein Museum auswählen

Informiere dich, welche Art von Museum du besuchen möchtest:
- Es gibt **„klassische Museen"** wie das Naturkundemuseum in Dortmund. Hier kannst du in einem Rundgang einen Einblick in die Vielfalt der Natur bekommen. Oft wird auch eine Museumsrallye angeboten.
- Es gibt **„Mitmach-Museen"** wie das „Phänomenta"-Museum in Lüdenscheid. Dort sind Versuche aufgebaut, die du ausprobieren kannst.
- Es gibt **„Erlebnis-Museen"** wie den Landschaftspark Duisburg-Nord oder das Gelände der Zeche Zollverein in Essen. Du kannst hier picknicken, klettern oder dir in einer Ausstellungshalle die Geschichte des Geländes anschauen.
- Auch findest du mittlerweile **„Interaktive Museen"** im Internet. Frage aber bitte deine Eltern, ob sie mit dem Surfen im Internet einverstanden sind.

2 Einen Museumsbesuch planen

Wenn du dich für ein Museum entschieden hast, solltest du ...
- dich informieren, wie du dort hinkommst. Anreisetipps findest du z. B. im Internet.
- die Öffnungszeiten herausfinden. Museen haben häufig an einem Wochentag geschlossen.
- herausfinden, ob es vielleicht eine Sonderausstellung gibt, die dich besonders interessiert.
- dort anrufen und dich erkundigen, ob eine Museumsrallye oder eine Führung angeboten wird.
- dich über den Eintrittspreis informieren.

3 Einen Museumsbesuch vorbereiten

Kurz vor dem Besuch solltest du checken ...
- ob du Verpflegung mitnehmen musst.
- ob du eine Kamera, ein Blatt Papier und etwas zum Schreiben eingesteckt hast, um deinen Besuch zu dokumentieren. Achtung: Filmen und Fotografieren ist nicht überall erlaubt!
- ob es jemanden gibt, der Lust hat mitzukommen. Zu zweit macht vieles doppelt so viel Spaß!

„Hoch hinauf oder tief in die Grube" – das Bergbaumuseum Bochum stellt sich vor

„Glück auf!" – und abwärts geht es. So beginnt eine Besichtigung des bedeutendsten Bergbaumuseums der Welt.
Unten angekommen erstreckt sich ein etwa zwei Kilometer langes Wegenetz im **Anschauungsbergwerk**. Es liegt in 17–22 m Tiefe und verschafft Einblicke in den Erz- und Kohleabbau.
Anschließend kann der etwa fünfzig Meter hohe **Förderturm** besichtigt werden. Noch einmal zwölf Meter die Treppen hoch und du stehst direkt neben den Förderrädern, dem Wahrzeichen des Museums.
Die **Ausstellungsfläche** von etwa zwölftausend Quadratmetern vermittelt einen umfassenden Einblick in den weltweiten Bergbau – für alle Bodenschätze und von vorgeschichtlicher Zeit bis zum heutigen Stand.

5 *Das Museum bei Nacht*

Aufgaben

1 Informiere dich: Was ist unter „Bergbau" zu verstehen?

2 Welche Erze wurden in Bochum abgebaut?

3 Recherchiere, welche Gase unter Tage gefährlich werden können.

4 Recherchiere, was unter Grubenpferden zu verstehen ist und was ihre Aufgabe war.

Lebensbedingungen „unter Tage"

Der Schrecken der Bergleute in den Gruben waren Staubexplosionen und Brände. Viele Bergleute starben in den Gruben. Eine Berieselungsanlage beugte zwar einer Explosion vor, allerdings vermehrten sich in der warmen, feuchten Luft mit Temperaturen über 30 °Celsius die Bakterien besonders gut. Oft erkrankten die Bergleute an Rheuma, Arthritis, Husten oder entwickelten eine Staublunge. Das Kriechen in den niedrigen Stollen führte oft zu Knochen- und Gelenkserkrankungen. Auch Gase stellten unter Tage eine ständige Bedrohung dar.

6 *Bergarbeiter, um 1905*

7 *Grubenpferd, um 1910*

1 *Lichtinszenierung am Hochofen*

Industriepark Marl
Obwohl in den chemischen Werken in Marl nach wie vor geforscht und gearbeitet wird, besteht hier die Möglichkeit, Chemie hautnah zu erleben.
Informiere dich: Welche Möglichkeiten der Besichtigung gibt es im Industriepark Marl? Unter anderem wird auf dem Gelände ein „biologischer" Treibstoff hergestellt. Welcher?

Duisburg – vom Hochofengelände zum Landschaftspark
Nach der Stilllegung des letzten Hochofens im Jahr 1985 wurde das Industriegelände in einen ganzjährig geöffneten Landschaftspark umgewandelt. Aushängeschild ist der begehbare Hochofen Nr. 5.
Recherchiere: Wie ist ein Hochofen aufgebaut? Welche Freizeitaktivitäten werden dort angeboten?

2 *Mountainbike-Rennen am ehemaligen Stahlwerk*

Styrumer Wasserturm
1892 wurde der Styrumer Wasserturm erbaut. Hundert Jahre später wurde er vom Netz genommen.
Informiere dich: Wie haben sich die Aufgaben des Wasserturms gewandelt?

Essen – von der Zeche zum Weltkulturerbe
1847 wurde in Essen die Zeche Zollverein gegründet. 1986 wurde die Zeche aus Kostengründen geschlossen und unter Denkmalschutz gestellt. Im Jahr 2002 wurde sie zum Weltkulturerbe erklärt.
Informiere dich: Wie viele Menschen arbeiteten in den besten Zeiten der Zeche dort? Was ist ein Weltkulturerbe?

Schiffshebewerk Henrichenburg
Das Schiffshebewerk war von 1899 bis 1970 in Betrieb.
Recherchiere: Welche Aufgabe hat ein Schiffshebewerk? Erstelle eine Skizze. Welche Bedeutung hatte das Hebewerk für die Industrie?

3 *Das Schiffshebewerk Henrichenburg*

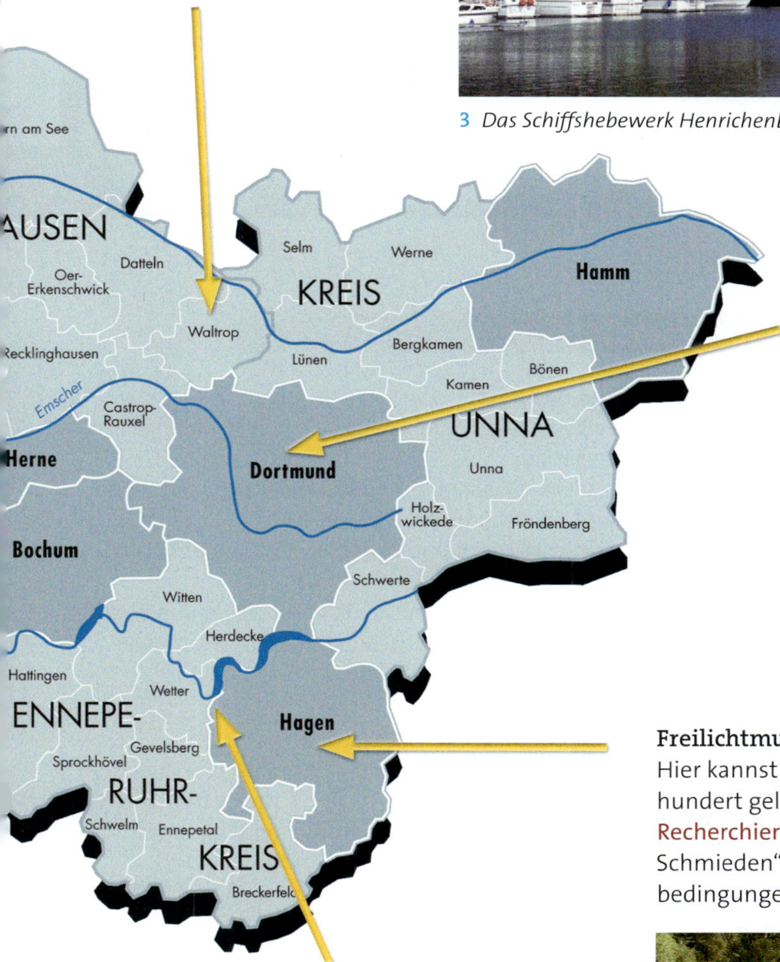

Dortmund – von Hoesch zum Phönixsee
Nach fast 150 Jahren Roheisenproduktion fand am 31.10.1998 auf dem Industriegelände Phönix-West der letzte Hochofenabstich statt. Das Stahlwerk schloss im Jahr 2001. Im Anschluss entstand auf dem ehemaligen Gelände ein Freizeit- und Naherholungsgebiet. Im Mittelpunkt dieser Attraktion steht der Phönixsee.
Recherchiere: Wie ist ein Stahlwerk aufgebaut? Was ist mit den stillgelegten Hochöfen geschehen?

Freilichtmuseum Hagen
Hier kannst du heute sehen, wie im 18. und 19. Jahrhundert gelebt und gearbeitet wurde.
Recherchiere: Was ist unter „Schmelzen und Schmieden" zu verstehen? Beschreibe die Arbeitsbedingungen zu dieser Zeit.

Das Muttental – von der ersten Kohle zum Naherholungsgebiet
Hier begann vor etwa 500 Jahren der Abbau der ersten Kohle im Ruhrgebiet. Nach dem Zechensterben in den 60er und 70er Jahren des vergangenen Jahrhunderts entstand hier ein Wanderweg der Industriegeschichte.
Recherchiere: Was ist Kohle und wie ist sie entstanden?

4 *Vor der Einfahrt in den Stollen*

Eisen, Rost und Korrosion

Ein Motorrad mit glänzenden Metallteilen – eine Eisentonne, die gar nicht mehr glänzt. Was ist mit dem Eisen geschehen?

1 *Gegenstände aus Eisen – mit Rost und ohne Rost*

Beobachten Untersuchen Experimentieren

2 *Abkratzen von Rost*

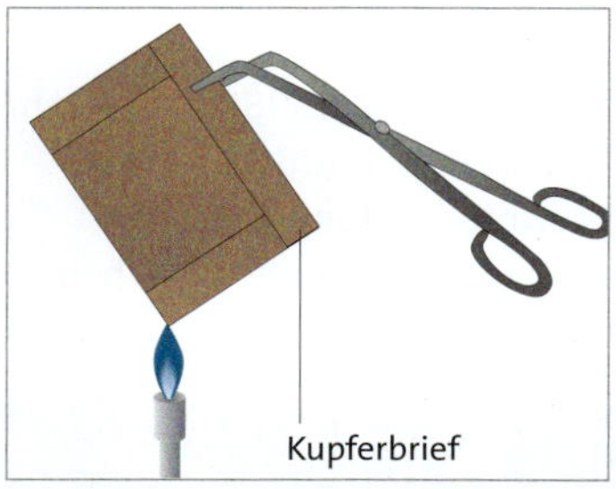

3 *Erhitzen von Kupferblech*

4 *Kratzen an Magnesiumband*

1 Vergleich von Eisen und Rost
Jeder erhält einen Eisennagel ohne Rost und einen Eisennagel mit größeren rostigen Stellen.

a Betrachte und vergleiche Eisen und Rost mit einer Lupe. Versuche deine Beobachtung zu beschreiben.
b Kratze die Rostschicht ab und sammle den Rost auf einem Blatt Papier. ↑2
c Untersuche die magnetischen Eigenschaften von Eisen und Rost.
d Vergleiche durch ein selbst geplantes Experiment die Härte von Eisen und Rost.

2 Kann sich Kupfer verwandeln?
Nimm ein kleines Stück Kupferblech und beschreibe sein Aussehen. Falte es zu einem „Briefchen" zusammen und halte es mit einer Tiegelzange für etwa 20 Sekunden in die rauschende Brennerflamme. ↑3
Wie sieht das Kupferblech nach dem Abkühlen innen und außen aus?

3 Kann sich Magnesium verwandeln?
Nimm ein Stück Magnesiumband (GHS02) und notiere das Aussehen der Oberfläche. Reibe nun mehrmals mit dem Rand einer Münze über das Magnesiumband. ↑4
Beobachte die geriebene Stelle über einen Zeitraum von etwa zwei Minuten und notiere deine Beobachtungen.

Beobachten Untersuchen Experimentieren

Ist der Vorgang des Rostens nur für Eisen typisch? Oder kann man Ähnliches auch bei anderen Metallen (bei anderen Stoffen) beobachten?

4 Gibt es Stoffumwandlungen auch im Alltag? (zu Hause)
Führe folgende Versuche durch und erstelle ein Versuchsprotokoll. Das Protokoll soll so geführt werden, dass ein Mitschüler anhand deines Protokolls genau weiß, wie du vorgegangen bist und was du beobachten konntest.

a Beiße ein Stück von einem Apfel ab und lass den Apfel einen Tag lang an der Luft liegen.
b Brenne ein Streichholz ab und vergleiche es mit einem unverbrannten Streichholz.
c Lass etwas Frischmilch drei Tage lang offen bei Raumtemperatur stehen und beobachte, was geschehen ist.
d Stelle Vermutungen an, was die drei Experimente gemeinsam haben könnten.

5 *Apfel nach zwei Tagen*

Das Rosten

Um zu entscheiden, ob es sich bei zwei Stoffproben um denselben Stoff handelt, muss man die Eigenschaften vergleichen. Nur wenn alle Eigenschaften identisch sind, handelt es sich um denselben Stoff. Dies ist bei Eisen und Rost nicht der Fall – es sind zwei verschiedene Stoffe.
Durch eine chemische Reaktion des Eisens mit Sauerstoff ist ein neuer Stoff entstanden: Eisenoxid. Oxide sind Verbindungen, in denen Sauerstoff enthalten ist. Zusammen mit Wasser bildet das Eisenoxid den Rost.
Nicht nur Eisen, sondern auch viele andere Metalle reagieren mit Sauerstoff. Dabei bilden sich die Oxide der entsprechenden Metalle. Dieser Vorgang wird als Korrosion bezeichnet.
Die Oxide anderer Metalle haben nicht die typisch bräunlichen Färbungen der Eisenoxide. Auch werden diese Oxide nicht als Rost bezeichnet.

Rost entsteht durch die chemische Reaktion von Eisen mit Sauerstoff und Wasser. Auch andere Metalle können mit Sauerstoff reagieren.

Ergänzung: Vielfältige Metalloxide
Es gibt verschiedene Eisenoxide, die im Rost enthalten sind. Das lässt sich schon an den unterschiedlichen Farben von Rost erkennen. Anfänglich entsteht ein hellbrauner Rost. Dieser besteht überwiegend aus FeO, Fe_2O_3 und Wasser. Durch weitere Reaktionen entsteht dunkler Rost. Dunkler Rost enthält überwiegend Fe_3O_4 und wenig Wasser.
Rost ist porös und blättert mit der Zeit leicht vom Eisen ab. Dadurch können auch die tiefer liegenden Schichten rosten. Im Lauf der Zeit kann Eisen daher komplett durchrosten. Bei anderen Metallen wie z. B. Aluminium bildet sich eine feste Oxidschicht. Diese Schicht verhindert, dass tiefer liegende Metallschichten mit Sauerstoff in Kontakt treten können. Die Oxidschicht schützt das Aluminium also vor weiterer Korrosion.

Aufgaben

1 Warum sollte man sein Fahrrad möglichst nicht zu oft im Freien stehen lassen?

2 Je schneller Metalle mit Sauerstoff reagieren, desto unedler sind sie.
Betrachte einen Eisennagel und ein Stück Magnesiumband, dessen Oberfläche mehrmals mit der Kante einer Münze gerieben wurde.
a Welches Metall ist edler?
b Aluminium ist unedler als Eisen. Erkläre, warum Fahrräder aus Aluminium im Gegensatz zu Fahrrädern aus Eisen trotzdem keine Korrosionsprobleme haben.

3 Liegt ein Nagel komplett unter Wasser, so beginnt er nach einiger Zeit zu rosten. Warum ist das Rosten zu beobachten, obwohl der Nagel gar keinen Kontakt zur Luft hat?

Korrosion – fast überall

Eisen wird in vielen Bereichen eingesetzt, weil es ein sehr stabiler und preiswerter Stoff ist. Die Korrosion ist allerdings nicht nur lästig, sondern ein großes Problem. Man schätzt, dass die Schäden durch Rost etwa 3 % der Wirtschaftsleistung eines Landes betragen. Das wäre 2010 in Deutschland ein Schaden von rund 70 Milliarden Euro!

1 *Rost verursacht jährlich Schäden in Milliardenhöhe.*

2 *Windkraftanlagen an der Küste rosten schneller als im Binnenland.*

Das Rosten möglichst genau verstehen

Viele Güter unserer Gesellschaft werden unter Verwendung von Eisen produziert: Autos, Schiffe, Gebäude, Industrieanlagen. Eisen ist zwar ein stabiler und preiswerter Rohstoff, allerdings rostet er ungeschützt sehr schnell. Deshalb bemühen sich viele Unternehmen, Maßnahmen zu entwickeln, um der Korrosion entgegenzutreten. Dazu muss man allerdings erst einmal folgende Frage beantworten: Unter welchen Bedingungen rostet Eisen besonders schnell oder besonders langsam?
Die folgende Seite gibt euch einen Einblick, wie Wissenschaftler vorgehen, um Vorgänge besser zu verstehen.

Aufgaben

1 Erstellt einen schematischen Plan eures Pausenhofs. Zeichnet dazu das Schulgebäude und verschiedene markante Stellen ein, z. B. Rasenflächen, Pausenbänke, Bäume oder Tischtennisplatten. Geht mit eurem Plan auf den Pausenhof und markiert mit einer Farbe alle Stellen, an denen ihr Rost gefunden habt.

2 Führt einen Klassenwettbewerb durch. Jeder erhält einen Nagel. Gewinner ist, wer den Nagel zu Hause innerhalb einer Woche möglichst stark zum Rosten gebracht hat.

Hypothesen aufstellen und überprüfen

Rosten verursacht riesige Schäden. Man würde es daher gerne verhindern. Wie aber soll das gehen? Vielleicht könnten Wissenschaftler ein Verfahren entwickeln, mit dem das Rosten verhindert wird.
Die Wissenschaftler würden sich erst einmal fragen: „Warum rostet Eisen eigentlich?“ Wenn sie dazu keine genaue Erklärung haben, stellen sie Vermutungen an. Diese Vermutungen werden als *Hypothesen* bezeichnet. Anschließend überlegen sie sich Versuche oder Beobachtungsmöglichkeiten, um zu überprüfen: Waren die Hypothesen richtig oder müssen sie verworfen werden? Dabei ist es oft nötig, sehr systematisch zu experimentieren.

Um dieses *systematische Experimentieren* besser zu verstehen, stellen wir uns folgendes Problem vor: Es soll geklärt werden, unter welchen Umständen ein Regenbogen entsteht.
Zunächst werden Vermutungen angestellt, welche Bedingungen für einen Regenbogen notwendig sein könnten. Man stellt die Hypothese auf, dass Regen, Schnee oder Sonnenschein (oder eine Kombination davon) die Ursache sein könnte.
Anschließend untersucht man systematisch, unter welchen Bedingungen ein Regenbogen tatsächlich auftritt. Eine Ergebnistabelle zeigt schließlich: Einen Regenbogen gibt es immer, wenn Regen und Sonnenschein zusammentreffen. ↑3

Regen	Schnee	Sonne	Regenbogen
ja	nein	nein	nein
nein	ja	nein	nein
nein	nein	ja	nein
ja	nein	ja	ja
nein	ja	ja	nein

3 *Unter welchen Bedingungen entsteht ein Regenbogen?*

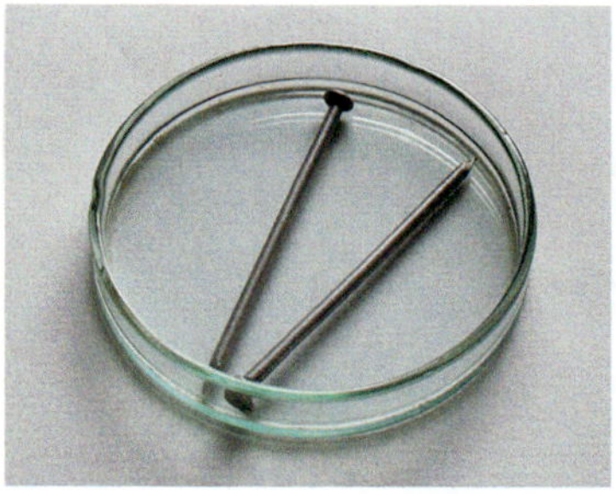

4 *Rostet Eisen in Luft?*

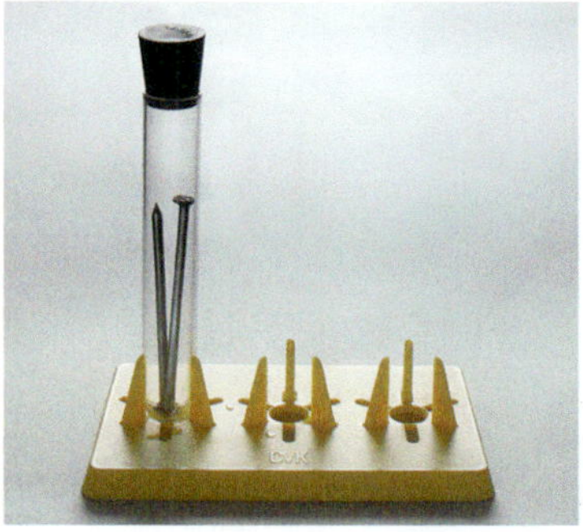

5 *Rostet Eisen in Stickstoff?*

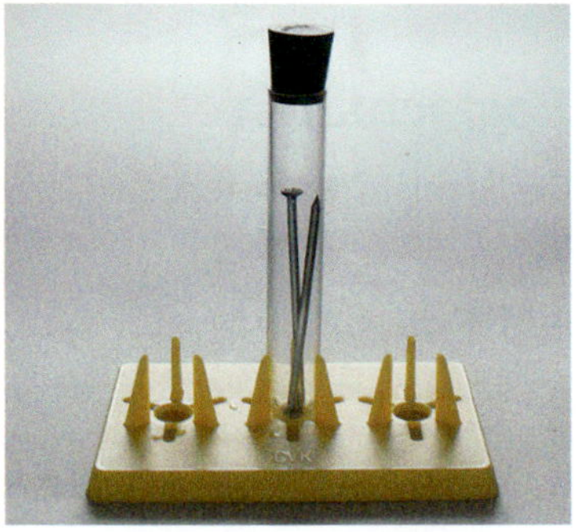

6 *Rostet Eisen in Sauerstoff?*

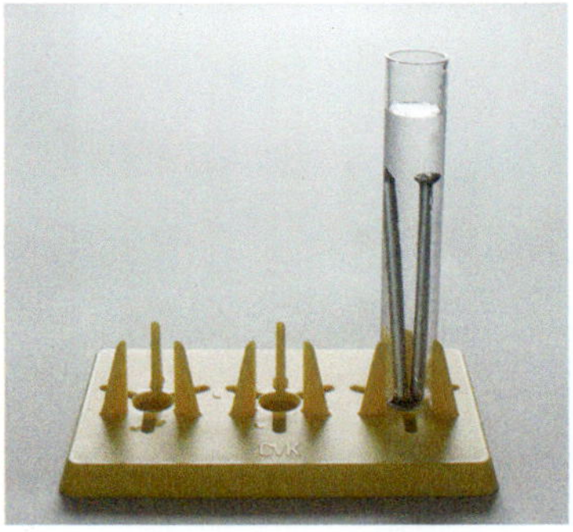

7 *Rostet Eisen in Wasser?*

Aufgabe

3 Stellt Hypothesen auf, welche Bedingungen für die Entstehung von Rost notwendig sein könnten.
Plant anschließend Versuche, mit denen ihr systematisch überprüfen könnt, ob eure Hypothesen richtig sind oder nicht.

Tipps:
Eisennägel oder unbeschichtete Büroklammern sind ein billiger Teststoff für eure Versuche. Die Bilder können als Anregungen für eure Hypothesen und Versuchsplanungen dienen. ↑4–7
Fragt eure Lehrerin bzw. euren Lehrer, falls ihr Hilfe beim Versuchsaufbau braucht.

Gesucht: die besten Rostbekämpfer!

1 *Im Labor der Firma SteelProtect Ltd.*

Stellt euch vor, ihr arbeitet in der Entwicklungsabteilung der Firma SteelProtect Ltd., die sich der Bekämpfung von Korrosionsschäden widmet. Ihr erhaltet den Auftrag, verschiedene Maßnahmen der Korrosionsbekämpfung zu entwickeln.
Bereitet mithilfe der Informationen und Experimente auf dieser Seite eine Präsentation vor, mit der ihr eure Ideen vorstellen wollt.

2 *Blick in das Materiallager der Firma*

Rostschäden

Das Problem bei rostendem Eisen ist, dass Rost porös und krümelig ist; die rostenden Stellen blättern vom Werkstoff ab. Dadurch wird immer wieder frisches Eisen freigelegt. Das Eisenstück rostet dann so lange weiter, bis überhaupt kein Eisen mehr vorhanden ist.
Außerdem ist das Rosten an rauen, angerosteten Stellen eher noch schneller als an glatten, unbeschädigten Stellen. Daher sollte man an rostenden Gegenständen den Rost möglichst schnell entfernen.

3 *Auch eine Lackschicht schützt nicht immer vor dem Rosten.*

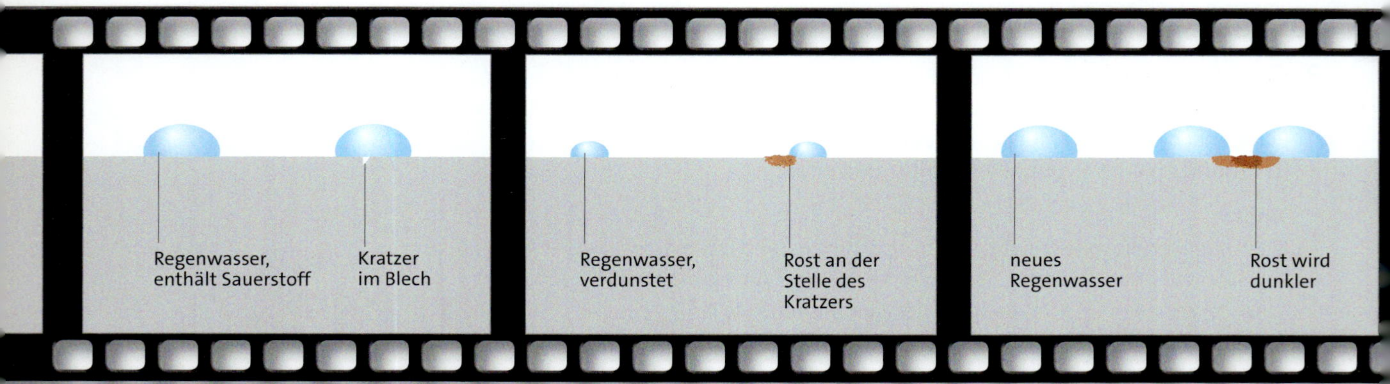

4 *Allmählicher „Lochfraß“ durch Rosten an einem Eisenblech*

Rostschutz vorher und nacher

Bei der Rostbekämpfung geht es in erster Linie darum, die Entstehung von Rost schon im Vorfeld zu vermeiden. Eine zweite Möglichkeit ist, die bereits gerosteten Werkstoffe vom Rost zu befreien.
Hier findet ihr Experimente zu beiden Strategien.

1 Rostumwandlung
Stellt einen angerosteten Gegenstand in Zitronensaft. Beobachtet die rostende Stelle über einen Zeitraum von einigen Tagen.

2 Beschleunigtes Rosten – verlangsamtes Rosten

a Befüllt zwei Bechergläser mit Leitungswasser. In das eine Glas stellt ihr einen Nagel. Für das zweite Glas wird der Nagel behandelt, indem ihr ihn mit Kupferdraht eng umwickelt. Stellt nun diesen Nagel in das zweite Glas und beobachtet beide Nägel über einen Zeitraum von mehreren Tagen.

b Befüllt zwei Bechergläser mit Leitungswasser. In das eine Glas stellt ihr einen Nagel. Der zweite Nagel wird behandelt. Entfernt dazu aus einem Bleistiftanspitzer aus Magnesium die Klinge. Steckt den Nagel nun in die Öffnung des Anspitzers und platziert diese Anordnung in das zweite mit Wasser gefüllte Becherglas.

3 Rostschutz durch „Kontaktsperre“

a Überprüft mit einem Magneten, ob Büroklammern ebenso wie Nägel aus Eisen bestehen. Betrachtet die Oberflächen der Büroklammer und eines Nagels und vergleicht. Legt Büroklammer und Nagel in je ein Becherglas mit Wasser und beobachtet über einen Zeitraum von mehreren Tagen.

b Damit es zum Rosten kommen kann, muss Eisen mit Sauerstoff in Kontakt kommen. Überlegt, wie ihr den Kontakt eines Eisennagels mit Sauerstoff unterbinden könnt. Überprüft den Erfolg eurer Überlegungen praktisch, indem ihr einen von euch behandelten Nagel für einige Tage in ein Becherglas mit Wasser legt.

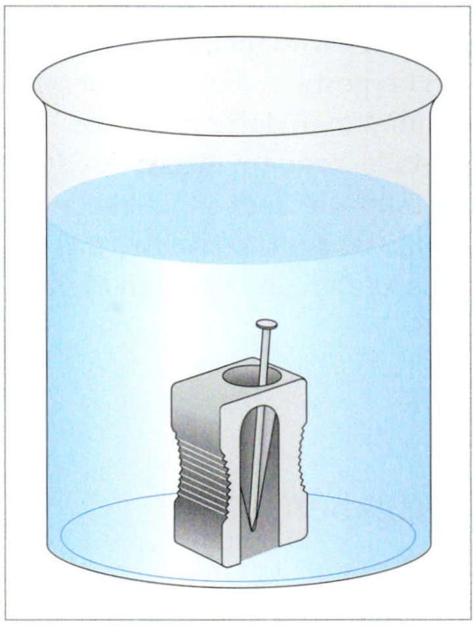

5 *Für Exp. 2 b muss der Nagel Kontakt zum Material des Anspitzers haben.*

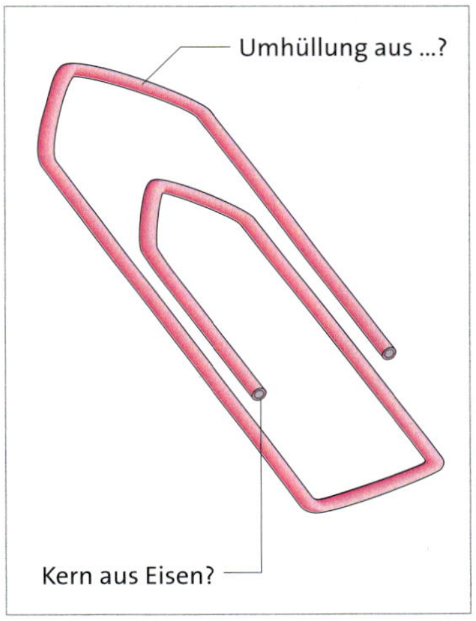

6 *Für Exp. 3 a muss die Büroklammer einen Kern aus Eisen haben.*

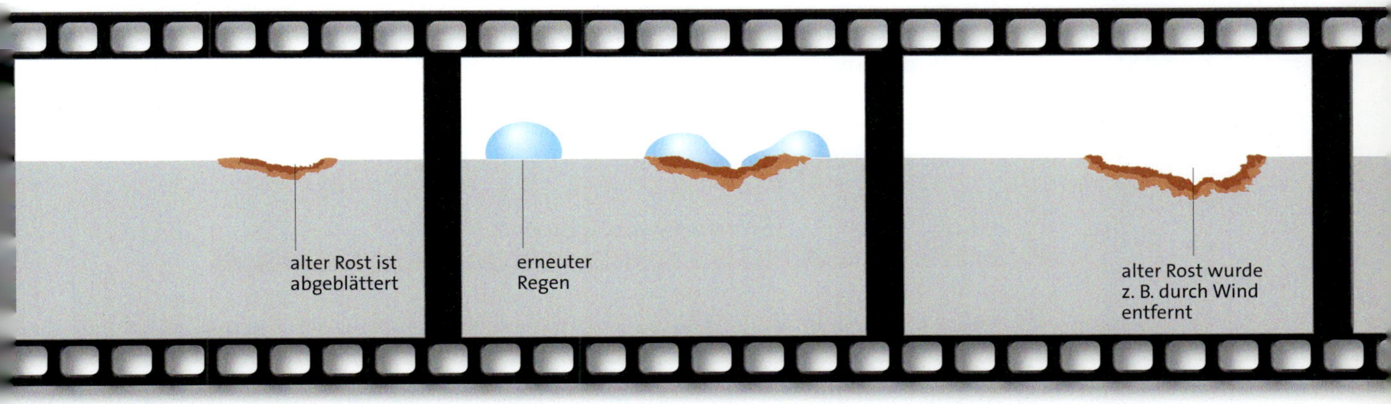

Edle und unedle Metalle

Schmuck wird meist aus Metallen hergestellt. Allerdings verwendet man dafür nicht alle Metalle, sondern meistens Edelmetalle wie Gold oder Silber. Was genau ist der Unterschied zwischen edlen und unedlen Metallen?

1 *Schmuck aus Edelmetallen*

Aufgaben

1 Nimm von den Metallen Aluminium (GHS02), Eisen, Kupfer und Magnesium (GHS02) jeweils einen Streifen als Probe. Halte diese nacheinander mit der Tiegelzange in die Brennerflamme. Dabei werden die Metalle oxidiert. Beobachte, wie heftig die Reaktion mit Sauerstoff ausfällt.

2 Mische in einem Reagenzglas gleiche Mengen Pulver von Metallen und Metalloxiden. Nimm jeweils etwa einen halben Teelöffel. Spanne das Reagenzglas mit der Mischung in ein Stativ ein und erhitze es für etwa 30 Sekunden mit dem Brenner.
Untersuche den Inhalt der Reagenzgläser nach dem Abkühlen und entscheide, ob eine chemische Reaktion stattgefunden hat. Notiere die Ergebnisse in Tabellenform.

Verwende folgende Mischungen:
- Zink (GHS09) und Eisenoxid
- Zink (GHS09) und Kupferoxid (GHS07|09)
- Kupfer und Zinkoxid (GHS09)
- Eisen und Kupferoxid (GHS07|09)
- Aluminium (GHS02) und Eisenoxid
- Magnesium (GHS02) und Eisenoxid

Eine Ordnung der Metalle

Das Besondere an Edelmetallen ist, dass sie kaum reagieren. Je weniger sie mit Sauerstoff reagieren, desto edler sind sie. Unedle Metalle können dagegen heftig mit Sauerstoff reagieren.
Die Metalle sind also unterschiedlich reaktiv. Man kann sie z. B. nach der Heftigkeit der Verbrennungsreaktion sortieren.

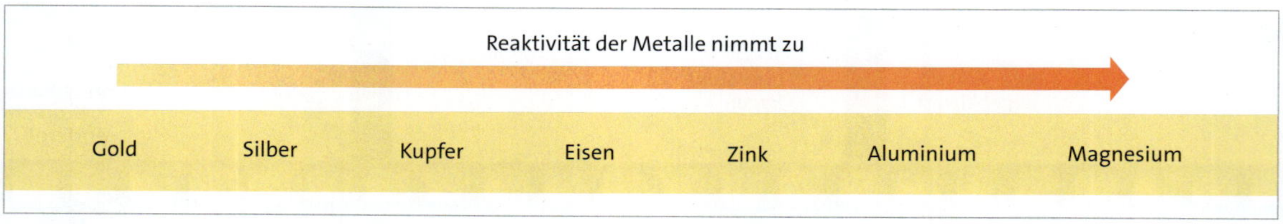

2 *Reaktivitätsreihe der Metalle*

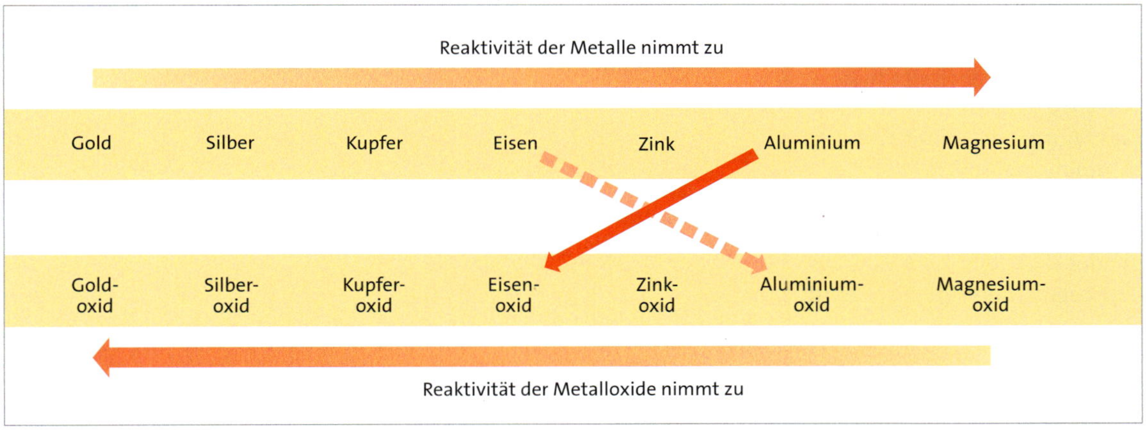

3 *Aluminium reagiert mit Eisenoxid. Die umgekehrte Reaktion (Eisen mit Aluminiumoxid) ist nicht möglich.*

Welches Oxid reagiert mit welchem Metall?

Aluminium ist ein ziemlich unedles, reaktives Metall. Es ist unedler als Eisen. Magnesium verbindet sich also eher mit Sauerstoff, als Eisen dies tut. Lässt man nun Aluminium mit Eisenoxid reagieren, so geht der Sauerstoff des Eisenoxids zum Aluminium über.

Die umgekehrte Reaktion läuft dagegen nicht ab: Eisen reagiert nicht mit Aluminiumoxid. Dafür ist Eisen zu edel. Sein Bestreben, sich mit Sauerstoff zu verbinden, reicht dafür nicht aus. ↑3

Aus Abb. 3 kann man sogar abschätzen, wie heftig eine Reaktion ist. Magnesium ist sehr unedel und steht in der Grafik ganz weit rechts. Es reagiert äußerst heftig mit Kupferoxid, das viel weiter links steht. Diese Reaktion ist so gefährlich, dass sie nicht als Schülerversuch durchgeführt werden darf.

Sauerstoffübertragung – übersichtlich formuliert

Die Reaktionen von Metalloxiden mit Metallen lassen sich in Reaktionsgleichungen übersichtlich notieren. Dabei kann man auch angeben, welcher Stoff reduziert und welcher Stoff oxidiert wird.

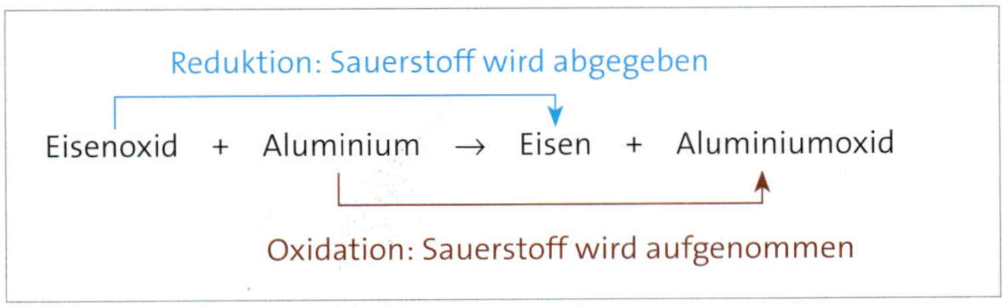

Aufgaben

3 Eisenoxid soll zu Eisen reduziert werden. Außerdem soll die Reaktion möglichst „sanft" ablaufen. Erläutere, welches Metall dafür am besten geeignet wäre.

4 Formuliere die Reaktionsgleichungen für die Reaktion von Kupferoxid und Eisen sowie von Eisenoxid und Zink. Gib dabei auch jeweils an, welcher Stoff reduziert und welcher Stoff oxidiert wird.

5 Erläutere, warum man Redoxreaktionen zwischen Metallen und Metalloxiden auch als Sauerstoffübertragungsreaktionen bezeichnet.

Kupfer, ein begehrtes Metall

Auf dieser Doppelseite findest du verschiedene Informationen und Aufgaben. Wenn du die Grundlagen über Metalle verstanden hast, solltest du zusammen mit dem kurzen Text in der Lage sein, diese Aufgaben zu lösen. Überprüfe dich selbst.

Kupfer findet man überall in unserem Alltag. Weil es den elektrischen Strom sehr gut leitet, werden Kabel und Drähte aus Kupfer hergestellt. Weil es nicht rostet, wird es auch für Dachrinnen, im Maschinenbau und für Münzen verwendet. Da man Kupfer so vielseitig verwenden kann, ist die Nachfrage in der Wirtschaft groß.

In der Natur findet man Kupfer aber nur selten in reiner Form. In der Natur kommt es als eine Verbindung mit Sauerstoff oder mit Schwefel vor. Diese Stoffe nennt man Kupfererze. Aus den Kupfererzen wird in vielen Schritten reines Kupfer hergestellt. Der letzte Schritt ist die Reinigung. Diese nennt man Kupferraffination. Die Gewinnung von Kupfer aus Erzen ist insgesamt energieaufwendig und teuer.

Kupferrecycling schützt die Umwelt. Durch Recycling landet weniger Kupfer auf der Mülldeponie. Altes Kupfer wird gesammelt, eingeschmolzen und zu neuen Produkten verarbeitet. Die Qualität des Kupfers leidet durch das Recycling kaum. Man braucht dann weniger neues Kupfer. Dadurch muss weniger Kupfererz verarbeitet werden und man spart sehr viel Energie.

Weil man sehr viel Kupfer braucht, ist Kupfer in den letzten Jahren immer teurer geworden. Weil es so teuer ist, wird es in letzter Zeit auch immer häufiger gestohlen: Auf Baustellen oder bei der Bahn werden Kabel geklaut. Die Deutsche Bahn überlegt daher, immer mehr Kupferteile durch Stahl zu ersetzen.

1 *Kupferkabel leiten den Strom sehr gut.*

2 *Die Freiheitsstatue in New York – innen ein Eisengerüst, außen ein Mantel aus Kupfer*

Weltproduktion 2010 in Mio. Tonnen	
Eisen/Stahl	1300
Aluminium	38
Kupfer	17
Zink	10
Blei	8

3 *Regenrinnen aus Kupfer rosten nicht.*

Wissen und Anwenden

1 Wie nennt man den letzten Schritt der Kupferherstellung, in dem das Kupfer gereinigt wird?

2 Die Freiheitsstatue in New York besteht aus einem Kupfermantel auf einem Eisengerüst. Ihr Gewicht beträgt 225 t. Ein Auto, wie der VW Golf, wiegt heute etwa 1400 kg. Wie viele Autos sind so schwer wie die Freiheitsstatue?

3 Im September 2000 kostete eine Tonne Kupfer 2000 US-Dollar. Im September 2004 waren es bereits 3000 US-Dollar. Um wie viel Prozent ist der Preis gestiegen?

4 Benenne drei typische Eigenschaften aller Metalle.

5 Die Freiheitsstatue ist mit Kupfer umhüllt. Erkläre, warum sie grünlich ist und nicht rot wie Kupfer.

6 Bei der Kupfergewinnung findet eine Reaktion von Kupferoxid mit Kupfersulfid statt. Es entsteht unter anderem Kupfer. Was könnte das zweite Reaktionsprodukt sein? Formuliere die Reaktionsgleichung.

Planen und Untersuchen

7 Metalle können unterschiedlich hart sein. Du hast Bleche aus Eisen, Kupfer, Zink und Messing. Wie kannst du herausfinden, welches Metall das härteste und welches das weichste ist? Beschreibe einen Versuch.

8 Stahl- oder Kupferleitungen? Beschreibe ein Experiment, mit dem du überprüfen kannst, welches Metall den elektrischen Strom besser leitet.

Kommunizieren, Bewerten und Entscheiden

9 Stelle die Daten zur Weltjahresproduktion wichtiger Metalle in einem geeigneten Diagramm grafisch dar.

10 Produkte aus Kupfer können sowohl aus Kupfererzen als auch durch Recycling hergestellt werden. Nimm zu den folgenden Aussagen Stellung. Begründe, ob sie deiner Meinung nach sinnvoll und richtig sind.

(1) Neu hergestelltes Kupfer ist besser, weil man das Kupfer zum ersten Mal verwendet.

(2) Recyceltes Kupfer muss besser sein, da Recycling immer gut ist.

11 In vielen Bereichen gibt es eine Konkurrenz zwischen neuen Produkten und Produkten aus dem Recycling. Nimm zu den folgenden Aussagen Stellung. Begründe, ob sie deiner Meinung nach sinnvoll und richtig sind.

(1) Selbst wenn Recyclingprodukte nur fast so gut sind wie neue Produkte, sollte man sie häufiger benutzen. Das würde die Umwelt schonen.

(2) Ob Recycling gut ist, ist in erster Linie eine Frage der dafür benötigten Energie.

12 Sollte die Deutsche Bahn deiner Meinung nach Kupfer durch Stahl ersetzen? Formuliere deine Position und begründe sie.

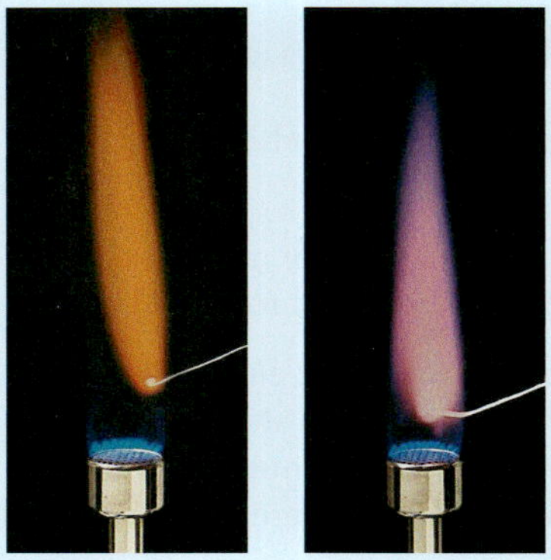

1, 2 *Flammenfärbungen von Natrium (gelb) und Kalium (violett)*

3 *Reaktionen von Metallverbindungen mit Sauerstoff*

4 *Rostiger Schraubhaken*

5 *Unterbinden der Reaktion von Eisen mit Sauerstoff*

Metalle

Metalle haben in Bezug auf elektrische Leitfähigkeit, metallischen Glanz, Wärmeleitfähigkeit und Härte ähnliche, aber nicht gleiche Eigenschaften. Kupfer ist z. B. ein besonders guter elektrischer Leiter und wird daher in Kabeln eingesetzt.
Einige Metalle verbrennen mit hellen und farbigen Flammen. Daher werden sie in Feuerwerkskörpern verwendet.

Bildung von Metalloxiden

Viele Metalle sind reaktionsfreudige Stoffe. Beispielsweise ist fein verteiltes Eisen brennbar: Es kann mit Sauerstoff ziemlich heftig reagieren. Wenn ein Metall und Sauerstoff miteinander reagieren, entsteht ein Metalloxid, z. B.:

Eisen + Sauerstoff $\rightarrow$ Eisenoxid

Eine solche Reaktion bezeichnet man in der Chemie der Metalle als Oxidation. Die umgekehrte Reaktion, also die Abspaltung von Sauerstoff aus einem Metalloxid, nennt man Reduktion. Treten Oxidation und Reduktion gemeinsam auf, spricht man von einer Redoxreaktion.

Gewinnung von Metallen

Die meisten Gebrauchsmetalle kommen in der Natur gar nicht als Metalle vor. Man findet nur Metallerze bzw. Verbindungen der Metalle, z. B. Metalloxide.
Um die Metalle zu erhalten, müssen diese Oxide gespalten werden. Im Hochofen etwa lässt man Eisenoxid mit Kohlenstoffmonooxid reagieren. Dabei entstehen Roheisen und Kohlenstoffdioxid.
Aus dem spröden Roheisen kann man anschließend verschiedene Stahlsorten gewinnen. Dies geschieht durch Kohlenstoffentzug, Temperaturbehandlung oder Legieren mit anderen Metallen.
Metalle werden aber nicht nur aus Erzen gewonnen, sondern immer mehr auch durch Recycling von Altmetallen.

Der Stoff Rost

Eisen ist ein Werkstoff, der bei Feuchtigkeit mit Sauerstoff zu Rost werden kann. Das Rosten verursacht jährlich hohe wirtschaftliche Schäden. Rost ist ein anderer Stoff als Eisen, weist also andere Stoffeigenschaften als Eisen auf.

Rosten – eine chemische Reaktion

Das Rosten ist eine ganz normale chemische Reaktion: Aus mehreren Ausgangsstoffen (Eisen, Sauerstoff, Wasser) entsteht ein neuer Stoff (Rost). Beim Rosten wird auch Wärme freigesetzt. Allerdings verläuft diese chemische Reaktion sehr langsam. Die Wärmefreisetzung spürt man daher gar nicht.

Rostschutz

Um das Rosten zu verhindern, bemüht man sich, die für das Rosten notwendigen Reaktionsbedingungen zu unterbinden. In der Praxis gelingt dies durch Schutzschichten aus Kunststoff, Lack oder Zink. Sie verhindern den Kontakt des Eisens mit Sauerstoff und Feuchtigkeit.

1 Für ein Experiment wird ein besonders guter elektrischer Leiter benötigt. Es stehen Kupfer, Eisen, Silber und Gold zur Verfügung. Erkläre, wie du herausfinden kannst, welches dieser Metalle sich am besten eignet.

2 Blau-grüne Flammen zaubert man unter anderem mit Kupferverbindungen. Du hast davon verschiedene zur Verfügung.
a Plane eine Versuchsreihe, mit der du feststellen kannst, welche Kupferverbindungen sich zum Feuerwerk eignen.
b Beobachte genau, wie stark die Färbung der Flammen ist.
c Beschreibe die unterschiedlichen Farbtöne.
d Welche Kupferverbindungen würdest du einem Feuerwerker empfehlen?

3 Am Briefkasten deines Hauses ist ein brauner Fleck zu erkennen.
a Beschreibe, wie du herausfinden kannst, ob es sich um Rost handelt.
b Welche Bedingungen sind notwendig, damit Rost entstehen kann?
c Beschreibe Methoden, mit denen du das Rosten eines Briefkastens aus Eisen verhindern kannst. Erkläre auch die Wirkungsweise dieser Methoden.

4 Acht Uhr morgens, Köln Hauptbahnhof: Eine Weiche muss ausgewechselt werden. Dies soll mit dem Thermitverfahren geschehen. Thermit ist ein Gemisch aus Eisenoxid und Aluminiumpulver. Wird es entzündet, reagieren beide Stoffe miteinander. Ein Gießofen, der das Thermit enthält, wird auf die Schweißstelle aufgesetzt. Nach dem Entzünden des Gemischs mit einer Magnesiumwunderkerze dauert es ein paar Minuten. Danach fließt glühendes Eisen in den Spalt zwischen alter und neuer Schiene und verschweißt sie.
a Beschreibe den Versuchsaufbau mit eigenen Worten.
b Fomuliere die Reaktionsgleichung.
c Um die Reaktion in Gang zu bringen, muss Aktivierungsenergie zugeführt werden. Wodurch geschieht das?

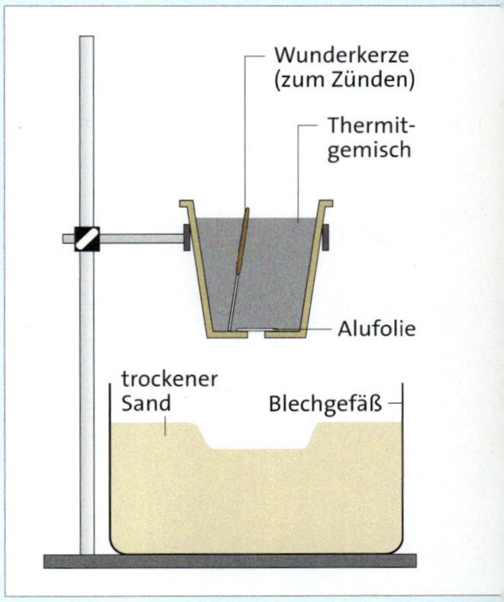

Schätze deine Kenntnisse und Fähigkeiten ein!
Ordne dazu deiner Lösung im Heft ein Smiley zu:
☺ Ich konnte die Aufgabe richtig lösen.
😐 Ich konnte die Aufgabe nicht komplett lösen.
☹ Ich konnte die Aufgabe nicht lösen.

→ Die Lösungen findest du im Anhang.

Nr.	Ich kann ...
1	Versuche planen, um Stoffeigenschaften zu vergleichen.
2	eine Versuchsreihe durchführen, um Stoffe, die für mich neu sind, kennenzulernen und zu vergleichen.
3	die Bedingungen für die Entstehung von Rost nennen.
3	Maßnahmen zur Vermeidung von Rost nennen und ihre Wirkungsweise erklären.
4	das Thermitverfahren beschreiben und chemisch erklären.
4	erkennen, wodurch der Thermitreaktion Aktivierungsenergie zugeführt wird.

Gute Luft – schlechte

Was ist Sommersmog und bodennahes Ozon?
Siehe S. 142–145

Was ist Luft und wie ist sie zusammengesetzt?
Siehe S. 134 / 135

Gute Luft und Gesundheit – wie hängt das zusammen?
Siehe S. 130 / 131

Bürger diskutieren über Umweltzonen

Podiumsdiskussion „Umweltzonen – Umweltschutz oder Aktionismus?" am 14.2.2011 im Concordia-Theater

Bremen. Engagiert diskutiert, aber auch laut gestritten wurde gestern im Concordia-Theater. Eingeladen von Radio Bremen, diskutierten Vertreter von Politik, Wirtschaft und Umweltverbänden vor 80 Zuhörern über die Ausweitung der Umweltzonen in der Innenstadt.

Einig waren sich alle Vertreter, dass saubere Luft ein wertvolles Gut für unsere Gesundheit ist. Jan Sievers von der Umweltgruppe Bremen Blue erläuterte die Gefahren: „Feinstaub ist schlecht für die Gesundheit. Das kann zu Krebs führen."

Strittig war aber, ob die Umweltzonen wirklich helfen. Professorin Kathrin Wiesner, Feinstaub-Expertin der Universität Bremen, wies ebenso wie die IHK darauf hin, dass der Einfluss von Umweltzonen auf die Luftqualität eher gering sei. Auch der Einfluss auf das bodennahe Ozon und den sogenannten Sommersmog sei wissenschaftlich umstritten.

Auch bezüglich Ozonloch und Klimawandel sollen Umweltzonen nicht helfen. Hier stellte Dietmar Müller als Vertreter der IHK klar: „Mit Treibhauseffekt und Ozonloch lassen sich Umweltzonen nicht rechtfertigen. Das hat gar nichts miteinander zu tun!" Bei Ausdehnung der Umweltzonen gehe die IHK aber von erheblichen Einbußen für den Einzelhandel in der Bremer City aus.

So blieben die Positionen unvereinbar. Letztlich wird der Senat entscheiden müssen. Umweltsenatorin Anja Lehmann: „Im Zweifel werden wir die Zonen ausdehnen. Der Schutz der Gesundheit muss Vorrang haben."

Wie kommt es zum Ozonloch?
Siehe S. 142 / 143

Was sind Klimawandel und Treibhauseffekt?
Siehe S. 138 – 141

Gute Luft im Alltag

**Manchmal reden wir von „guter Luft", manchmal von „schlechter Luft".
Was genau ist damit gemeint?**

1 *Kann man Luft vielleicht immer weiter verbessern?*

Beobachten Untersuchen Experimentieren

2 *Raumspray*

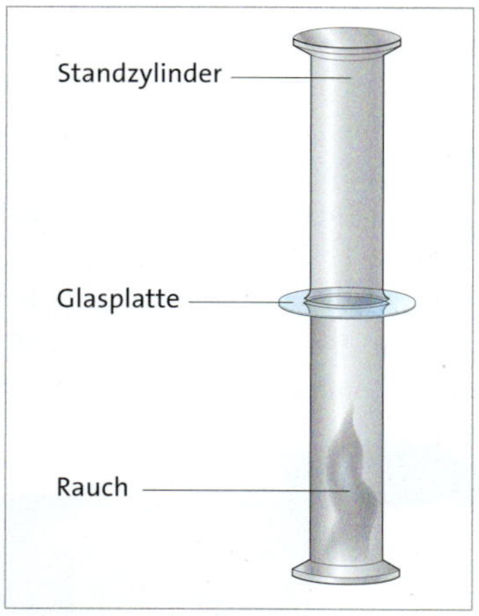

3 *Aufbau von Versuch 3*

1 Gute Luft durch Raumsprays?
Die Werbung behauptet, dass Raumsprays die Luft verbessern. Ob dies so ist, kannst du selbst untersuchen. Du kannst auch verschiedene Raumsprays aus dem Supermarkt testen und anhand deiner Versuchsergebnisse vergleichen.

a Nimm eine Probe „verbrauchter" Luft: Luft eines Zimmers, das nicht genug gelüftet wurde. Versprühe anschließend in diesem Raum ein Raumspray. Nimm eine Probe dieser behandelten Luft. Vergleiche beide Proben.

b Entwickle einen Testbogen, um eine Umfrage zur Beurteilung von Gerüchen durchzuführen. Deine Fragen könnten sich z. B. auf „Frische" oder „Geruchsrichtung" beziehen. Tipps zu Umfragen und zur Darstellung der Ergebnisse findest du im Internet.

2 Raumsprays – selbst gemacht
Stelle ein eigenes Raumspray her!
Aus der Schale von Zitrusfrüchten kann man die Duftstoffe der jeweiligen Frucht gewinnen.
Gib einige Stücke der Fruchtschale in eine Reibschale, dazu etwas Sand und Wasser. Verreibe dieses Gemisch mit einem Pistill. Durch Filtrieren des Gemischs erhältst du ein klares Filtrat: Duftstoffe, die in Wasser gelöst sind. Abgefüllt in einen leeren Pumpzerstäuber hast du ein Raumspray.
Untersuche, ob dein Spray mit käuflichen Produkten mithalten kann. Recherchiere z. B. die Inhaltsstoffe von Febreeze®.

3 Ausbreitung von Geruchsstoffen
Stoffe können sich in einem Gemisch von selbst ausbreiten. Das bezeichnet man als Diffusion. Baue den dargestellten Versuch auf. ↑3

a Was passiert, wenn man die Glasscheibe entfernt?

b Wiederhole den Versuch, stelle aber den unteren Standzylinder in ein warmes Wasserbad. Wovon hängt die Geschwindigkeit der Ausbreitung ab?

Fakten über Luft

Die Luft war sicherlich schon einmal Thema im Unterricht. Vielleicht weißt du noch,

- dass Luft ein Stoffgemisch ist: aus Stickstoff, Sauerstoff und weiteren Gasen, z. B. Edelgasen und Kohlenstoffdioxid
- dass alle Bestandteile der Luft farb- und geruchlos sind
- dass Stickstoff als Schutzgas verwendet wird – weil er normalerweise nicht chemisch reagiert
- dass wir ohne Sauerstoff nicht leben können – vier bis sechs Minuten ohne Sauerstoff sind für die meisten Menschen tödlich
- dass Sauerstoff an allen Verbrennungsreaktionen beteiligt ist
- dass Verbrennungen chemische Reaktionen eines brennbaren Stoffs mit Sauerstoff sind
- dass Oxide die Reaktionsprodukte von Reaktionen mit Sauerstoff sind
- dass der Sauerstoff der Luft aus der Fotosynthese der Pflanzen stammt

Auch weißt du vielleicht, dass Luft bei –192 °C flüssig wird. Flüssige Luft kann man durch Destillieren in ihre Bestandteile auftrennen.

> Wir leben in einem „Meer aus Luft".
> Luft ist für uns absolut lebensnotwendig.

Ergänzung: Es gibt zwei Gründe für „schlechte Luft":

- Zu wenig Sauerstoff: Wenn der Sauerstoffgehalt zu gering ist, fühlen wir uns unwohl oder bekommen Kopfschmerzen. Wenn der Sauerstoffgehalt sehr gering ist, kann man bewusstlos werden oder sogar ersticken.
- Zu viele Gerüche: Eigentlich sind alle Luftbestandteile geruchlos, z. B. Sauerstoff oder auch Wasserdampf. Viele andere Stoffe haben aber einen Geruch, z. B. Alkohol. Alkohol kann als Gas fein verteilt in der Luft vorhanden sein. Wir können ihn dann zwar nicht sehen, aber riechen. Viele dieser zahlreichen Geruchsstoffe empfinden wir als unangenehm.

Aufgaben

1 Suche in Zeitschriften nach Bildern, die zum Thema „Luft" passen. Notiere jeweils in Stichworten, was das Bild mit Luft zu tun hat.

2 Erstelle eine Mind-Map rund um das Thema „Luft". Markiere die Stellen, die dich besonders interessieren, mit einem Text-Marker.

Interessantes

Schweiß, Buttersäure und Deos

Schweiß besteht nicht nur aus Wasser. Verschiedene Salze und andere Verbindungen sind im Schweiß gelöst. Diese Stoffe dienen Bakterien auf unserer Haut als Nahrung.

Bakterien stellen – wie alle Lebewesen – aber auch Stoffe her. Bei Bakterien ist es z. B. Buttersäure. Wenn die Buttersäure dann verdunstet, empfinden wir das als „Schweißgeruch in der Luft".

Deodorants oder Antitranspirants sollen den Schweißgeruch bekämpfen. Sie haben verschiedene Wirkungsweisen:

- Deodorants überdecken den Schweißgeruch mit Duftstoffen. Einige Deodorants haben zusätzlich eine antibakterielle Wirkung: Sie verringern die Bakterienzahl.
- Antitranspirants verengen die Schweißkanäle. Wir schwitzen dann an diesen Stellen weniger. Die Bakterien finden also nicht so viel Nahrung und erzeugen z. B. weniger Buttersäure.

4 *Wie funktionieren Deos?*

Durch manche Verunreinigungen kann Luft schlecht riechen. Durch andere Verunreinigungen kann Luft sogar gefährlich für die Gesundheit werden. Welche Stoffe sind das?

1 *Ein paar Milligramm Staub oder Abgase in der Luft – wirklich gefährlich?*

Staub

Winzige Feststoffe, die in der Luft schweben, werden als Staub bezeichnet. Staubteilchen sind kleiner als 0,2 mm.
Staubteilchen werden vom Wind leicht aufgewirbelt. Gibt es keine Bewegungen der Luft, sinken sie mit der Zeit wieder zu Boden. Je kleiner und leichter ein Staubteilchen ist, desto langsamer sinkt es zu Boden. Ein Staubteilchen der Größe 0,01 mm braucht bei Windstille etwa 10 Minuten, um aus 2 m Höhe auf den Boden zu fallen. Manche Arten von Stäuben können Lungenkrankheiten verursachen.

Staubteilchen, die kleiner als 0,01 mm sind, werden als Feinstaub bezeichnet. Feinstaub kann bis ins Innerste unserer Lunge vordringen und dort die Sauerstoffaufnahme ins Blut behindern. Teilweise gelangt er sogar in die Blutbahn. Feinstaub kann auch aus giftigen Stoffen bestehen und Krebs auslösen.

2 *Manche Berufe sind mit Staubbelastungen verbunden.*

3 *Ein „Staubmessgerät": Der Staub sammelt sich im Lauf der Tage oben auf dem Klebestreifen.*

Luftschadstoffe nachweisen

Viele Luftschadstoffe kann man nur mit teuren Teströhrchen oder mit speziellen Messgeräten nachweisen. Die Staubbelastung aber kann man ziemlich genau selbst ermitteln.

Stellt zunächst Vermutungen auf: Wo in eurer Umgebung könnten niedrige, mittlere oder hohe Belastungen mit Stäuben auftreten? An diesen – möglichst windstillen – Stellen sollen Staubmessgeräte aufgestellt werden. Die Messgeräte könnt ihr selbst bauen. ↑3
Lasst die Messgeräte 48 Stunden an den Messstellen stehen. Untersucht die Klebestreifen dann mit einer Lupe.
Stellt die Untersuchungsergebnisse mit Zeichnungen oder Diagrammen dar. Die Daten der Messung (Messstelle, Dauer und Zeitpunkt der Messung usw.) müssen angegeben werden.

Schwefeldioxid

Wenn man Schwefel verbrennt, entsteht Schwefeldioxid. Schwefeldioxid ist bei Raumtemperatur ein Gas und hat die Formel SO_2. ↑4
Kohle und Erdöl enthalten meist etwas Schwefel. Wenn man also Kohle oder Erdöl verbrennt, entsteht auch etwas Schwefeldioxid. Ein großes Kohlekraftwerk kann sogar ganz erhebliche Mengen Schwefeldioxid freisetzen.
Schwefeldioxid ist giftig. Außerdem kommt das Schwefeldioxid in der Luft mit Luftfeuchtigkeit bzw. mit Wasser in Kontakt. Dabei entsteht sogenannte schweflige Säure.
Schweflige Säure ist schädlich für die Atemwege und die Lunge. Ferner ist sie ein Bestandteil des sauren Regens, der Bäume und Bauwerke schädigen kann.

Es gibt aber technische Möglichkeiten, um das Problem zu bekämpfen:
- Man kann den Schwefel aus dem Erdöl entfernen. Heutzutage ist Benzin daher weitgehend schwefelfrei.
- Das Schwefeldioxid, das in Kraftwerken entsteht, kann unschädlich gemacht werden: Man sprüht Kalkwasser und Sauerstoff in die Abgase. Das Schwefeldioxid reagiert damit zu Gips – und Gips ist ein unschädlicher Stoff, den man sogar noch nutzen kann.

4 Schwefel verbrennt mit bläulicher Flamme. Dabei entsteht das giftige Gas Schwefeldioxid.

5 Auch manche Vulkanausbrüche setzen sehr viel Schwefeldioxid frei.

Oxide des Stickstoffs

Stickstoff ist überhaupt nicht brennbar. So hört man es zumindest immer. Er kann ja sogar Flammen ersticken.
Es gibt aber eine Ausnahme: Bei sehr hohen Temperaturen kann auch Stickstoff mit Sauerstoff reagieren. Dann entstehen Stickstoffoxide.
Es gibt verschiedene Stickstoffoxide. Wichtige Vertreter sind Stickstoffmonooxid (NO) und Stickstoffdioxid (NO_2). Beide sind giftig und bei Raumtemperatur gasförmig.

Stickstoffoxide entstehen z. B. im Automotor, weil dort sehr hohe Temperaturen herrschen. In der Luft können die Stickstoffoxide dann mit Sauerstoff oder mit Wasser weiterreagieren. Dabei kann Salpetersäure entstehen. Salpetersäure ist z. B. für Pflanzen oder für unsere Atemwege ebenfalls sehr schädlich.

6 Schwefeldioxid und Stickoxide können zu saurem Regen führen, der auch Kalkstein angreift.

Schornsteinfeger – Einsatz in Sachen Umweltschutz

1 *Traditionelle Schornsteinfegerin mit Ausrüstung*

Der Beruf

Wenn es im November kälter wird, ist es angenehm, in beheizte Räume zu kommen. Damit wir es schön warm haben, werden in der Heizung Öl oder Gas verbrannt. Dabei entstehen Abgase.
Für eine optimale Funktion der Heizungsanlagen gibt es Fachkräfte: die Schornsteinfeger/-innen. Diese Berufsbezeichnung beschreibt die Tätigkeiten aber nur unzureichend. Das Reinigen von Schornsteinen macht nur noch einen kleinen Teil der Gesamtaufgaben aus.
Was also sind die Aufgaben von Schornsteinfeger/-innen?

2 *Schornsteinfeger bei der Kontrolle einer Heizungsanlage*

Die Aufgaben

Reinigungs- und Prüfarbeiten
Kontrolle und Reinigung von Schornsteinen und von Lüftungsanlagen gehören zu den Aufgaben der Schornsteinfeger/-innen. Verbrennungsrückstände und Ablagerungen werden durch Abschlagen, Abkratzen und Ausbrennen entfernt.

Überprüfen von Befeuerungs- und Lüftungsanlagen
Die Schornsteinfeger/-innen prüfen, ob die Abgase auf den vorgesehenen Wegen abziehen. Undichtigkeiten führen nämlich zu großen Gefährdungen von Personen. Außerdem ist es wichtig, Anlagen auf Feuersicherheit zu überprüfen.

Immissionsmessungen durchführen
Für jede Heizungsanlage gibt es vorgeschriebene Höchstmengen an Abgasen (z. B. Kohlenstoffdioxid, Ruß, Rauchgase). Bei falschem Einbau, technischen Defekten oder falscher Einstellung können diese Werte nicht eingehalten werden. Die Schornsteinfeger/-innen kontrollieren die Abgaswerte und sorgen damit für eine Schonung der Umwelt. ↑2
Ferner testen sie, ob die Heizungsanlage effektiv läuft. Sie sorgen dadurch für einen sparsamen Einsatz von Öl und Gas.

Baurechtliche Prüfungen
Schornsteinfeger/-innen prüfen bei Neu- oder Umbauten die Einhaltung der baurechtlichen Vorschriften.

Kundenberatung
Schornsteinfeger/-innen führen oft lange Beratungsgespräche mit Kunden. Dabei kann es z. B. um das Energiesparen oder um Sicherheitsfragen gehen.

Voraussetzungen

Es gibt keine festgeschriebenen Voraussetzungen; ein Schulabschluss wird jedoch erwartet.

Interesse für Chemie und Physik sowie für Mathematik ist eine gute Voraussetzung. Messungen und Berechnungen gehören nämlich zum „täglichen Brot" der Schornsteinfeger/-innen.

3 *In München, beim alljährlichen Internationalen Schornsteinfegerinnen-Treffen*

Ablauf der Ausbildung

Die Ausbildung dauert drei Jahre. Es wird nach dem dualen System ausgebildet. Das bedeutet, dass die Auszubildenden sowohl praktisch im Betrieb als auch in der Berufsschule lernen.

Während im Betrieb die praktischen Tätigkeiten erlernt und vertieft werden, stehen in der Berufsschule folgende Fachgebiete auf dem Plan:

- „Bau- und Energietechnik"
- „Feuerungsanlagentechnik"
- „Immissions- und Umweltschutz"
- „Messen, Steuern, Regeln"

Perspektiven nach der Ausbildung

Ausgehend von einer erfolgreichen Berufsausbildung stehen eine Vielzahl von Aufstiegsmöglichkeiten offen:

- Qualifizierungslehrgänge, z. B. zu Heizungstechnik oder Brandschutz
- Besuch der Meisterschule
- Fortbildung zum staatlich geprüften Techniker Fachrichtung Umwelttechnik
- Technischer Umweltfachwirt
- Ausbilder für Handwerksberufe
- ...

Woraus besteht Luft?

Mit Gasflaschen kann man z. B. Luft transportieren. Oder Sauerstoff. Oder andere Gase. Oder Stickstoff, Kohlenstoffdioxid ... Was genau ist Luft?

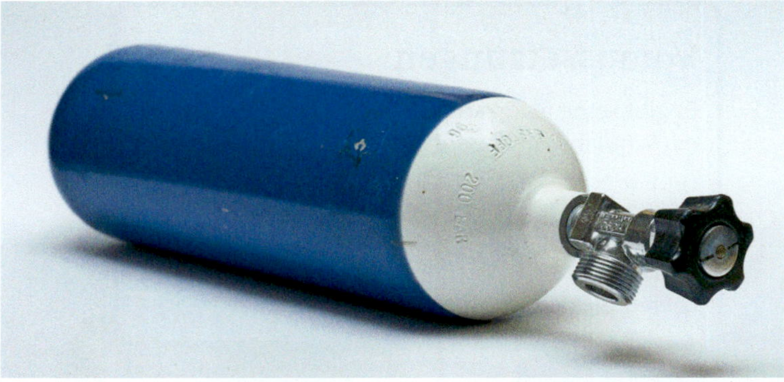

1 *Ein solche Stahlflasche kann einige Kilogramm an zusammengepressten Gasen enthalten.*

Beobachten Untersuchen Experimentieren

1 Woher weiß man, wie viel Sauerstoff die Luft enthält?
Für uns ist Sauerstoff der wichtigste Bestandteil der Luft. Ohne ihn könnten wir keine 10 Minuten überleben. Ist Sauerstoff auch mengenmäßig der Hauptbestandteil der Luft? Ihr könnt selbst im Experiment herausfinden, wie viel Sauerstoff in der Luft ist.

Durchführung:

a Baut den Versuch wie in Abb. 2 auf. Dann saugt ihr genau 100 ml Luft in den rechten Kolbenprober. Nun stellt ihr den Drei-Wege-Hahn so ein, dass die Luft vom rechten in den linken Kolbenprober fließen kann. ↑2 Prüft, ob die Apparatur dicht ist.

b Jetzt wird die Eisenwolle im Glasrohr mithilfe eines Brenners für ca. 30 Sekunden erhitzt. Leitet die Luft etwa zehnmal zwischen den beiden Kolbenprobern hin und her. Wartet, bis die Apparatur wieder abgekühlt ist.

c Stellt ein brennendes Teelicht in ein Becherglas. Haltet den Auslass des Drei-Wege-Hahns direkt über die Kerze. Lasst die restliche „Luft" vorsichtig in das Becherglas strömen.

Auswertung:

d Erstellt ein Versuchsprotokoll.

e Wo hat eine chemische Reaktion stattgefunden? Schaut euch dazu die Eisenwolle aus dem Glasrohr genau an: Welche Stoffe haben miteinander reagiert, was ist entstanden?

f Wie viel Gas befindet sich nach dem Versuch im Kolbenprober? Was ist mit der „fehlenden Luft" geschehen?

g Erklärt die Beobachtungen von Teilversuch c.

h Berechnet, wie viel Prozent der Luft Sauerstoff sind.

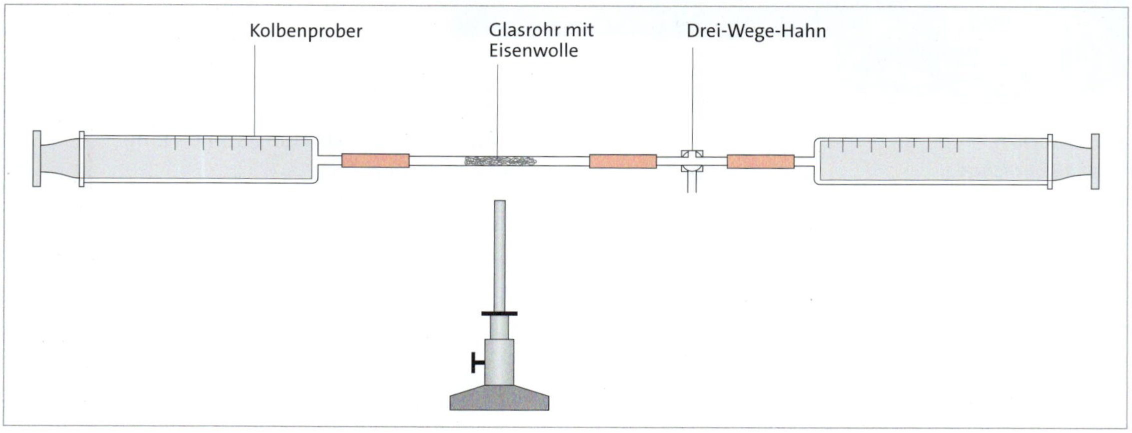

2 *Aufbau von Experiment 1*

Die Bestandteile der Luft

Luft ist ein Gemisch aus mehreren Gasen. Hauptbestandteil ist Stickstoff. Er macht 78,08 % der Luft aus. Zusammen mit 20,94 % Sauerstoff ergibt das schon 99,02 %.
Dennoch sind noch viele weitere Gase in der Luft vorhanden. Die wichtigsten sind Argon mit einem Anteil von 0,93 % und Kohlenstoffdioxid mit 0,04 %. Die restlichen 0,01 % bestehen vor allem aus den Edelgasen Neon, Helium, Krypton und Xenon sowie aus Wasserstoff.
Diese Zahlen gelten für völlig trockene Luft. Normalerweise enthält Luft aber auch noch Wasserdampf. Deshalb spricht man im Alltag auch oft von Luftfeuchtigkeit. Den Gehalt an Wasserdampf kann man aber nicht so einfach angeben: Er schwankt ständig, z. B. je nach Wetterlage.

Luft ist ein Stoffgemisch. Es besteht aus Stickstoff, Sauerstoff, Argon, Kohlenstoffdioxid und mehreren Spurengasen.

Ergänzung: Wissenswertes über Stickstoff
Für Stickstoff gilt das Gleiche wie für alle Luftbestandteile: Er ist bei Raumtemperatur ein farbloses und geruchloses Gas. Bei sehr tiefen Temperaturen ändert sich dies: Stickstoff wird bei –196 °C flüssig. Bei –210 °C wird er sogar fest.

Reiner Stickstoff ist sehr reaktionsträge. Daher dient er z. B. als Schutzgas beim Schweißen. Man nutzt ihn auch als Füllgas für Flugzeugreifen: Im Moment der Landung erhitzen sich die Reifen extrem. Dabei könnten die Reifen von innen in Brand geraten. Der Stickstoff verhindert das: Er nimmt an Verbrennungsreaktionen normalerweise nicht teil.

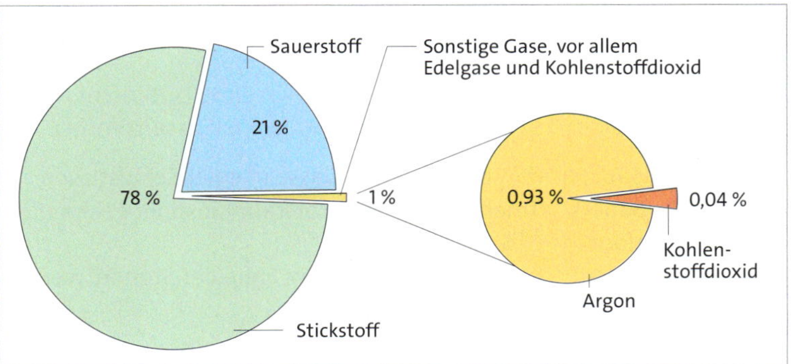

3 *Zusammensetzung der Luft*

Aufgaben

1 Erläutere, warum der Hauptbestandteil von Luft „Stickstoff" heißt.

2 Berechne, wie viel Sauerstoff sich im Unterrichtsraum befindet. Ermittle dazu zunächst die Luftmenge im Unterrichtsraum in Kubikmetern (1 m^3 = 1000 Liter).
Wie viel Kubikmeter davon sind Sauerstoff? Gib als Ergebnis die Sauerstoffmenge in Litern an.

3 Werte Experiment 1 mit dem Computer aus. Erstelle dazu eine Tabellenkalkulation. Sie soll die Sauerstoffmenge bei verschiedenen Raumgrößen berechnen:
Wohnzimmer = 27 m^2; WC = 2,5 m^2; Jugendzimmer = 16 m^2; Küche = 14 m^2; Schlafzimmer = 21,3 m^2. Alle Räume sollen 2,40 m hoch sein.
Stelle deine Ergebnisse mit dem Computer als Balkendiagramm dar.

Interessantes

Mit einem Drei-Wege-Hahn kann man Gase einsaugen, umleiten oder ablassen. Durch das Drehen am Ventil kann man abwechselnd je einen der Wege verschließen.

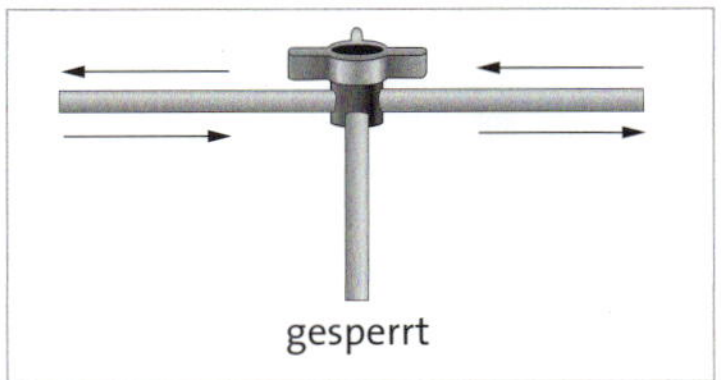

4 *In dieser Position fließt das Gas von links nach rechts (oder umgekehrt).*

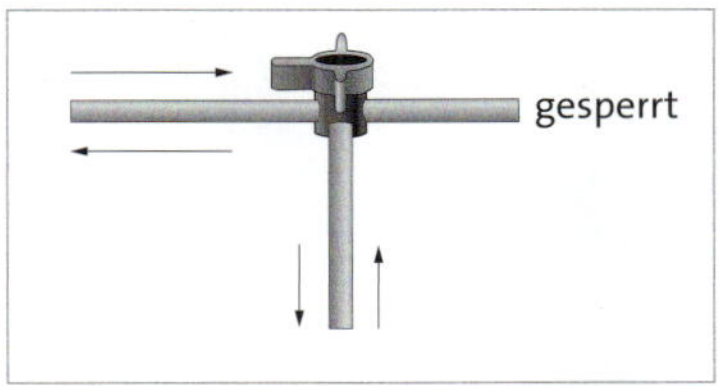

5 *In dieser Position fließt das Gas von links nach unten (oder umgekehrt).*

Dass wir Sauerstoff brauchen, ist klar. Weniger klar ist, *wie viel* Sauerstoff wir brauchen. Ihr könnt dies durch Messungen selbst herausfinden.

1 *Vorsicht: Hier ist der Vorrat an Sauerstoff schnell aufgebraucht!*

Durchführung der Messungen

Mit dem Versuch auf Seite 134 konntet ihr den Sauerstoffgehalt in frischer Luft ermitteln. Testet nun mit der gleichen Apparatur, wie viel Sauerstoff noch in ausgeatmeter Luft enthalten ist. ↑2

1 Ihr braucht eine Stoppuhr und eine kleine Plastiktüte (Größe eines kleinen Gefrierbeutels). Die Tüte soll keine Luft enthalten. Einer von euch atmet dann mit normaler Atmung 20 Sekunden lang in die Tüte ein und aus. ↑1
Dabei soll man immer wieder die Luft aus der Tüte einatmen. Man soll nicht mit der Nase frische Luft aufnehmen.

2 Saugt über den Drei-Wege-Hahn 100 ml der ausgeatmeten Luft in die Apparatur. Ermittelt dann den Sauerstoffgehalt dieser Atemprobe.

Auswertung der Messungen

1 Bestimmt, welches Volumen an Luft man bei normaler Atmung ausatmet, wie viel ausgeatmete Luft also in der Tüte war. Dazu braucht ihr einen Messzylinder, eine wassergefüllte Wanne und einen Schlauch zum Ausatmen.

2 Berechnet, wie viel Milliliter Sauerstoff bei der ausgeatmeten Luft noch in der Tüte waren. Wie viel Milliliter Sauerstoff hätte die Tüte bei frischer Luft enthalten? Wie viel Milliliter Sauerstoff verbraucht man also in 20 Sekunden? Eine Beispielrechnung findet ihr im Internet.

3 Wie viel Sauerstoff verbraucht man in einer Stunde, an einem Tag, in einer Woche, in einem Jahr?

4 Wie viel Sauerstoff verbraucht eure Klasse in einer Unterrichtsstunde? Vergleicht mit der Sauerstoffmenge im Klassenzimmer.

5 Stellt den Sauerstoffverbrauch eurer Klasse in einer Schulstunde sowie die Sauerstoffmenge im Unterrichtsraum in einer geeigneten Diagrammform dar. ↑S. 157
Wie viel Sauerstoff enthielte der Raum am Ende der Stunde, wenn keine frische Luft hinzukäme?

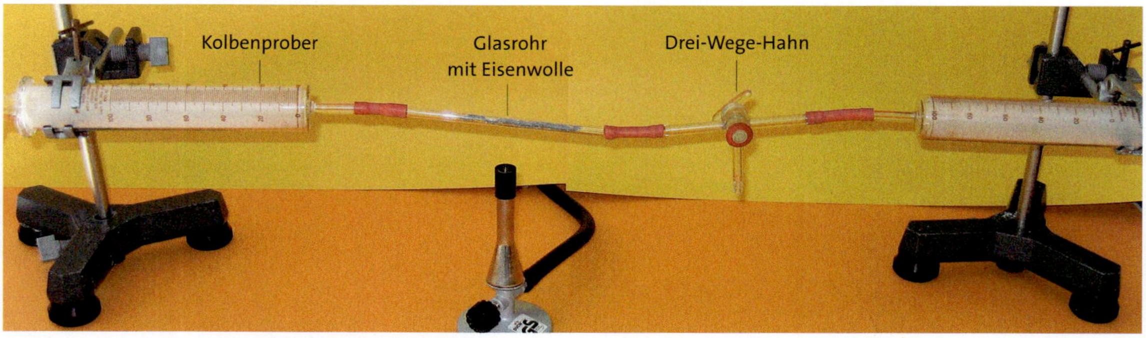

2 *Messung des Sauerstoffgehalts von Luftproben*

Variation der Messungen

Braucht unser Körper manchmal besonders viel Sauerstoff? Vielleicht beim Sport? Oder bei angestrengtem Nachdenken? Findet es heraus!

Nehmt wieder die Apparatur zur Messung des Sauerstoffgehalts und wieder eine kleine Plastiktüte. Messt dann den Sauerstoffverbrauch:
- bei körperlicher Anstrengung (z. B. Treppensteigen)
- bei geistiger Anstrengung (z. B. Kopfrechnen)

Vergleicht mit dem Ruhezustand.

3 *Größerer Sauerstoffverbrauch beim Sport?*

4 *Größerer Sauerstoffverbrauch beim Nachdenken?*

Sauerstoffverbrauch eines Teelichts

Auch bei Verbrennungen wird immer Sauerstoff verbraucht. Wie viel Sauerstoff verbraucht z. B. ein Teelicht in einer Minute? Ermittelt dies mit einem Trinkglas, einem Teelicht, einer Stoppuhr und einem Messbecher.

Tipp: Reibungsloses Experimentieren durch geschickte Planung
Wenn viele Gruppen gleichzeitig experimentieren wollen, kann es ein Problem geben: zu wenige Geräte zum Experimentieren. Was kann man dagegen tun?
Oft sind die teuren Geräte das Problem. Es könnte z. B. nicht genug Kolbenprober geben. Die Glasrohre in der Mitte der Apparatur sind dagegen nicht teuer. Von ihnen gibt es meistens genug.
In einem solchen Fall könnt ihr es so machen: Ihr baut für die ganze Klasse nur eine einzige Apparatur auf. Jede Gruppe füllt aber vorher ein Glasrohr mit Eisenwolle. Ihr müsst dann nur noch das Glasrohr in die aufgebaute Apparatur einsetzen. Der Versuch dauert dann nicht lange und die nächste Gruppe kommt schnell an die Reihe.

Gute Luft fürs Klima – der Treibhauseffekt

Auch wenn es in Deutschland noch kalte Winter geben mag: In vielen Teilen der Welt hat sich das Klima deutlich spürbar erwärmt. Ist dies reiner Zufall?

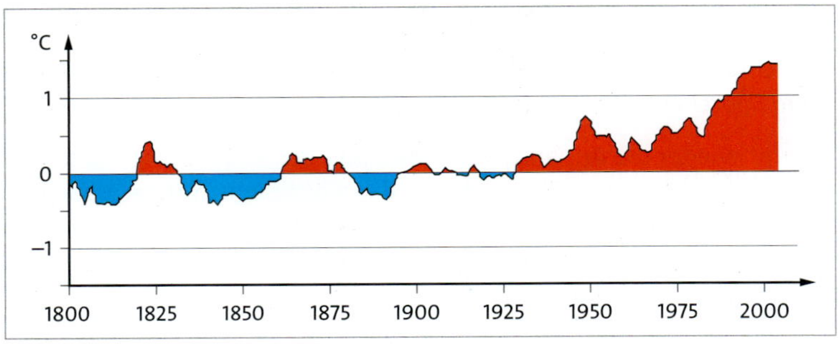

1 *Änderung der Jahresmitteltemperatur in Kassel gegenüber dem Jahr 1800*

Aufgabe

1 Untersuche die Fähigkeit von Glas, Wärmestrahlung unterschiedlicher Temperatur aufzunehmen.

a Halte einen Finger vorsichtig etwa 3 cm über eine heiße Herdplatte. Wenn du die Wärmestrahlung spürst, stülpe ein kleines Becherglas über deinen Finger: Prüfe, ob das Glas die Wärmestrahlung aufnimmt oder durchlässt.

b Wiederhole den Versuch. Jetzt soll aber eine Glühlampe die Strahlungsquelle sein, nicht mehr eine Herdplatte.

Wärmestrahlung
Jeder warme Gegenstand strahlt Wärme ab. Auch die Erde strahlt ständig Wärme ins Weltall ab. Die Eigenschaften der Wärmestrahlung hängen allerdings von der Temperatur der Strahlungsquelle ab. Beispielsweise lässt Glas Wärmestrahlung sehr heißer Quellen durch. Strahlung kälterer Quellen nimmt es auf und erwärmt sich dabei selbst.

Natürlicher Treibhauseffekt
Bestimmte Gase der Atmosphäre verhalten sich wie Glas: Sie lassen die Wärmestrahlung der Sonne (ca. 6000 °C) durch. Die Wärmestrahlung aber, die von der erwärmten Erdoberfläche (ca. 20 °C) kommt, wird von der Atmosphäre teilweise aufgenommen. Ohne diesen natürlichen Treibhauseffekt wäre unsere Atmosphäre unerträglich kalt.

Künstlicher Treibhauseffekt
Kohlenstoffdioxid und einige andere Gase nehmen die Wärmestrahlung der Erdoberfläche besonders gut auf. Wenn die Atmosphäre immer mehr dieser „Treibhausgase" enthält, wird unsere Lufthülle immer wärmer. Dieser künstliche Treibhauseffekt wird oft einfach „der Treibhauseffekt" genannt.

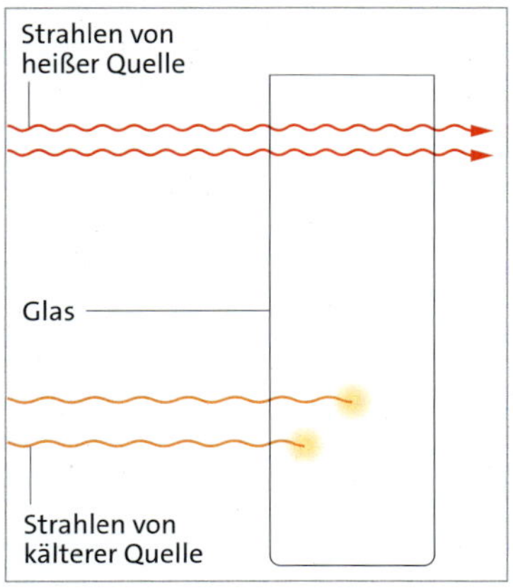

2 *Wärmestrahlung und Glas*

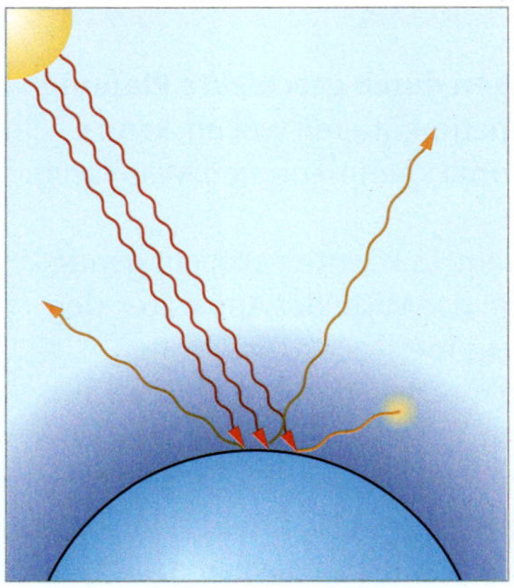
3 *Natürlicher Treibhauseffekt*

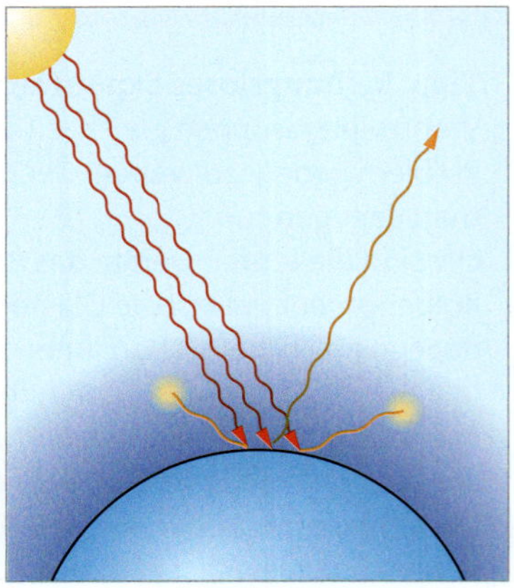
4 *Künstlicher Treibhauseffekt*

Treibhauseffekt und Klimawandel

Die Menschheit verbrennt jeden Tag fossile Rohstoffe: Kohle, Erdöl und Erdgas. Dabei wird Kohlenstoffdioxid frei. Der Gehalt an Kohlenstoffdioxid in der Atmosphäre steigt derzeit schneller an, als es durch natürliche Schwankungen vorkommen könnte.
Eine Erwärmung des Erdklimas ist bereits messbar. Experten gehen davon aus, dass sich dieser Anstieg fortsetzen wird. Dadurch dürfte z. B. der Meeresspiegel ansteigen. Es kann auch zu stärkeren Unwettern kommen und in anderen Gebieten zu schwereren Dürren.

Umstrittene Prognosen

Wie stark die Erwärmung in den nächsten Jahrzehnten sein wird, ist umstritten. Die Berechnung ist sehr kompliziert und an verschiedene Annahmen geknüpft. Man weiß nicht endgültig, wie sich der weitere Ausstoß von Treibhausgasen auswirken wird.
Außerdem können Forscher nicht vorhersagen, wie die Weltbevölkerung reagieren wird. Schaffen wir es, den Ausstoß stark zu senken, bleibt er gleich oder steigt er sogar noch an? Einigkeit herrscht nur darüber, dass die durchschnittliche Temperatur steigen wird – und dass dies negative Auswirkungen nach sich zieht. Es liegt an jedem von uns, den Ausstoß an klimaschädlichen Gasen zu senken. Um die richtigen Entscheidungen zu treffen, muss man allerdings einiges über den Treibhauseffekt wissen.

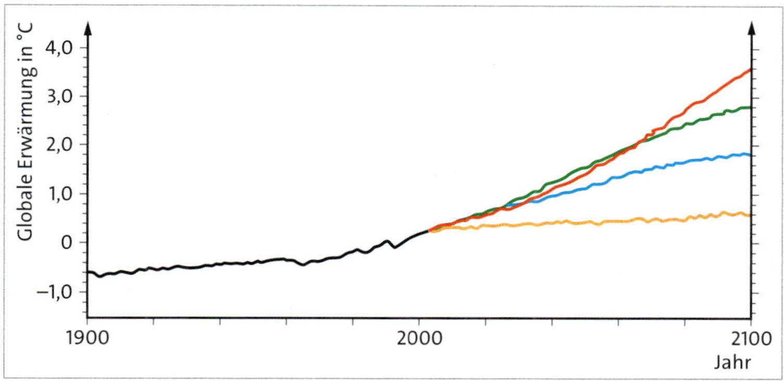

5 *Prognosen aus dem Jahr 2007 (Quelle: IPCC)*

6 *Man muss befürchten, dass es auf einem wärmeren Planeten Erde insgesamt mehr Niederschläge gibt.*

Aufgaben

2 Welche Strahlung wird von der Atmosphäre besser aufgenommen: die von der Sonne kommende oder die Strahlung, die von der erwärmten Erde ausgeht? Erkläre.

3 Was geschieht mit einem Stoff, der Strahlung aufnimmt? Erkläre.
Tipp: Fasse vorsichtig das Becherglas an, das in Aufgabe 1 die Strahlung aufgenommen hat.

4 Wodurch wird Kohlenstoffdioxid in die Atmosphäre abgegeben? Formuliere konkrete Vorschläge, wie jeder von uns für einen geringeren Ausstoß sorgen kann.

5 Betrachte Abb. 5 und gib mit eigenen Worten wieder, was du herauslesen kannst. Weshalb gibt es mehrere Kurven für die künftige Temperaturentwicklung?

Der Treibhauseffekt im Modellversuch

**Wie kommen Wissenschaftler dazu, die Temperatur im Jahr 2050 vorherzusagen? Haben sie den Treibhauseffekt im Labor ausprobiert?
Im Grunde, ja: Sie haben dazu Modellversuche durchgeführt. Hier könnt auch ihr Modellversuche zum Treibhauseffekt kennenlernen.**

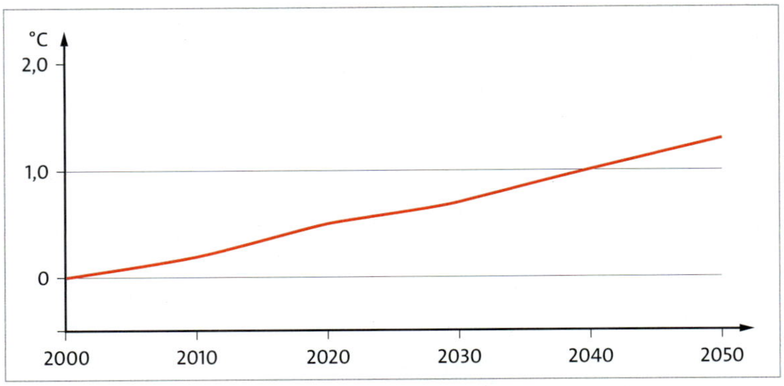

1 *Zunahme der Welttemperatur – eine verlässliche Prognose?*

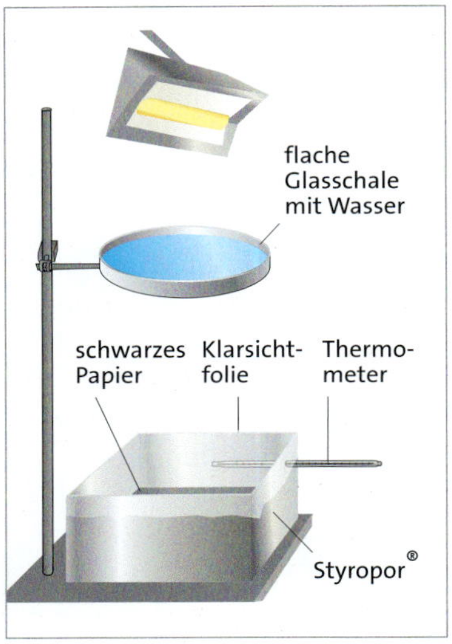

2 *Vorgänge in der Atmosphäre simulieren*

Modellversuch 1: Erwärmung der Atmosphäre

Ihr untersucht, ob eine Atmosphäre mit viel Kohlenstoffdioxid tatsächlich zu einer Erwärmung führt.

a Baut den Versuch wie in Abb. 2 auf. ↑2 Welche Teile des Aufbaus entsprechen „Sonne“, „Wolken“, „Atmosphäre“ und „Erdboden“?

b Messt 15 Minuten lang in dem Styroporgefäß, das mit Luft gefüllt ist, alle 60 Sekunden die Temperatur. Stellt die Ergebnisse als Tabelle und als Diagramm dar. Verwendet eventuell auch ein Tabellenkalkulationsprogramm.

c Wiederholt den Versuch, füllt aber diesmal das Styroporgefäß mit Kohlenstoffdioxid.

d Untersucht auch Folgendes: Was für eine Wirkung hat eine Mischung aus Luft und Kohlenstoffdioxid auf den Treibhauseffekt? Welchen Treibhauseffekt haben andere Gase, z. B. Methan (GHS02)?

e Bereitet einen Kurzvortrag zum Thema „Die Auswirkungen von Kohlenstoffdioxid auf den Treibhauseffekt“ vor. Geht dabei auf die Ergebnisse eurer Versuche ein.

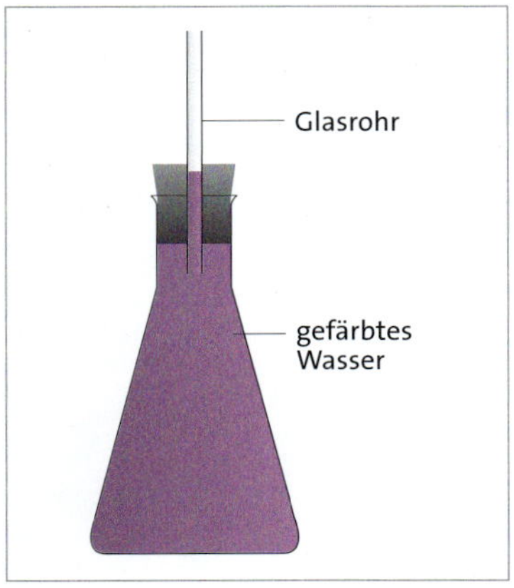

3 *Vorgänge im Ozean simulieren*

Modellversuch 2: Anstieg des Meeresspiegels

Als Folge des Treibhauseffekts erwartet man einen Anstieg des Meeresspiegels. Liegt dies am schmelzenden Eis der Pole oder an der Erwärmung des Wassers?

a Gebt etwas Wasser und einige Eisstückchen in einen Messzylinder. Notiert den Pegelstand. Lest den Stand erneut ab, nachdem das Eis geschmolzen ist.

b Befüllt einen Erlenmeyerkolben randvoll mit gefärbtem Wasser. Verschließt diesen dann mit einem durchbohrten Stopfen, in dem ein Glasrohr steckt. ↑3 Markiert den Wasserstand im Glasrohr. Erhitzt den Erlenmeyerkolben vorsichtig mit euren Händen oder einem Brenner und beobachtet den Wasserstand.

Warum Modellversuche?

In der Geschichte der Menschheit wurden noch nie so enorme Mengen an Kohlenstoffdioxid ausgestoßen wie heute. Über die Folgen können Wissenschaftler Prognosen abgeben. Doch wie kommen sie zu diesen Vorhersagen, wenn man mit solch einem CO_2-Ausstoß noch keinerlei Erfahrung hat?

Man muss dazu Experimente durchführen. Die Erde selbst und ihre Atmosphäre eignen sich aber sicherlich nicht als Versuchsobjekt. Schließlich will man ja möglichst schnell wissen, welche Auswirkungen ein weiterer CO_2-Ausstoß hätte. Dann könnte man vielleicht noch Gegenmaßnahmen ergreifen.

Die Lösung liegt in der Durchführung von Modellversuchen: Modellversuche kann man in Ruhe diskutieren, man kann einzelne Faktoren ändern und, falls nötig, die Versuche auch wiederholen.

Was können Modellversuche leisten – was nicht?

Vermutlich tragen sehr viele Aspekte zum Treibhauseffekt bei:
- die Sonne als Wärmespender
- die Wolken, die auch einen Teil der Wärmestrahlung aufnehmen
- die Atmosphäre, der Erdboden und seine Aufnahmefähigkeit für Wärme, die Meeresoberflächen, die schneebedeckten Flächen, das veränderte Pflanzenwachstum ...

Ein geeigneter Modellversuch zum Treibhauseffekt müsste alle diese Einflüsse berücksichtigen. Mit Modellversuchen kann man daher die Realität meist nicht „eins zu eins" abbilden. Es werden Vereinfachungen durchgeführt: Man will immerhin die wesentlichen Aspekte abbilden und deren Auswirkungen untersuchen. Dies hat zur Folge, dass der Erkenntnisgewinn aus Modellversuchen Grenzen hat. Das grundlegende Prinzip kann man aber gut zeigen und untersuchen.

4 *Vorgänge im Weltall simulieren*

Aufgaben

1 Welche Aspekte zum Treibhauseffekt wurden im Modellversuch 1 berücksichtigt? Welche fanden keine Beachtung? Legt dazu eine Tabelle an.

2 Betrachtet Modellversuch 2. Gebt an, welche Teile des Modellversuchs bestimmte Aspekte des Meeresspiegelanstiegs simulieren sollen. Was kann man durch diesen Modellversuch herausfinden? Was kann er nicht leisten?

3 Könnte sich eine Schwächung der Ozonschicht auf das Wachstum von Pflanzen auswirken? ↑S. 143 Untersucht dies mit einem Modellversuch. Es stehen euch z. B. Kressesamen, eine UV-Lampe, einige dünne Plastikfolien und verschiedene Sonnencremes zur Verfügung. Vorsicht: Starke UV-Strahlung ist schädlich, vor allem für die Augen!

4 Überlegt euch eigene Modellversuche, die folgende Fragen klären können: Warum gibt es Tag und Nacht? Wieso gibt es auf der Erde Jahreszeiten? ↑4

5 Nehmt kritisch Stellung zu folgender Aussage: „Aufgrund von Modellversuchen kann die Entwicklung des Erdklimas in den kommenden Jahren vorhergesagt werden."

Das Ozon und die Ozonschicht

Oft wird von der „Ozonschicht" oder vom „Ozonloch" gesprochen. Was ist damit gemeint?

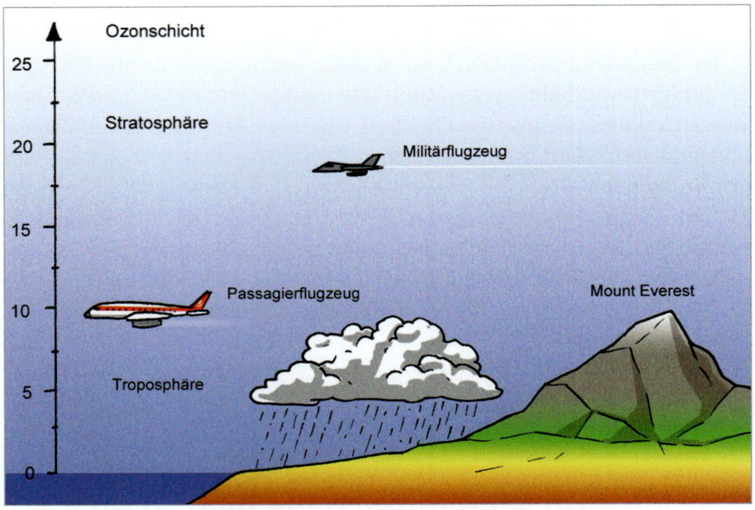

1 *Die Ozonschicht befindet sich in der Stratosphäre, in etwa 25 km Höhe.*

Eine andere Art Sauerstoff

Üblicherweise liegt Sauerstoff in der Luft als O_2-Molekül vor: als Verbindung von zwei Sauerstoff-Atomen. Diese Verbindung ist so stabil, dass sie nicht spontan zerfällt.

Ozon dagegen ist ein O_3-Molekül, also eine Verbindung aus drei Sauerstoff-Atomen. ↑2

Ozonmoleküle sind nicht stabil: Bei Raumtemperatur zerfällt innerhalb von 3 Tagen die Hälfte aller Ozonmoleküle spontan zu einem O_2-Molekül und einem einzelnen Sauerstoff-Atom.

Bei niedrigeren Temperaturen ist Ozon stabiler. Dies ist in der Stratosphäre der Fall. In etwa 25 km Höhe findet sich deshalb viel Ozon. Daher heißt dieser Teil der Atmosphäre auch „Ozonschicht".

Neben dem sichtbaren Licht sendet die Sonne auch unsichtbares Licht aus, u. a. die UV-Strahlung (ultraviolette Strahlung). UV-Strahlung ist sehr energiereich. Sie kann menschliches Gewebe zerstören. UV-Strahlung ist z. B. für Sonnenbrände verantwortlich.

Die Erde hat aber einen natürlichen Schutz vor UV-Strahlung: die Ozonschicht. Ozonmoleküle sind nämlich in der Lage, UV-Strahlung aufzunehmen.

In den letzten Jahrzehnten wurden viele sogenannte FCKWs hergestellt. Diese Stoffe verwendete man z. B. in Spraydosen oder Kühlschränken. Wenn sie in die Ozonschicht gelangen, führen sie zu einem Zerfall der Ozonmoleküle. Es bildet sich dann ein „Ozonloch".

Tatsächlich gibt es jedes Jahr im September und Oktober über der Antarktis eine ganz erhebliche Ausdünnung der Ozonschicht. Da aber die Produktion von FCKWs inzwischen weitgehend verboten ist, kann man hoffen, dass sich dieses „Ozonloch" in einigen Jahrzehnten wieder schließt.

Ozon besteht aus O_3-Molekülen. Es kommt vor allem in der Ozonschicht vor.

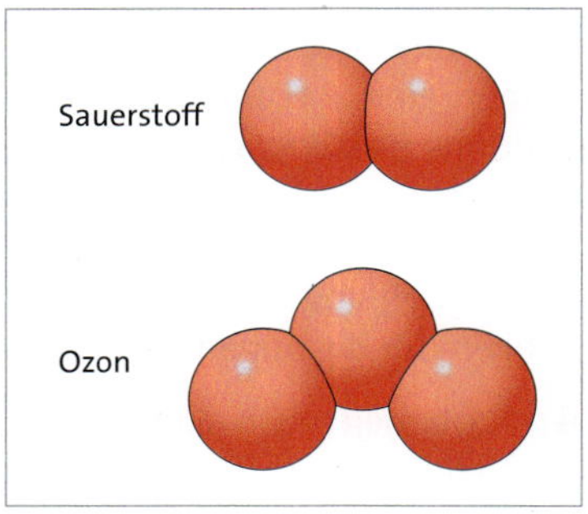

2 *Molekülbau von Sauerstoff und Ozon*

Aufgabe

1 Erkläre mit eigenen Worten, was Ozon ist und weshalb es auf unserem Planeten so wichtig ist.

Beobachten Untersuchen Experimentieren

1 Herstellen von Ozon (Lehrerversuch)
Der Versuch wird nach Abb. 3 aufgebaut und durchgeführt. Bei diesem Versuch wird Wasser in seine Bestandteile aufgetrennt: Wasser → Wasserstoff + Sauerstoff
Am Pluspol entsteht der Sauerstoff. Dort gibt es also Sauerstoff-Atome. Jeweils zwei Sauerstoff-Atome verbinden sich sofort zu einem Sauerstoffmolekül: $2\,O \rightarrow O_2$
Es kommt aber auch vor, dass ein Sauerstoff-Atom mit einem O_2-Molekül reagiert. Dann bildet sich Ozon: $O + O_2 \rightarrow O_3$

2 Ozon ist sehr reaktionsfreudig
Leite einmal Sauerstoff aus einer Gasflasche und einmal Ozon (GHS03|08|05) aus einem Kolbenprober auf einen aufgeblasenen Luftballon. Was stellst du fest?

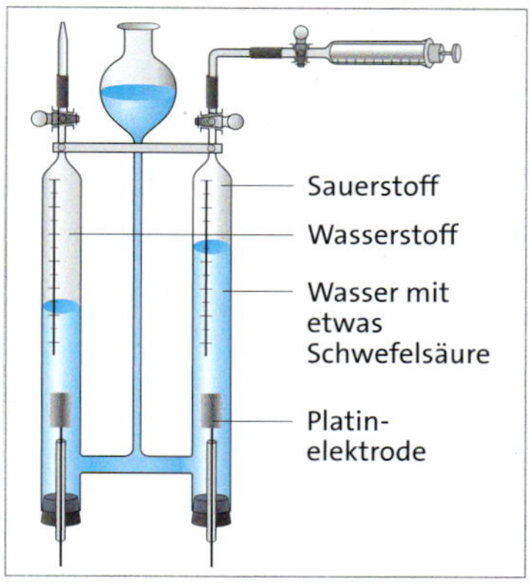

3 *Aufbau von Versuch 1*

Ergänzung: Die Ozonschicht
In der Ozonschicht gibt es sehr energiereiche Sonnenstrahlung. Diese kann O_2-Moleküle in zwei Sauerstoff-Atome spalten:
$O_2 \rightarrow O + O$
Wenn eines der entstandenen Sauerstoff-Atome auf ein weiteres O_2-Molekül trifft, kann Ozon entstehen:
$O + O_2 \rightarrow O_3$
Das entstandene Ozon wird durch UV-Strahlung wieder gespalten. Dabei wird die UV-Strahlung aufgenommen:
$O_3 \rightarrow O + O_2$
Die Reaktionsprodukte können nun wieder Ozon bilden. Bildung und Abbau von Ozon halten sich die Waage. In der Ozonschicht besteht also normalerweise ein gleichbleibendes Verhältnis zwischen O_2- und O_3-Molekülen.

Das gleichbleibende Verhältnis zwischen O_2- und O_3-Molekülen wird jedoch durch menschliche Eingriffe gestört. Fluorchlorkohlenwasserstoffe („FCKWs") können in die Stratosphäre gelangen. Dort werden durch die Energie der UV-Strahlung Chlor-Atome aus den FCKW-Molekülen abgespalten.
Die Chlor-Atome reagieren mit den Ozonmolekülen: ↑4
$Cl + O_3 \rightarrow ClO + O_2$
Dabei entstehen ClO-Teilchen. Diese können wieder Chlor-Atome freisetzen:
$ClO + O \rightarrow Cl + O_2$
Es liegen dann wieder Chlor-Atome vor. Diese können weitere Ozonmoleküle zerstören. Ein einziges Chlor-Atom kann in einem solchen Kreislauf mehrere Tausend Ozonmoleküle zerstören. ↑5
Da diese Vorgänge durch extreme Kälte gefördert werden, findet der Ozonabbau vor allem über den Polarregionen statt.

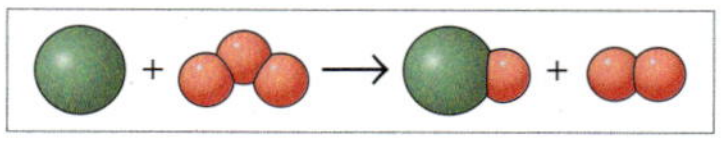

4 *Abbau von Ozon*

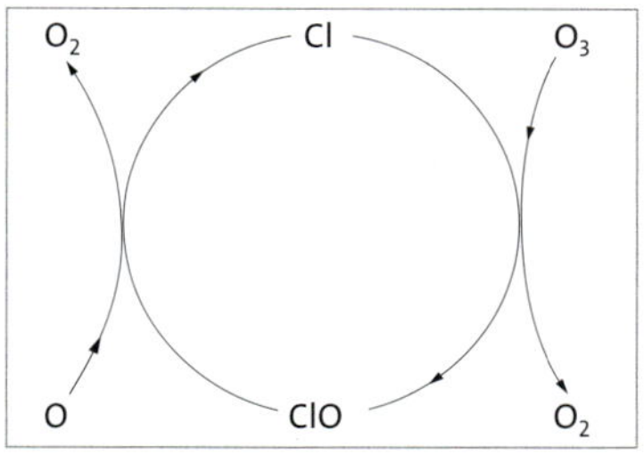

5 *Ein Kreislauf, der immer wieder O_3 aufnimmt und nur O_2 abgibt …*

Aufgaben

2 Erläutere, durch welchen chemischen Vorgang UV-Strahlung in der Stratosphäre unschädlich gemacht wird.

3 Stelle das Gleichgewicht zwischen O_2- und O_3-Molekülen in der Stratosphäre durch eine geeignete schematische Skizze dar.

4 Chlor-Atome stören das Gleichgewicht.
a Erläutere, wie sie das tun.
b Wovon entsteht durch das Einwirken der Chlor-Atome ein Mangel, wovon ein Überschuss?

Gutes Ozon – schlechtes Ozon

Oft heißt es, zu *wenig* Ozon wäre schlecht. Und dann hört man plötzlich, zu *viel* Ozon wäre schlecht?!

Das Ozonloch über der Antarktis könnte in diesem Jahr einen Rekordwert erreichen. Die derzeit relativ niedrigen Temperaturen in der Stratosphäre haben den Abbau des Ozons demnach dramatisch beschleunigt.

1 *Sidney Herald, 19.10.2005*

Die Ozonmenge in Bodennähe, die seit 1985 regelmäßig gemessen wird, schlägt alle Rekorde – und zwar nicht mehr nur in den Städten, sondern auch auf dem Land. „Besonders schlimm ist, dass dies nicht mehr nur Spitzenwerte sind, sondern lange Perioden", sagen Meteorologen.

2 *Ostdeutsche Allgemeine, 9.8.2006*

Ozon kann auch schädlich sein

Ozonmoleküle sind sehr instabil. Sie zerfallen leicht und reagieren auch mit sehr vielen Stoffen. Ozon ist also ein aggressives Gas, das auch als Desinfektionsmittel verwendet wird: Es greift die Krankheitserreger an und tötet sie ab.
Auch für uns ist Ozon gefährlich. Es schadet den Atemwegen und Schleimhäuten. Einatmen von Luft mit erhöhtem Ozongehalt kann zu Augenbrennen und Augentränen, erschwerter Atmung, Husten, Kopfschmerzen, Konzentrationsschwäche oder Abnahme der Leistungsfähigkeit führen.

In den Sommermonaten wird bei ruhigem, sonnigem Wetter manchmal eine Ozonwarnung ausgegeben. Dann kann nämlich aus Luftverunreinigungen in den bodennahen Luftschichten Ozon entstehen. An solchen Tagen sollte man körperliche Anstrengungen im Freien vermeiden.
Größere Ozonmengen sind auch für Pflanzen schädlich und gelten als eine der Ursachen der weitverbreiteten Waldschäden.

Bei sonnigem Wetter kann aus Luftverunreinigungen bodennahes Ozon entstehen (Sommersmog). Bodennahes Ozon ist in größeren Mengen gesundheitsschädlich.

Aufgaben

1 Erkläre, warum man bei einer Ozonwarnung auf Sport im Freien verzichten sollte.

2 Erläutere mit eigenen Worten, warum Ozon in manchen Luftschichten erwünscht, in anderen dagegen unerwünscht ist.

3 Erläutere, ob die Ausdünnung der Ozonschicht eine Auswirkung auf die Bildung von bodennahem Ozon haben könnte.

Ergänzung: Warum wird nur an sonnigen Tagen vor Ozon gewarnt?
In den Sommermonaten werden regelmäßig die Ozongehalte bekannt gegeben. Ab einem Ozonanteil von 180 $\mu g/m^3$ werden Warnungen herausgegeben. Als eine der Ursachen werden Autoabgase gesehen. Bei der Verbrennung von Benzin bildet sich im heißen Automotor u. a. Stickstoffdioxid:
Stickstoff + Sauerstoff → Stickstoffdioxid
Die UV-Strahlung im Sonnenlicht sorgt für einen Abbau des Stickstoffdioxids zum Stickstoffmonooxid:
$NO_2 \rightarrow NO + O$
Das dabei frei werdende Sauerstoff-Atom kann mit einem Sauerstoffmolekül der Luft zu Ozon reagieren:
$O + O_2 \rightarrow O_3$

Vorsicht bei Zahlen und Schaubildern!

Auf die Skalierung kommt es an!
In den Medien werden Zahlenwerte oft als Diagramme dargestellt. Manchmal scheinen sie allerdings etwas zu zeigen, was gar nicht stimmt. Sieh dir die beiden folgenden Schaubilder **genau** an. Bearbeite dann die Aufgaben 1 und 2.
Beide Schaubilder beschreiben das Gleiche: den Anstieg des Kohlenstoffdioxidgehalts der Atmosphäre im letzten Jahrhundert.

Auch bei Balkendiagrammen kann man Dinge anders wirken lassen, als sie sind. Die beiden Diagramme unten zeigen, an wie vielen Stunden der Grenzwert für bodennahes Ozon in Nordrhein-Westfalen in den Jahren 1996, 1997 und 1998 überschritten wurde.
Schaue dir beide Diagramme **genau** an. Auf welchem der beiden Diagramme wirkt der Anstieg dramatischer? Woran liegt das?

Auch bei Zahlenangaben muss man sehr gut zuhören. Ohne etwas Unwahres zu sagen, kann man die Meinung der Zuhörer beeinflussen.
Lies dir zunächst die folgende Tatsache **genau** durch:
Im Jahr 1900 betrug der Kohlenstoffdioxidgehalt der Atmosphäre 0,029 %. Im Jahr 2000 betrug er 0,037 %.
Überlege nun, welche der beiden folgenden Aussagen stimmt:
Aussage 1: „Der CO_2-Gehalt der Atmosphäre ist im letzten Jahrhundert um lediglich **0,008 %** angestiegen."
Aussage 2: „Die CO_2-Menge der Atmosphäre hat sich im letzten Jahrhundert um **28 %** erhöht!"
Insgesamt gilt: Man darf kein Diagramm interpretieren, wenn man die Skalierung nicht genau beachtet hat.

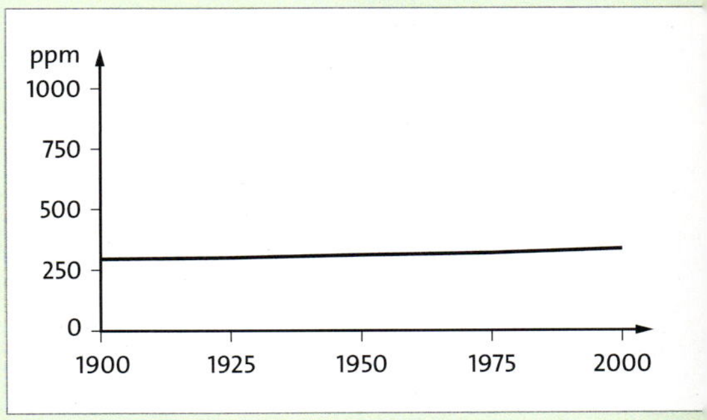

1 *Anstieg des CO_2-Gehalts*

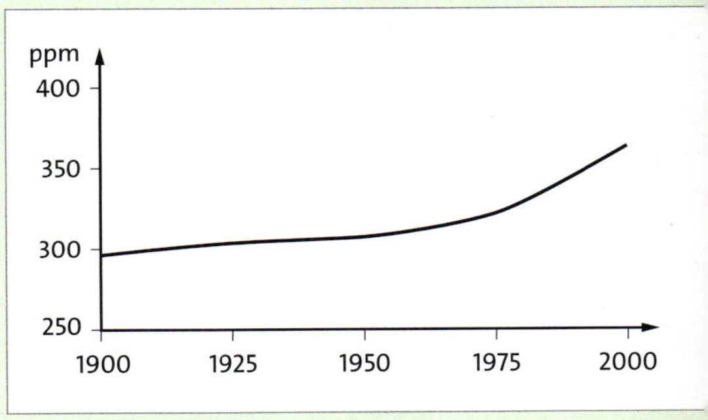

2 *Anstieg des CO_2-Gehalts*

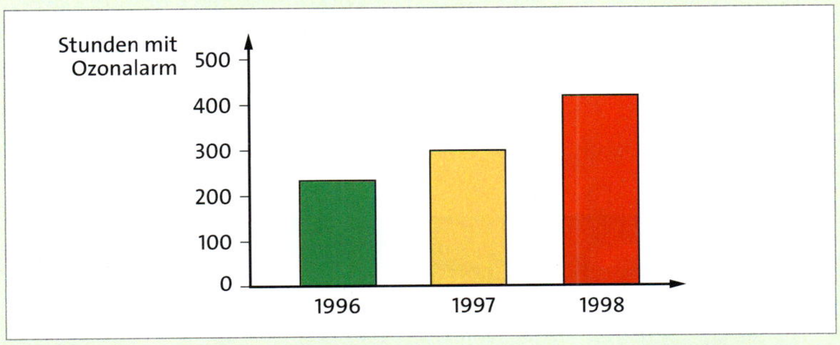

3 *Anstieg der Tage mit Ozonalarm*

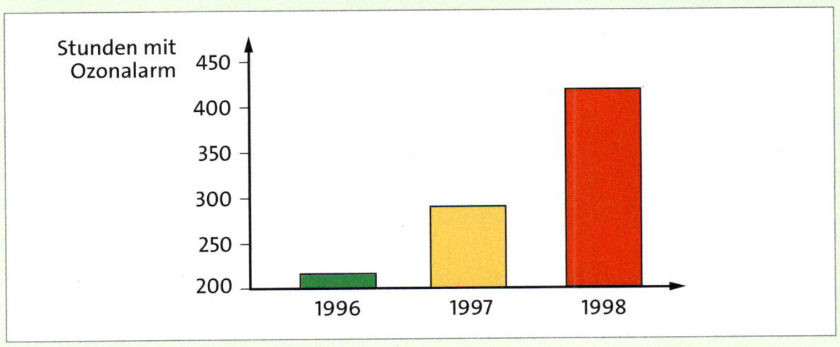

4 *Anstieg der Tage mit Ozonalarm*

Aufgaben

1 Bei welchem der Schaubilder ist ein dramatischerer Anstieg des Kohlenstoffdioxidgehalts zu erkennen?

2 Bei einem Kongress zum Thema „Treibhauseffekt" sprechen:
- ein Aktivist einer Umweltschutzgruppe
- ein Unternehmer, dessen Fabrik viel Kohlenstoffdioxid ausstößt

Wer wird welches der beiden Schaubilder auswählen, um seinen Vortrag zu unterstützen?

Die Atmosphäre als Patientin

Treibhauseffekt, Ozonloch, Sommersmog – unsere Atmosphäre ist von drei ernsten „Krankheiten“ befallen. Auch wenn Medien oder Politiker diese drei Probleme gerne einfach in einen Topf werfen: Aus Sicht der Chemie handelt es sich um drei weitgehend getrennte „Krankheiten“, die zunächst einmal nur wenig miteinander zu tun haben.

Treibhauseffekt

Vergleichbar mit Malaria, einem schweren, immer wieder quälenden Fieber.

Erreger: Vor allem Moleküle von CO_2, CH_4, N_2O und FCKWs. Diese entstehen hauptsächlich durch Verbrennung fossiler Treibstoffe (Motoren, Kraftwerke, Heizungen), durch zahlreiche industrielle Aktivitäten oder durch Brandrodungen.

Symptome: Die Atmosphäre wird wärmer (regionale Dürregefahr) und wahrscheinlich auch feuchter (gelegentliche Starkregen, extremere Tropenstürme). Der Meeresspiegel steigt.

Befallene Stellen: Die gesamte Atmosphäre ist dauerhaft betroffen. Am deutlichsten aber dürften sich die Veränderungen in bodennahen Luftschichten, über dem Innern der Kontinente und in den Polarregionen auswirken.

Aufgaben

1 Ein Medikament hilft meist nur gegen *eine* Krankheit. Das neue Wunderheilmittel „Solarzellen“ hilft sicherlich nicht gegen alle drei Krankheiten. Gegen welche Krankheit würdest du es einsetzen? Welche weiteren Medikamente würdest du verschreiben? Erstelle eine Tabelle.

2 Die Atmosphäre als kranker menschlicher Körper, Umweltprobleme als Krankheiten: Was hältst du von solch einem Gedankenspiel? Erläutere.

3 Wenn man genauer hinschaut, stehen die drei Krankheiten übrigens durchaus miteinander in Verbindung. Falls z. B. aufgrund des Ozonlochs große Teile des weltweiten Planktons sterben, würde dies den Treibhauseffekt verstärken. Erläutere dies genauer. Suche auch nach weiteren möglichen Wechselwirkungen zwischen den drei Krankheiten und erkläre sie.

1 *Ein und derselbe Alpengletscher – im Jahr 1930 und im Jahr 2010*

Ozonloch

Vergleichbar mit einer Schwäche des Immunsystems: Man hat keinen Schutz mehr gegen bestimmte Gefahren, die von außen kommen.

Erreger: Chlor-Atome. Diese werden freigesetzt, wenn FCKW-Moleküle in höheren Luftschichten unter dem Einfluss des Sonnenlichts in ihre Bestandteile zerfallen. FCKW-Moleküle stammen aus relativ wenigen industriellen Anwendungen (Kühlschränke, Spraydosen).

Symptome: Die Atmosphäre wird durchlässiger für die von der Sonne kommende UV-Strahlung. UV-Strahlung kann beim Menschen die Haut oder die Augen schädigen. Es drohen auch Schäden am weltweiten Ökosystem, falls das Plankton der Meere sterben sollte.

Befallene Stellen: Die Krankheit zerstört das Ozon in den höheren Luftschichten. Betroffen sind derzeit vor allem die Polarregionen und dort jeweils die Frühjahrsmonate.

Sommersmog

Vergleichbar mit einer akuten Nahrungsmittelvergiftung, die nach dem ersten Regen auch schon wieder vorbei ist.

Erreger: Vor allem Moleküle von Stickstoffoxiden (z. B. NO_2) und Kohlenwasserstoffen (z. B. C_8H_{18}). Diese werden hauptsächlich durch den Straßenverkehr (Verbrennungsmotoren) und durch verschiedene industrielle Aktivitäten freigesetzt. Die Erregermoleküle können im Sonnenlicht – zusammen mit anderen Molekülen, die in der Atmosphäre enthalten sind, wie z. B. Sauerstoff – eine Vielzahl von chemischen Reaktionen eingehen. Dabei entsteht ein Mix aggressiver, reaktiver Moleküle, vor allem Ozon.

Symptome: Die Atmosphäre wird giftig für Menschen, Tiere und Pflanzen: Die reaktiven Moleküle greifen die Atemwege oder die Oberflächen von Pflanzenblättern an und können Allergien auslösen.

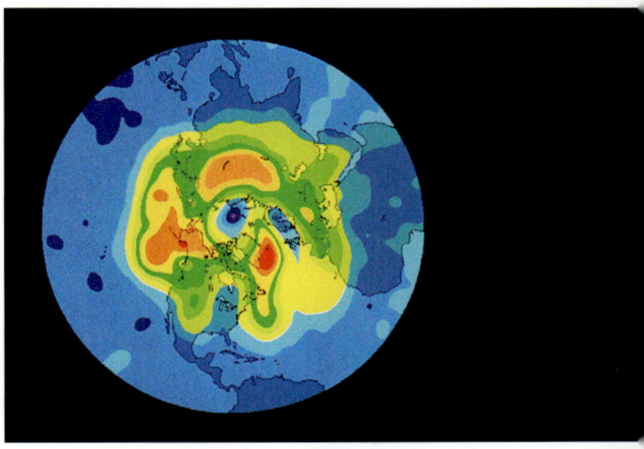

2 *Ausgedünnte Ozonschicht (rot) über der Nordhalbkugel am 12. 3. 2010*

Befallene Stellen: In den unteren Luftschichten von dicht besiedelten, industrialisierten Kontinenten tritt die Krankheit in Schüben auf, wenn sonniges, windarmes Sommerwetter herrscht. Sie kann dann für einige Tage Gebiete von der Größe Mitteleuropas betreffen.

Hinweis: Die Krankheit wird auch „fotochemischer Smog", „bodennahes Ozon" oder „Ozonalarm" genannt.

3 *Sommersmog über Dortmund*

Saurer Regen, eine Gefahr von oben

Auf dieser Doppelseite findest du einen Text und dann Aufgaben dazu. Wenn du die Grundlagen über Luft verstanden hast, solltest du zusammen mit dem Text die Aufgaben lösen können. Überprüfe dich selbst.

Bei einem Ausflug mit ihren Eltern wundert sich Miriam, dass viele Bäume so krank aussehen.
Von ihrer Mutter erfährt sie, dass der saure Regen für das sogenannte Waldsterben verantwortlich ist. Saurer Regen entsteht durch Abgase aus Fabriken und Autos. Einer der wichtigsten Verursacher des sauren Regens ist der Stoff Schwefeldioxid.

Wenn Schwefeldioxid mit Regen oder Luftfeuchtigkeit in Verbindung kommt, entsteht schweflige Säure. Diese ist ein wesentlicher Bestandteil des sauren Regens. Eine andere Gruppe von Stoffen, die zum sauren Regen beitragen, sind Stickstoffoxide. Auch Stickstoffoxide können zusammen mit der Feuchtigkeit in der Luft Säuren bilden, z. B. Salpetersäure.

Der saure Regen hat viele Auswirkungen. Unter anderem kann saurer Regen die Wachsschicht der Blätter angreifen. Das macht sie anfälliger für Krankheiten. Außerdem wäscht er Mineralstoffe aus dem Boden. Die Pflanzen finden nicht mehr ausreichend Mineralstoffe. Sie wachsen schlechter und verkümmern schließlich. Wenn das Wasser in Seen zu sauer wird, sterben Tiere und Pflanzen.
Aber auch Gebäude werden vom sauren Regen angegriffen. Vor allem Kalkstein kann vom sauren Regen zersetzt werden.

Frankfurt. Im Jahr 1984 befand man gut ein Drittel des deutschen Waldes als geschädigt, was alle denkbaren Waldschäden zusammenfasst. Im Jahr 2000 waren laut offiziellem Waldschadensbericht nur noch rund 35 % aller Waldbäume ohne erkennbare Schäden, im Jahr 2010 waren 38 % ohne Schäden.

1 *Abgestorbene Fichten im Harz*

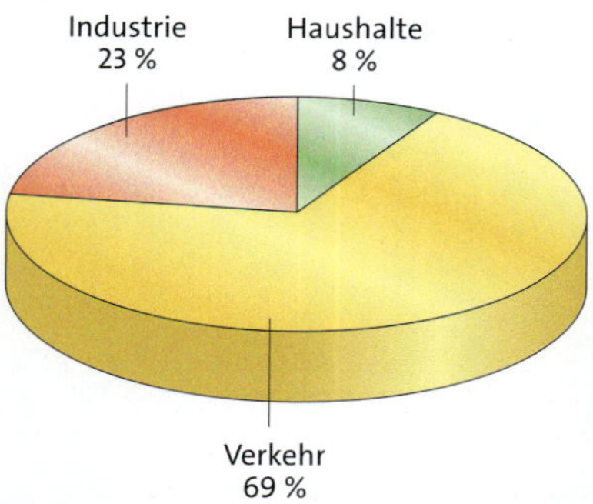

2 *Emissionen von Stickstoffdioxid in Niedersachsen (Stand 2000)*

3 *Funktionen des gesunden Walds*

Wissen und Anwenden

1 Nenne eine Säure, die aus Stickstoffoxiden entstehen kann.

2 Nimm an, es gelangen in einem Monat 9 Tonnen Stickstoffoxide in die Atmosphäre. Wie viel kg wurden dann etwa vom Verkehr verursacht?

3 In Deutschland gibt es 11.080.000 Hektar Wald. Hektar ist ein Flächenmaß, das man in der Landwirtschaft häufig benutzt. Diese Fläche macht etwa ein Drittel der Fläche der Bundesrepublik Deutschland aus. Wie viele m^2 sind das? Wie viel dieser Fläche (in m^2) war davon im Jahr 2010 geschädigt?

4 Ein Verlust unserer Wälder würde den Treibhauseffekt verstärken. Was ist der Treibhauseffekt? Erläutere.

5 Der Verkehr verursacht nicht nur sauren Regen, sondern auch bodennahes Ozon. Erläutere: Was ist Ozon und welche Stoffeigenschaften hat Ozon?

6 Wenn Schwefeldioxid mit Regenwasser reagiert, bildet sich schweflige Säure. Formuliere eine Reaktionsgleichung mit Formeln.

Planen und Untersuchen

7 Beschreibe einen Versuch, mit dem man sauren Regen selbst herstellen und nachweisen könnte.

8 Saurer Regen schädigt Gebäude. Beschreibe einen Versuch, mit dem du herausfinden kannst, welche Baustoffe von saurem Regen am meisten geschädigt werden.

Kommunizieren, Bewerten und Entscheiden

9 Stelle die Entwicklung der Waldschäden in Deutschland in einem geeigneten Diagramm grafisch dar.

10 Saurer Regen entsteht unter anderem dadurch, dass die Menschen Abgase produzieren. Welche Aussagen hierzu sind deiner Meinung nach sinnvoll und richtig?

(1) Viele Abgase, die zum sauren Regen führen, kommen aus Kraftwerken. Wenn jeder einzelne etwas Strom spart, könnte das schon ein wenig gegen den sauren Regen helfen.

(2) Abgase entstehen überwiegend in den Städten. Daher können sie dem Wald kaum schaden.

11 Welche Aussagen sind deiner Meinung nach im Zusammenhang mit saurem Regen richtig und sinnvoll?

(1) Elektrogeräte verursachen keine Abgase. Daher sollten wir mehr Elektrogeräte benutzen, um den sauren Regen zu verhindern.

(2) Weniger saurer Regen ist auch gut gegen den Klimawandel, weil unsere Wälder dann weniger geschädigt werden.

12 Was kann man deiner Meinung nach gegen die Entstehung von saurem Regen unternehmen? Formuliere und begründe deine Position.

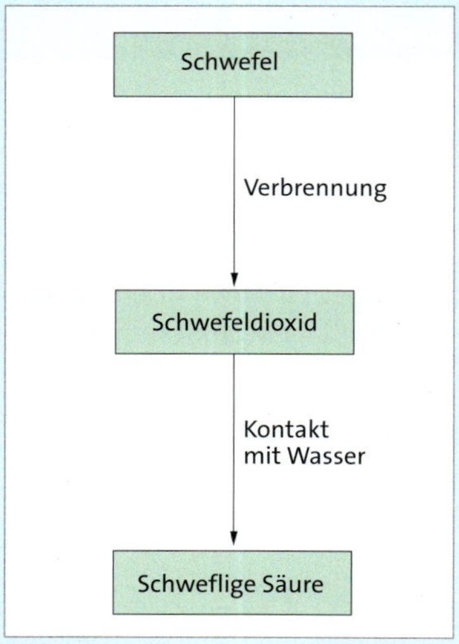

1 *Vom Schwefel zur schwefligen Säure*

Luft

Luft ist ein Stoffgemisch aus Stickstoff, Sauerstoff, Wasserdampf, Argon, Kohlenstoffdioxid und weiteren Spurengasen. Alle diese Gase sind farb- und geruchlos.

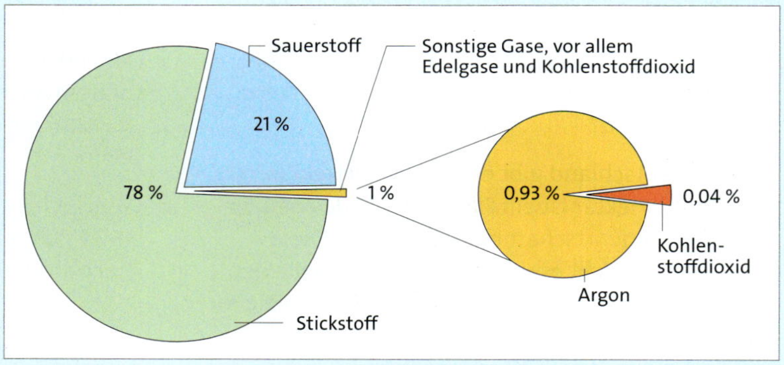

2 *Zusammensetzung des Stoffgemischs Luft*

Sauerstoff

Der Sauerstoff in der Luft ist für uns absolut lebensnotwendig: Vor allem unser Gehirn und unsere Muskeln brauchen ständig Sauerstoff – erst recht dann, wenn wir uns beim Sport anstrengen.

Luftschadstoffe

Neben unangenehmen Gerüchen kann es in der Luft viele Luftschadstoffe geben, die für die Gesundheit gefährlich sein können:

- Staub (kleiner als 0,2 mm) und vor allem Feinstaub (kleiner als 0,01 mm) können z. B. Lungenkrankheiten auslösen.
- Schwefeldioxid und Stickstoffoxide sind giftige Gase. Sie reizen schon in kleinen Mengen die Atemwege. Wenn sie in der Atmosphäre mit Regen oder Luftfeuchtigkeit in Kontakt kommen, bilden sich Säuren: Es kann zu saurem Regen kommen, der die Umwelt schädigen kann.

Viele Luftschadstoffe entstehen vor allem bei Verbrennungen, z. B. in der Industrie, in Kraftwerken oder in den Verbrennungsmotoren von Autos.

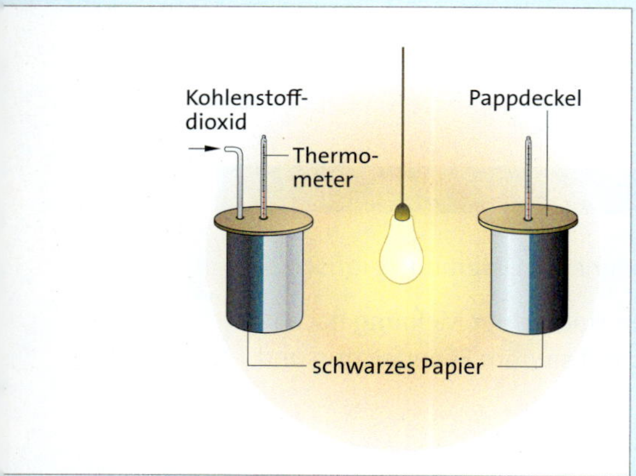

3 *Modellversuch zum Treibhauseffekt*

Treibhauseffekt

Die Erde strahlt ständig Wärme ins Weltall ab. Manche Gase, z. B. Kohlenstoffdioxid, nehmen diese Strahlung allerdings teilweise auf. Durch vielfältige menschliche Aktivitäten steigt der Gehalt der Atmosphäre an diesen „Treibhausgasen" seit vielen Jahren an. Dies kann zu einer weiteren Änderung des Weltklimas führen, womöglich verbunden mit dramatischen Folgen. Trotz vieler Modellversuche und Prognoserechnungen kann man die Klimaentwicklung allerdings nicht sicher vorhersagen.

Ozon

Ozonmoleküle bestehen aus drei Sauerstoff-Atomen. Sie sind sehr reaktionsfreudig und können z. B. unsere Atemwege reizen.

In der Ozonschicht in etwa 25 km Höhe ist Ozon aber sehr erwünscht: Es nimmt dort einen großen Teil des UV-Lichts der Sonne auf. FCKWs (Fluorchlorkohlenwasserstoffe) können jedoch zu einem Abbau der Ozonschicht führen.

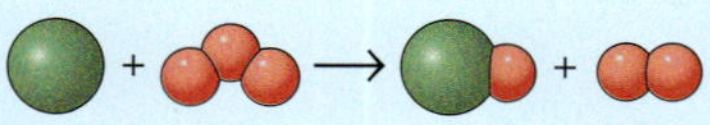

4 *Abbau von Ozon durch Chlorradikale*

1 Zigarettenrauch enthält nachweislich mindestens 200 gesundheitsgefährdende Stoffe. Darunter sind auch viele Partikel, die als Staub und teilweise als Feinstaub eingestuft werden müssen.

a Erkläre den Unterschied zwischen Staub und Feinstaub.

b Stickstoffdioxid, das ebenfalls im Zigarettenrauch enthalten ist, kann das Atmungssystem reizen. Wie kommt es dazu?

2 Es wird eine Expedition zum Mars geplant. Dabei will man nach Wasser suchen und auch den Sauerstoffgehalt der Atmosphäre bestimmen.

a Nenne Eigenschaften von Sauerstoff.

b Nenne zwei wichtige Verwendungsmöglichkeiten für Sauerstoff.

c Beschreibe einen Versuch, mit dem man den Sauerstoffgehalt bestimmen kann. Erstelle dazu eine Versuchsskizze. Erläutere auch, wie der Versuch durchgeführt werden muss und warum man damit den Sauerstoffgehalt herausfinden kann.

3 Um Holz oder Ackerland zu gewinnen, werden immer wieder Waldflächen gerodet.

a Diskutiere, ob dies den Treibhauseffekt verstärkt.

b Bei der Brandrodung hat man das Ziel, Flächen ohne viel Aufwand zu gewinnen. Dabei werden Waldflächen gezielt abgebrannt. Wie ist dieses Vorgehen im Vergleich zum Fällen der Bäume bezüglich des Treibhauseffekts zu beurteilen? Begründe deine Aussage.

4 Die Feinstaubbelastung in Musterstadt ist Thema einer Bürgerbefragung. Das Aktionsbündnis „Gute Luft für unsere Kinder" ist für ein Fahrverbot in der Innenstadt, die Gruppierung „Freie Fahrt für freie Bürger" wehrt sich vehement dagegen.
Offizielle Messungen für den Feinstaubgehalt ergaben für die Jahre 2008–2010 folgende Ergebnisse:
2008: 38 $\mu g/m^3$
2009: 44 $\mu g/m^3$
2010: 56 $\mu g/m^3$
Die Aktionsbündnisse wollen mit Wahlplakaten für ihr jeweiliges Anliegen werben. Ein Schaubild soll dabei die Bürger für ihr Anliegen gewinnen.

a Was sollen die Schaubilder für einen Eindruck erwecken? Antworte getrennt für beide Aktionsbündnisse.

b Erstelle jeweils ein Schaubild für die Aktion „Gute Luft für unsere Kinder" und für die Gruppe „Freie Fahrt für freie Bürger".

5 „Ozon kann für den Menschen sowohl nützlich als auch schädlich sein. Dies hängt davon ab, wo sich das Ozon befindet." Erkläre diese Aussage und beschreibe, wo und wie das Ozon nützlich bzw. schädlich ist.

6 Die Menge an Ozon ist sowohl in Bodennähe als auch in der Höhe von der Sonneneinstrahlung abhängig. Wann ist wo ein hoher Ozongehalt zu erwarten? Warum?

Schätze deine Kenntnisse und Fähigkeiten ein!
Ordne dazu deiner Lösung im Heft ein Smiley zu:
☺ Ich konnte die Aufgabe richtig lösen.
😐 Ich konnte die Aufgabe nicht komplett lösen.
☹ Ich konnte die Aufgabe nicht lösen.

→ **Die Lösungen findest du im Anhang.**

Nr.	Ich kann ...
1	Staub und Feinstaub unterscheiden.
1	die Gefährlichkeit einzelner Luftschadstoffe einschätzen.
2	ein Experiment beschreiben, mit dem der Sauerstoffgehalt von Luft bestimmt wird.
3	erklären, welchen Einfluss Rodungen von Wald auf den Treibhauseffekt haben können.
4	Diagramme so skalieren, dass sie besonders aussagekräftig sind.
5	erläutern, wo Ozon nützlich und wo es schädlich ist.
6	erklären, warum die Sonneneinstrahlung einen Einfluss auf den Ozongehalt hat.

Wasser – mehr als

1. Szene: in der Talsperre
Wie verläuft der Wasserkreislauf? Woher kommt unser Trinkwasser?

Siehe S. 154 – 156

5. Szene: im Forschungslabor
Die Denker der Antike hielten Wasser für einen Grundbaustein des Universums. Dies sieht man heute anders.

Siehe S. 168 / 169

2. Szene: im Wasserwerk
Wie funktioniert die Wasseraufbereitung? Welche Berufe gibt es im Wasserwerk?
Siehe S. 158–161

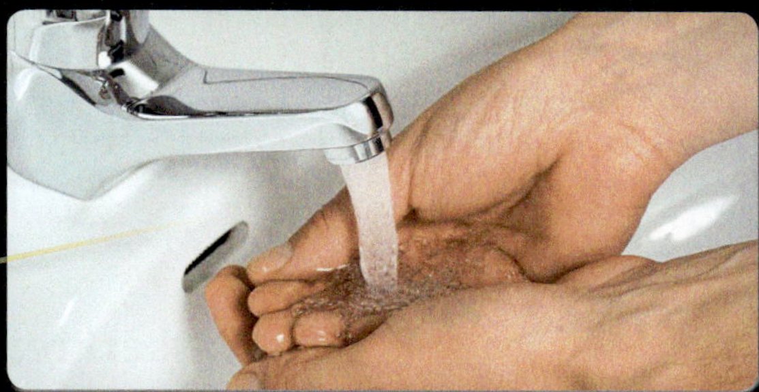

3. Szene: im Wasserhahn
Wieso ist Wasser so wichtig für unser Leben? Welche besonderen Eigenschaften hat es?
Siehe S. 162–165

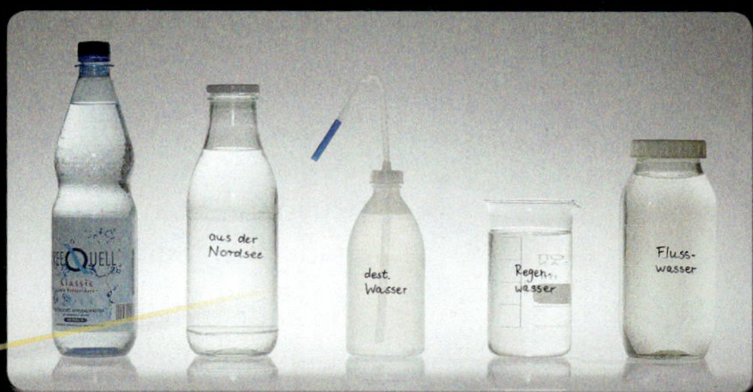

4. Szene: in der Wasserflasche
Was ist der Unterschied zwischen Mineralwasser, Leitungswasser, Flusswasser ...?
Siehe S. 166 / 167

Das Wasser auf unserer Erde

Das Wasser auf der Erde durchläuft ständig einen natürlichen Kreislauf. In diesen Kreislauf greift der Mensch an vielen Stellen ein.

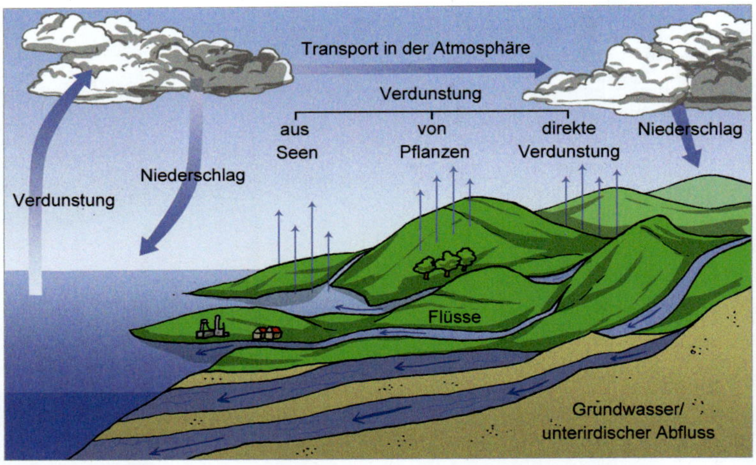

1 *Der Kreislauf des Wassers*

Beobachten Untersuchen Experimentieren

1 Wasser im Kreislauf (zu Hause)

a Fülle zwei Gläser etwa halb voll mit Wasser. Gib in das eine Glas einen Teelöffel Salz. Decke beide Gläser mit Frischhaltefolie ab und stelle sie auf die Fensterbank. Beobachte, was in den nächsten Stunden und Tagen passiert. Vergleiche deine Beobachtungen mit dem Bild oben auf dieser Seite. ↑1 Probiere jeweils einen Tropfen, der an der Klarsichtfolie hängt. Vergleiche ihn mit dem Wasser aus dem entsprechenden Glas.

b Fülle in verschiedene Gefäße jeweils exakt 50 ml Wasser. Lass sie im gleichen Abstand zur Heizung stehen (im Sommer auf der Fensterbank). Die Gefäße sollten dabei unterschiedlich große Öffnungen besitzen (Flasche, Teller, Backblech ...).

Der Wasserkreislauf

Das Wasser auf der Erde ist ständig in Bewegung: Es verdunstet von der Erdoberfläche, aus den Meeren, Seen und Flüssen und steigt nach oben. In den höheren Luftschichten ist es kühler. Darum wird dort aus dem Wasserdampf wieder Wasser. Die winzigen Wassertropfen bilden Wolken. Der Regen aus den Wolken fällt wieder auf die Erdoberfläche, in die Seen, Flüsse und Meere. Ein Teil des Wassers versickert aber auch im Boden und gelangt durch die Gesteinsschichten ins Grundwasser.

Ein anderer Teil des Wassers wird von den Wurzeln der Pflanzen aufgenommen. Dieses aufgenommene Wasser verdunstet über die Blätter. Aber auch Tiere und Menschen können nicht ohne Wasser leben. Auch wir nehmen täglich Wasser zu uns und scheiden es dann wieder aus, indem wir schwitzen oder die Toilette besuchen. Auch dieses Wasser gelangt am Ende wieder in die Natur zurück.

2 *Wasser macht die Erde zum „Blauen Planeten".*

Das Wasser auf unserer Erde befindet sich in einem ständigen Kreislauf. Es verdunstet, wird in der Atmosphäre wieder zu flüssigem Wasser und fällt als Regen auf die Erde zurück.

Ergänzung: Wir brauchen Wasser

Auf der Erde gibt es sehr viel Wasser: etwa 1400 Millionen Kubikkilometer. Aber davon sind 97 % Salzwasser und nicht als Trinkwasser geeignet.

Wassermengen der Erde, in Kubikkilometern (km^3)	
Weltmeere (Salzwasser)	1348 000 000
Polareis und Gletscher	28 200 000
Grundwasser	8 450 000
Seen und Flüsse	126 000
Bodenfeuchtigkeit	69 000
Atmosphäre	14 000
Summe	1384 859 000
davon Süßwasser	36 776 000

Wassergehalt in Nahrungsmitteln	
100 g Möhren	ca. 90 g
100 g Milch	ca. 88 g
100 g Kartoffeln	ca. 80 g
100 g Ei	ca. 70 g
100 g Fleisch	ca. 70 g
100 g Brot	ca. 40 g
100 g Käse	ca. 40 g
100 g Nüsse	ca. 6 g

Jeden Tag nehmen wir mit Getränken und Lebensmitteln etwa 2–3 Liter Wasser auf. Zusätzlich braucht jeder Einwohner in Deutschland durchschnittlich etwa 126 Liter Trinkwasser pro Tag im Haushalt, z. B. zum Waschen oder Duschen. Insgesamt brauchen wir aber noch deutlich mehr Wasser. Denn auch unsere Kraftwerke, die Landwirtschaft und die Industrie benötigen viel Wasser.
Das Trinkwasser, das zu Hause aus dem Wasserhahn kommt, wird aus Flüssen, Seen oder dem Grundwasser entnommen. Es wird im Wasserwerk gereinigt und dann zu den Haushalten gepumpt.
Nach dem Gebrauch fließt das Wasser durch den Abfluss. Es gelangt als Schmutzwasser ins Klärwerk, wo es so gut wie möglich gereinigt wird. Erst danach darf man es wieder in den natürlichen Wasserkreislauf leiten, z. B. in einen Fluss.
Der Wasserverbrauch wird in jedem Haus genau kontrolliert. ↑3 Bezahlen muss man nicht nur für das frische Wasser, sondern auch für die Wiederaufbereitung des gebrauchten Wassers.

3 *Erfassung der Wassergebühren mit einer Wasseruhr*

Aufgaben

1 Beschreibe, wo überall auf unserer Erde die Verdunstung des Wassers stattfindet.

2 Wiege einen Apfel. Schneide ihn in dünne Scheiben. Trockne diese einige Stunden bei 50 °C im Backofen oder zwei Tage auf der Heizung. Wiege den Apfel nach dem Trocknen und erkläre deine Beobachtungen.

3 Lies eine Woche lang jeden Tag möglichst um dieselbe Zeit eure Wasseruhr zu Hause ab. Erkundige dich, wie viel ein Kubikmeter Wasser kostet, und berechne, wie teuer euer Wasserverbrauch in dieser Woche war.

4 Verdeutliche den Wasservorrat der Erde auf einem langen Papierstreifen. Jeder Millimeter auf dem Papierstreifen stellt 1 000 000 Kubikkilometer dar. Berechne zunächst die Länge des Papierstreifens. Schneide ihn dann zurecht und markiere den Anteil des Trinkwassers mit roter Farbe.

Sauberes Wasser ist unersetzlich

1 *Wer hat recht?*

Beobachten Untersuchen **Experimentieren**

1 Öl schwimmt auf dem Wasser (zu Hause)
Gib in ein Gefäß mit Deckel ca. 100 ml Wasser und tropfe etwa 1 cm hoch Speiseöl darauf. Verschließe das Gefäß und schüttle es kräftig. Lass es danach einige Zeit ruhig stehen. Was beobachtest du?
Öffne das Gefäß wieder und tauche eine Feder hinein. Untersuche die Feder nun genauer. Was kannst du erkennen?

2 Altöl verschmutzt Trinkwasser (zu Hause)
Vermische ein wenig altes Fahrradöl mit Wasser und schüttle kräftig. Lege 2 Schälchen mit Watte aus. Tropfe mit einer Pipette etwas von der Mischung auf die Watte in einem der Schälchen. Die Watte im anderen Schälchen befeuchtest du mit Leitungswasser. Gib einen halben Teelöffel Kressesamen auf jeden Wattebausch. Halte die Watte 3–4 Tage feucht und beobachte.

2 *Ölverschmutzter Seevogel*

Verschmutzung durch Mineralöl

Ein einziger Tropfen Mineralöl, der in einen Fluss oder See gelangt, verschmutzt ca. 600 Liter Wasser. Geringe Mengen Öl im Meer führen dazu, dass das Gefieder von Seevögeln verklebt. Da sich Öl und Wasser kaum mischen, bildet sich auf dem Meer eine dünne Ölschicht. Wenn Seevögel dort landen, gerät das Öl in ihr Gefieder. Daneben gelangt auch etwas Öl direkt in das Wasser. Dies reicht aus, um das Wasser so zu verschmutzen, dass Fische und Vögel vergiftet werden.

Schon geringe Mengen mancher Stoffe, z. B. Mineralöl, können große Mengen Wasser verschmutzen.

Aufgaben

1 Ein Tropfen Mineralöl verschmutzt ca. 600 Liter Wasser. Zeichne ein Bild, das die 600 Liter anschaulich darstellt.
Tipp: Überlege dir passende Gefäße.

2 Recherchiere den Begriff „Deepwater Horizon". Was hat es damit auf sich? Erläutere.

Ergänzung: Ein knapper Rohstoff
Weil die Weltbevölkerung wächst, benötigt sie immer mehr Trinkwasser: für Essen und Trinken, aber auch für Kleidung, Autos oder andere Dinge. Der Verbrauch an sauberem Wasser in Landwirtschaft und Industrie wächst weiterhin an. Außerdem geht durch schlechte Bewässerungsmethoden weltweit etwa die Hälfte des Wassers verloren, das in der Landwirtschaft eingesetzt wird.

Diagramme – einfach nur anschaulich

Wie viel Wasser braucht jeder Mensch in Deutschland durchschnittlich pro Tag? Die Antwort kannst du der Tabelle entnehmen. ↑3

Nutzung	Wasserverbrauch in Litern
Duschen und Baden	46
Toilettenspülung	34
Wäsche waschen	12
Garten	9
Geschirr spülen	8
Kochen und Trinken	5
Sonstiger Verbrauch	12

3 *Daten als Tabelle*

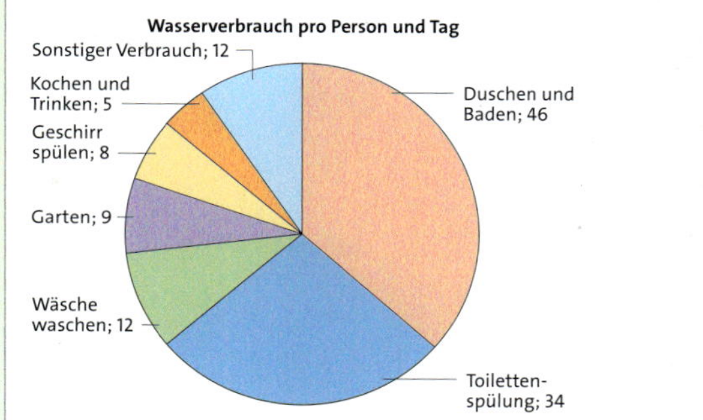

4 *Daten als Kreisdiagramm*

Diagramme helfen dabei, sich diese Mengen vorzustellen:

- **Kreisdiagramme** veranschaulichen Größenverhältnisse gut, wie hier die verschiedenen Nutzungen des Wasserverbrauchs. ↑4 Die großen Anteile für „Duschen und Baden“ sowie „Toilettenspülung“ fallen dabei sofort auf.
- **Säulendiagramme** können unterschiedliche Größenverhältnisse ebenfalls gut darstellen. ↑5 Zudem lassen sich zeitliche Entwicklungen gut mit Säulendiagrammen veranschaulichen.
- Mit einem **xy-Diagramm** kann man mehrere „Reihen“ auch in zeitlicher Abfolge vergleichen. ↑6 In unserem Beispiel stellen Frau Meier und Herr Feldt jeweils eine Reihe dar. Zu den gleichen Zeitpunkten wurde der persönliche Wasserverbrauch gemessen.

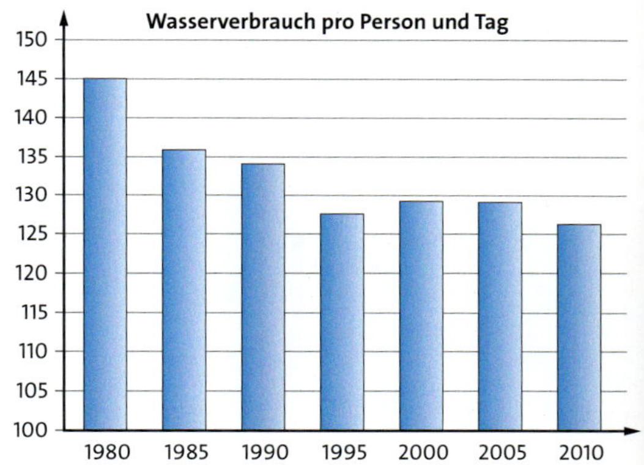

5 *Daten als Säulendiagramm*

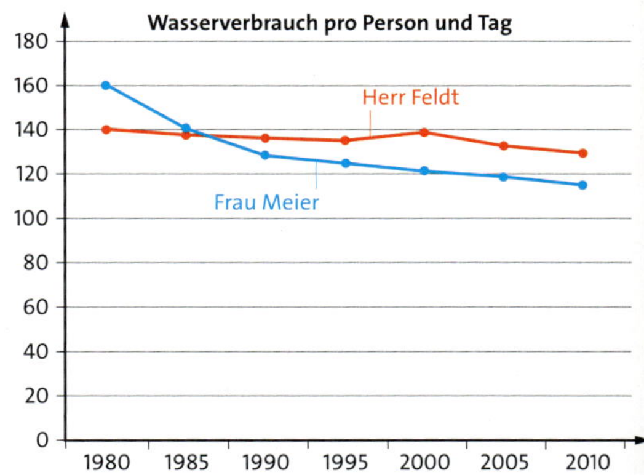

6 *Daten als xy-Diagramm*

Aufgaben

1 Vergleiche den Wasserverbrauch von Frau Meier und Herrn Feldt miteinander und mit dem durchschnittlichen Pro-Kopf-Verbrauch. ↑5, 6

2 Für welche Tätigkeiten benötigst du jeden Tag Wasser? Notiere einen Tag lang, für was und wie viel Wasser du benötigst. Erstelle eine Tabelle und ein passendes Diagramm.
Tipp zum Abschätzen der Wassermenge: In einen großen Putzeimer passen 10 Liter Wasser, in einen kleinen 5 Liter. In eine normale Colaflasche passt 1 Liter Wasser.

3 Erstelle zu der folgenden Tabelle ein Kreis- und ein Säulendiagramm. Welches findest du besser geeignet?

Trinkwasserversorgung	6 500 Millionen
Industrie	11 000 Millionen
Landwirtschaft	1 600 Millionen
Kraftwerke	29 000 Millionen

7 *Jährliche Nutzung an Trinkwasser in Deutschland (Angaben in Kubikmetern)*

Wassergewinnung und Abwasserreinigung

Wie kommt das Wasser in die Wasserleitung und wo kommt es eigentlich her?

1 *Talsperre im Harz*

2 *Was ist ein Wasserschutzgebiet?*

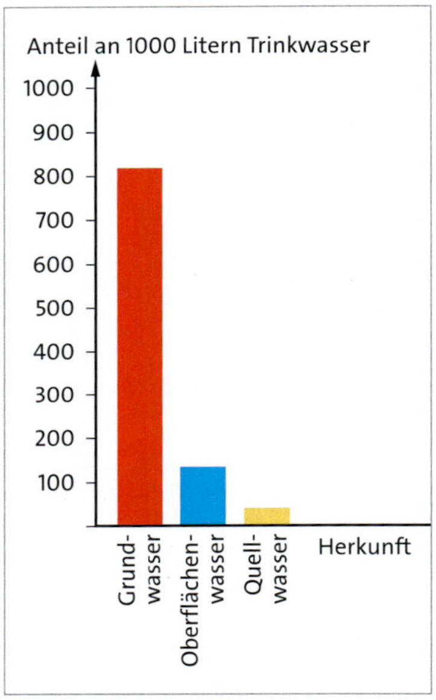

3 *Quellen von Trinkwasser*

Trinkwassergewinnung

In vielen Teilen Deutschlands gewinnt man das Wasser, das zu Hause aus der Leitung kommt, zum größten Teil aus Grundwasser. ↑3 Das Grundwasser wird in Brunnen nach oben gepumpt. Es darf immer nur so viel Grundwasser entnommen werden, wie nachfließen kann. Grundwasser ist schon ziemlich sauber. Es ist durch verschiedene Bodenschichten gelaufen und dabei wie in einem feinen Sieb gereinigt worden. Dennoch muss das Wasser im Wasserwerk aufbereitet werden. Dabei wird es regelmäßig untersucht und schädliche Stoffe werden entfernt. So bleibt die Wasserqualität immer gleich gut. ↑4

Zur Qualität von Trinkwasser gibt es strenge Gesetze, damit wir nicht krank werden. Trinkwasser darf nur ganz kleine Mengen gelöster Stoffe enthalten, z. B. nur 50 mg Nitrat pro Liter. Nitrate gelangen häufig durch die Düngung von Feldern in der Nähe von Wasserschutzgebieten ins Grundwasser und sind nicht gesund.
Der andere Teil des Trinkwassers stammt aus Talsperren, Flüssen oder Quellen und wird ebenfalls im Wasserwerk aufbereitet. Von dort gelangt das Wasser über unterirdische Rohre zu den Haushalten.

Aufgaben

1 Beschreibe den Weg des Wassers in Abb. 4.

2 In manchen Ländern wird ein Teil des Trinkwassers aus Meerwasser gewonnen. Überlege dir einen Versuch, wie man aus Salzwasser Süßwasser machen kann.

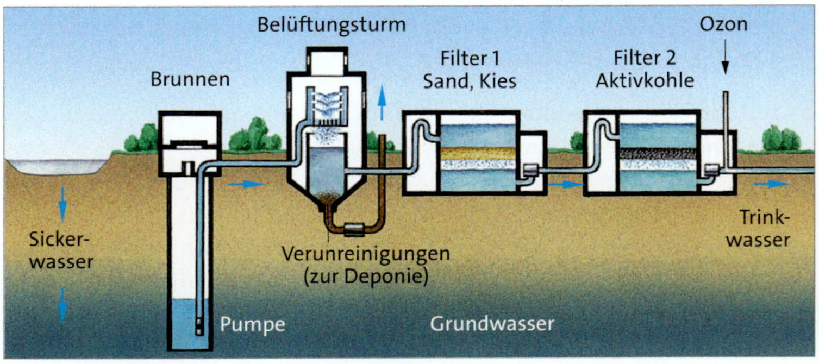

4 *Wasseraufbereitung im Wasserwerk*

5 *Biologische Klärstufe*

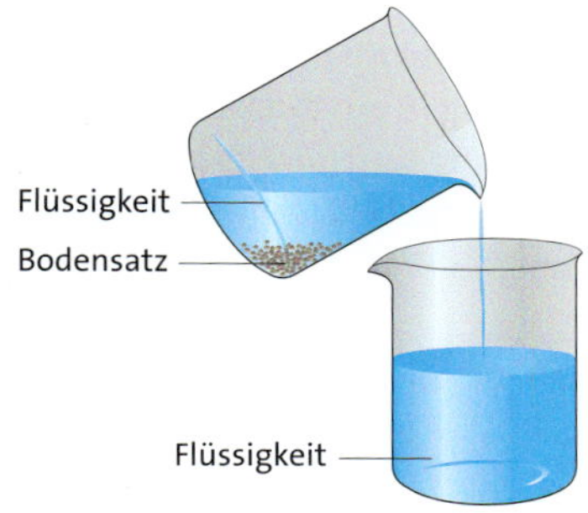

6 *Dekantieren*

Abwasserreinigung

Gebrauchtes Wasser ist schmutzig und kann unsere Umwelt schädigen. Daher müssen unsere Abwässer gereinigt werden, bevor das Wasser wieder in die Natur geleitet werden darf. Das geschieht im Klärwerk. Die Reinigung im Klärwerk hat meist zwei Stufen:

- In der **mechanischen** Klärstufe werden mit einem großen Rechen, der wie eine Harke arbeitet, größere Gegenstände aus dem Abwasser entfernt. Danach leitet man das Wasser in große Becken, wo sich feste Teile im Wasser absetzen und das überstehende Wasser abfließen kann.
- Anschließend setzt die **biologische** Reinigung ein. Hier zerstören kleine Lebewesen (Mikroorganismen) viele Verunreinigungen, die unter anderem aus unserem Körper kommen. Mikroorganismen sind besonders aktiv, wenn viel Sauerstoff im Wasser ist. Darum wird im Belebtbecken Sauerstoff in das Wasser gepumpt. Der Schlamm, der durch die Mikroorganismen entsteht, fällt zu Boden und kann entfernt werden. ↑5

Alte Kläranlagen besitzen noch eine chemische Reinigungsstufe. Früher waren im Abwasser Stoffe enthalten, die nur durch die Zugabe von Chemikalien entfernt werden konnten. In modernen Kläranlagen gelingt dies heute schon allein durch die biologischen Methoden.

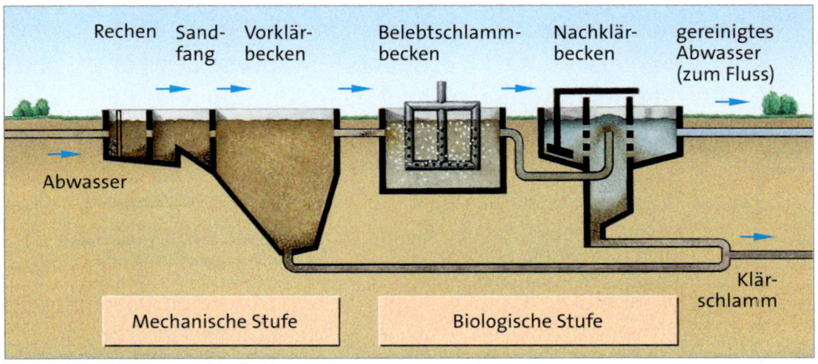

7 *Abwasserreinigung im Klärwerk*

Aufgaben

3 Sind feste Stoffe im Wasser, setzen sich diese langsam am Boden ab. Dann kann man sehr vorsichtig das Wasser über den festen Stoffen abgießen. Das nennt man Dekantieren. ↑6
Mischt alle ein Glas Wasser mit Sand. Wer erhält durch Dekantieren das sauberste Wasser?

4 Ihr erhaltet Wasser, das durch Sand, Eisenspäne, Salz und Tinte verschmutzt ist. Erinnert euch an die verschiedenen Verfahren zur Stofftrennung. Versucht das Wasser zu reinigen.

5 Das Wasser aus dem Klärwerk wird nicht direkt zurück in das Wasserwerk geleitet. Man leitet es in Flüsse und Seen ein und entnimmt es erst später wieder, nach einem langen Umweg über die Natur oder über das Grundwasser. Formuliere Gründe, die dafür und dagegen sprechen, das Wasser aus dem Klärwerk direkt in das Wasserwerk oder erst in die Natur zu leiten.

Die Klasse 8b hat in der vergangenen Woche einen Ausflug in ein Wasserwerk gemacht. Nach einer Führung durch das Werk wurde die Klasse in Gruppen aufgeteilt. Jede Gruppe durfte einen Angestellten des Wasserwerks befragen und dabei mehr über dessen Beruf erfahren. Um ihren Mitschülern die Berufe vorzustellen, haben die Schüler die Interviews in der Schule zu kurzen Berichten zusammengefasst.

Fachkraft für Wasserwirtschaft

Kai Heringer ist Fachkraft für Wasserwirtschaft. Er ist zusammen mit den Ingenieuren dafür verantwortlich, dass die Anlagen zur Wasseraufbereitung immer funktionieren. Manchmal hilft er beim Bauen von neuen Anlagen oder beim Planen von Wasserschutzgebieten. In Wasserschutzgebieten überprüft er die Wasserqualität und kontrolliert, ob die Gewässerschutzbestimmungen eingehalten werden. Als Fachkraft für Wasserwirtschaft verdient Kai heute über 2000 € brutto. Während seiner Ausbildung waren es 700 €.

Fachkraft für Wasserversorgungstechnik

Unser Interviewpartner hieß Fatih Aydin. Als Fachkraft für Wasserversorgungstechnik bedient und überwacht er die Maschinen zur Wasseraufbereitung. Ist eine Leitung brüchig oder muss sie ersetzt werden, ist er mit seinen Kollegen zur Stelle. Handwerkliches Geschick ist hier wichtig. Fatih hat vor seiner Ausbildung eine Gesamtschule besucht und den mittleren Schulabschluss gemacht. Manche seiner Kollegen haben einen Hauptschulabschluss, einige auch Abitur. Alle hatten gute Noten in Chemie, Biologie, Physik und Mathematik.

1 *Pumpstation im Wasserwerk*

Fachkraft für Rohr-, Kanal- und Industrieservice

Eric Hansen ist 17 Jahre alt und im ersten Ausbildungsjahr zur Fachkraft für Rohr-, Kanal- und Industrieservice. Seine Ausbildung wird insgesamt 3 Jahre dauern. Während Eric zurzeit noch 550 € verdient, werden es im 3. Lehrjahr schon ca. 850 € sein. Er und seine Kollegen reinigen, reparieren und warten die Leitungen und die Behälter, in denen sich das Wasser befindet. Sie nutzen dabei z. B. Spezialkameras, mit denen sie die Rohrleitungen kontrollieren. Einmal musste Eric bereits selbst in die Kanalisation hinabsteigen. Dazu musste er sich mit einem Schutzanzug bekleiden. Dort unten, sagt Eric schmunzelnd, entstehen zum Teil sehr intensive Gerüche, an die man sich erst gewöhnen muss.

Wassermeisterin

Gudrun Kerger ist Wassermeisterin im Wasserwerk. Ihr Platz in der Schaltwarte muss rund um die Uhr von ihr oder einem ihrer drei Kollegen besetzt sein. Sie ist dafür verantwortlich, dass nur gutes Trinkwasser in das Versorgungsnetz eingespeist wird. Darum kontrollieren sie und ihre Kollegen ständig die Wassergüte. Im Notfall müssen sie einen Alarm auslösen und das Wasser aus sämtlichen Rohrleitungen pumpen. Dazu reicht ein Mausklick.

3 *Im Wasserwerk wird Wasser zerstäubt, um es mit Sauerstoff anzureichern.*

2 *Die Anlagen in manchen Wasserwerken sind gigantisch groß.*

Industriemechanikerin

Silke Preuß arbeitet im Wasserwerk als Industriemechanikerin. Dort wird sie vor allem in den Betriebswerkstätten eingesetzt. Hauptsächlich sorgt sie mit ihren Kollegen dafür, dass die verschiedenen Maschinen und technischen Anlagen in Ordnung sind. Dabei müssen Bauteile getrennt, umgeformt, verschraubt, geklebt, gelötet oder verschweißt werden. Bei all diesen Tätigkeiten muss sie auch auf Arbeitssicherheit und Hygienevorschriften achten.

Wasser hat besondere Eigenschaften

Wasser ist nicht nur ein besonderer Stoff, weil er für unser Leben so wichtig ist. Wasser hat auch ganz besondere Eigenschaften.

1 *Ein See im Winter: Wieso schwimmt Eis auf dem Wasser?*

Beobachten Untersuchen **Experimentieren**

2 *Wachs und Wasser – noch flüssig*

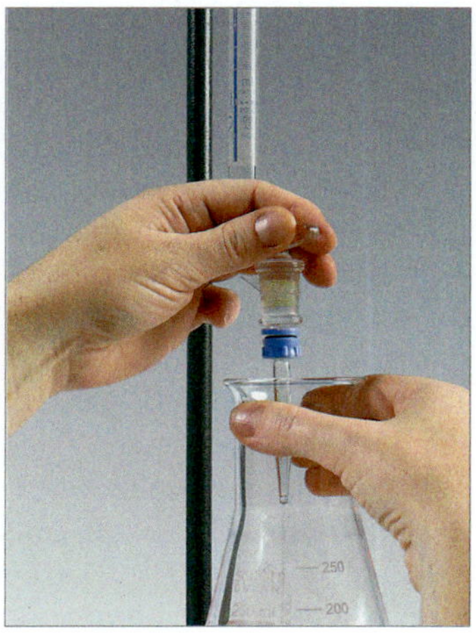

3 *Bürette*

1 Wir lassen Stoffe gefrieren

Fülle einen Teelichthalter (aus Aluminium) randvoll mit flüssigem Wachs. Fülle einen zweiten Teelichthalter randvoll mit flüssigem Wasser. ↑2

Stelle beide in den Gefrierschrank und vergleiche das Ergebnis nach einer Stunde.

2 Eiswürfel bei Raumtemperatur

Stelle Eiswürfel verschiedener Größe her. Gib sie in ein Glas mit Wasser. Skizziere genau, was du im Lauf der Zeit beobachtest.

3 Berge aus Flüssigkeiten?

Fülle ein Glas randvoll mit Wasser. Tropfe so viel Wasser hinzu wie möglich, bevor es überläuft.

Wiederhole den Versuch mit Brennspiritus (GHS02) statt mit Wasser. Vergleiche die beiden Versuche.

4 Kann Metall auf Wasser schwimmen?

Lege vorsichtig eine Büroklammer aus Metall auf eine Wasseroberfläche.

Tipp: Es geht einfacher, wenn man zunächst ein Stückchen Löschpapier auf das Wasser legt und dann die Büroklammer vorsichtig daraufgibt.

5 Unterschiedlich große Tropfen

Spanne eine saubere Bürette vorsichtig in ein Stativ ein. Fülle sie dann mithilfe eines Trichters zur Hälfte mit Wasser. Stelle den Ausflusshahn so ein, dass das Wasser langsam und in einzelnen Tropfen heraustropft. ↑3

Zähle nun die Anzahl der Tropfen pro Volumeneinheit, z. B. pro 1 ml. Fülle anschließend Seifenlösung in die Bürette. Ermittle erneut die Anzahl der Tropfen pro Volumeneinheit. Vergleiche deine Ergebnisse.

Wasser hat außergewöhnliche Eigenschaften

Wasser ist zwischen 0 und 100 °C flüssig. Bei 100 °C verdampft es. Wenn es kälter als 0 °C ist, wird es fest.
Anders als bei anderen Stoffen, z. B. Wachs, ist 1 Liter festes Wasser – also Eis – leichter als 1 Liter flüssiges Wasser. Nur darum kannst du bei Minusgraden Schlittschuh laufen. Denn wäre dies nicht so, würde das Eis untergehen und wir hätten keine Eisdecke auf dem See. ↑1
Flüssiges Wasser hat bei 4 °C die größte Dichte. Kaltes Wasser von 4 °C sinkt in einem See nach unten. Weil das Wasser bei 4 °C aber noch flüssig ist, können Tiere und Pflanzen unter dem Eis den Winter überleben.

Wasser ist ein Stoff mit besonderen Eigenschaften. Es hat bei 4 °C die größte Dichte.

4 *Stehende Gewässer frieren im Winter immer von oben her zu.*

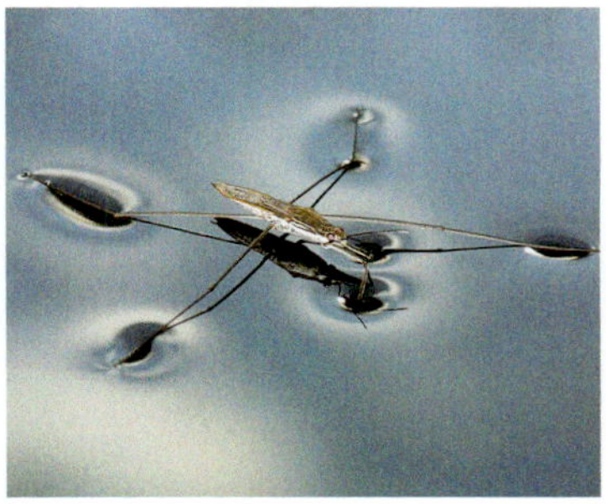

5 *Ein Wasserläufer auf Nahrungssuche*

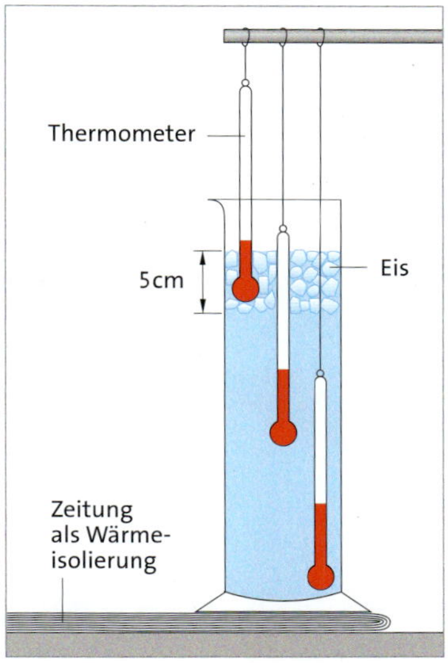

6 *Wo ist das Wasser am kältesten?*

Ergänzung: Die Oberflächenspannung
Wenn man in ein volles Glas Wasser vorsichtig mehr Wasser hineinfüllt, entsteht ein „Wasserberg". Das Wasser hält sozusagen zusammen. ↑7
Naturwissenschaftler sagen, das Wasser hat eine Oberflächenspannung. Erst wenn zu viel Wasser da ist, läuft das Wasser über.
Weil das Wasser zusammenhält, schwimmt auch die Büroklammer aus Exp. 4 auf dem Wasser. Sie wird nicht hindurchgelassen. Auch in der Natur ist die Oberflächenspannung wichtig, z. B. für den Wasserläufer. ↑5
Mit einem Tropfen Spülmittel kann man die Oberflächenspannung des Wassers zerstören. Die Büroklammer geht dann unter.

7 *Wasser kann kleine „Wasserberge" bilden.*

Aufgaben

1 In einem See findest du auch im Sommer Wasserschichten mit verschiedenen Temperaturen: 4 °C, 8 °C, 12 °C, 16 °C, 20 °C. Zeichne den See (ähnlich wie Abb. 1) und markiere, wo welche Temperatur herrscht.

2 Verdampft man 1 g Wasser, erhält man 1,3 l Wasserdampf.
a Wie viel Wasserdampf erhält man aus 1 l Wasser? 1 l Wasser wiegt etwa 1 kg.
b Wie viel flüssiges Wasser lässt sich aus 1 m^3 Wasserdampf gewinnen?

3 Erkläre, warum man im Winter keine Getränkeflaschen im Kofferraum des Autos lassen darf. Entwickle einen Versuch, der das Problem demonstriert.

Ohne Wasser geht gar nichts

1 *Ohne Wasser funktioniert der Körper nicht.*

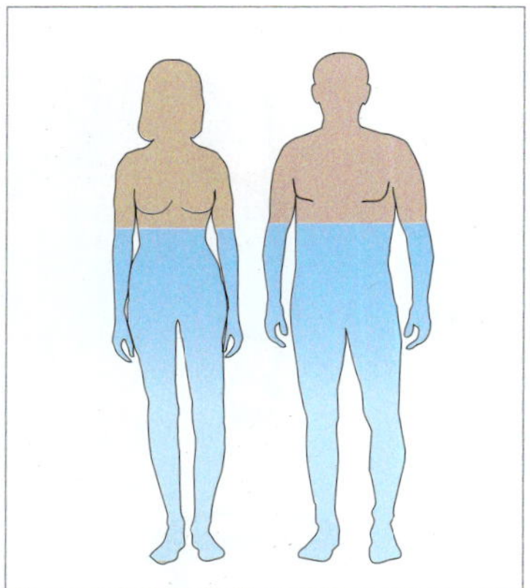

2 *Der Mensch besteht zu zwei von drei Teilen aus Wasser.*

Wasser im menschlichen Körper

Der Körper eines Menschen besteht zu etwa zwei Dritteln aus Wasser. ↑2 Ein erwachsener Mensch sollte täglich mindestens zwei Liter Flüssigkeit zu sich nehmen. Nach drei bis vier Tagen ohne jede Flüssigkeitsaufnahme verdurstet ein Mensch.

An heißen Tagen oder wenn du viel herumgerannt bist, schwitzt du und hast Durst. Wenn du weinst oder der Wind stark weht, laufen dir Tränen aus den Augen. Bei Schnupfen läuft die Nase. Wenn etwas Leckeres zu sehen ist, sagen manche Leute: „Da läuft mir das Wasser im Mund zusammen." Wenn du dich verletzt, läuft Blut aus der Wunde. Zum „Wasserlassen" gehst du mehrmals am Tag auf die Toilette.

Alle Körperflüssigkeiten wie Schweiß, Tränen, Schleim, Speichel, Blut und natürlich der Urin bestehen zu großen Teilen aus Wasser. ↑3

Damit man weinen, schwitzen, Wasser lassen, denken und bluten kann, muss man seinem Körper regelmäßig Flüssigkeit zuführen.

Aufgabe

1 Führe ein Trinkprotokoll, z. B. als Tabelle. Notiere über drei Tage, was und wie viel du trinkst und wie oft du zum Wasserlassen auf die Toilette gehen musst.
Welche Farbe hat dein Urin? Male die Farbe möglichst genau auf oder beschreibe sie.
Trinkst du genug?

Die Farbe des Urins sagt alles

- **hellgelb, fast farblos:** Du trinkst genug. Weiter so!
- **deutlich gelb:** Nicht schlecht, aber vielleicht 2–3 Gläser pro Tag mehr trinken!
- **dunkelgelb, fast orange:** Du trinkst viel zu wenig. Das musst du ändern. Dies gilt vor allem, wenn du manchmal Kopfschmerzen hast oder dich nicht gut konzentrieren kannst.

Blut und Urin

Das Blut verteilt lebenswichtige Nährstoffe im ganzen Körper. Schädliche Giftstoffe werden innerhalb des Körpers abtransportiert.
In den Nieren wird das Blut gereinigt.
Die Abfallprodukte des Körpers werden mit dem Urin ausgeschieden.

Schweiß

Manche Giftstoffe werden über den Schweiß ausgeschieden – das kann man bei einigen Menschen sogar riechen. Schwitzen ist auch für die Körpertemperatur sehr wichtig. Unsere Organe funktionieren bei etwa 37 °C am besten. Steigt die Körpertemperatur an, schwitzen wir stärker. Der Schweiß verdunstet und kühlt dadurch den Körper ab.

Tränen und Schleim

Mit Tränen werden Fremdkörper aus den Augen herausgeschwemmt. Tränenflüssigkeit ist salzig und enthält auch einen Wirkstoff, der Bakterien abtötet, die über die Luft ins Auge gelangen.
Auch die Schleimflüssigkeit z. B. der Atmungsorgane enthält Wirkstoffe, die Bakterien abtöten können. Wenn sich besonders viele Erreger in den Atmungsorganen eingenistet haben, werden sie abgetötet und abtransportiert: Die Nase läuft und man hustet Schleim ab.

Mensch	1,5 bis 2 Liter
Schwein	3 bis 7 Liter
Pferd	5 bis 10 Liter
Rind	10 bis 20 Liter

3 *Menge des täglich ausgeschiedenen Urins*

4 *Lässt man Blut stehen, zeigt sich, wie viel Wasser es enthält.*

Speichel, Magensaft und Bauchspeichel

Ohne Wasser wäre die Verdauung nicht möglich:
- Im Mund hilft der Speichel, die feste Nahrung in einen Brei zu verwandeln.
- Im Magen trägt der Magensaft dazu bei, den Nahrungsbrei weiter zu verdauen.
- Im Dünndarm wird der Nahrungsbrei mit Bauchspeichel so weit verdaut, dass die Nährstoffe vom Blut aufgenommen werden können.
- Im Dickdarm wird dem Nahrungsbrei das Wasser entzogen. Deswegen können wir auch mit fester Nahrung Flüssigkeit aufnehmen.

Wir untersuchen verschiedene Wasserproben

Ist Wasser gleich Wasser? Worin unterscheiden sich verschiedene Wasserarten: Leitungswasser, Mineralwasser, Salzwasser ...? Welche Gemeinsamkeiten gibt es?

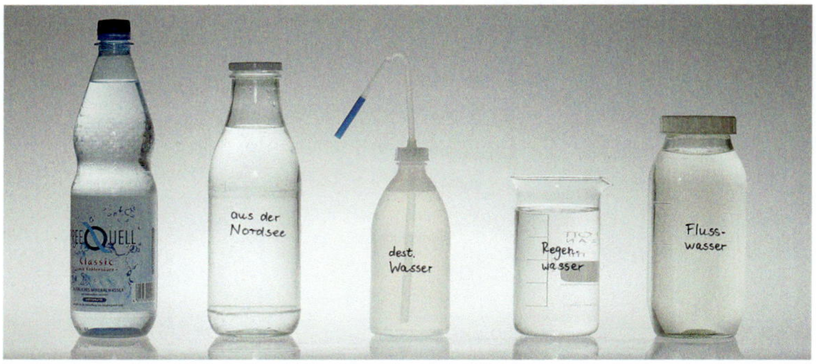

1 *Gibt es unterschiedliche Sorten des Stoffs Wasser?*

Beobachten Untersuchen Experimentieren

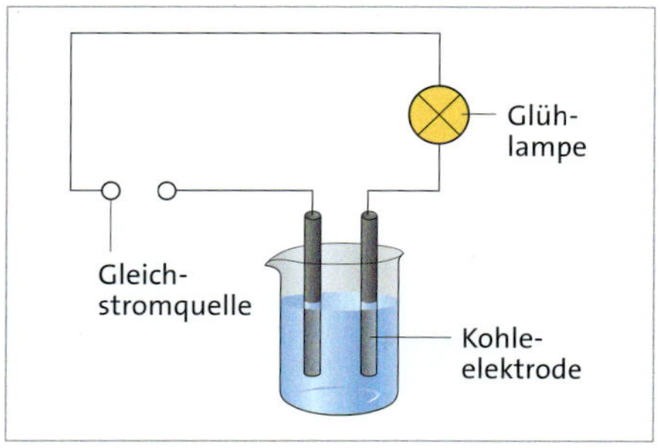

2 *Die Leitfähigkeit messen*

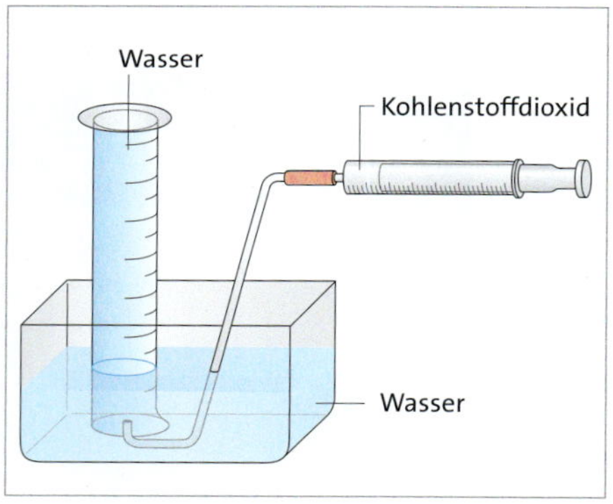

3 *Gase im Wasser nachweisen*

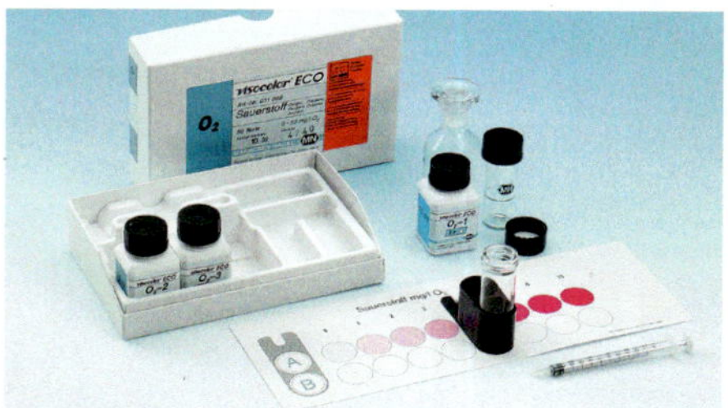

4 *Test zur Sauerstoffbestimmung*

1 Wasser untersuchen

Du erhältst vier verschiedene Proben ohne Beschriftung: Salzwasser, Essigwasser, destilliertes Wasser und Mineralwasser. Führe die folgenden Versuche durch. Finde heraus, welche Probe zu welchem Wasser gehört. Erstelle eine Tabelle.

a Beschreibe das Aussehen und den Geruch.
b Untersuche die Leitfähigkeit. ↑2
c Lass jeweils einen großen Tropfen auf einem Stück Glas oder einer Folie verdunsten.

2 In Wasser lassen sich Gase lösen

Baue den Versuch wie in Abb. 3 auf. Notiere, wie viel Kohlenstoffdioxid sich im Kolbenprober befindet.
Achte darauf, dass der Messzylinder vollständig mit Wasser gefüllt ist. Beobachte die aufsteigenden Gasblasen. Lies das Gasvolumen an der Skala des Messzylinders ab.
Führe den Versuch zum Vergleich auch mit Sauerstoff und Stickstoff durch.

3 Der Sauerstoffgehalt im Wasser

Bestimme mit einem Sauerstoff-Test den Gehalt an gelöstem Sauerstoff in Wasserproben, die zuvor auf verschiedene Temperaturen erhitzt wurden. ↑4
Nutze zur Auswertung auch die Tabelle 5 auf der rechten Seite.

Eigenschaften verschiedener Wasserproben

Salzwasser, Essigwasser, destilliertes Wasser oder Mineralwasser sehen gleich aus. Dennoch kann man sie unterscheiden. Die Unterschiede zwischen verschiedenen Wasserproben liegen an den gelösten Stoffen im Wasser.

Destilliertes Wasser schmeckt fade. Schon geringe Mengen an Salzen machen es schmackhaft wie Leitungswasser oder Mineralwasser. Gibt man mehr Salz hinzu, schmeckt Wasser salzig oder je nach Art des Salzes auch metallisch.

Säuren wie Essig oder Citronensäure lassen in geringen Mengen das Wasser frisch, in größeren Mengen säuerlich schmecken.

Salzlösungen und auch saure Lösungen leiten den elektrischen Strom gut; destilliertes Wasser dagegen nicht.

Beim Verdunsten des Wassers werden die gelösten Feststoffe wieder „sichtbar". Insbesondere das Aussehen und die Menge an gelösten Stoffen gibt Auskunft über die Art des Wassers. Meerwasser beispielsweise enthält viel mehr gelöste Salze als Leitungswasser.

Eigenschaften und Qualität von Wasser hängen von der Art und der Menge der gelösten Stoffe ab.

Ergänzung: Gase im Wasser

Auch Gase können sich in Wasser lösen. Die Löslichkeit unter anderem von Sauerstoff ist lebensnotwendig für Fische und andere Wassertiere. Allerdings hängt die Löslichkeit von der Temperatur ab. Erwärmen wir das Wasser, entweichen die gelösten Gase. Im Sommer kann dies zu Problemen führen: Wird der Sauerstoffgehalt zu gering, sterben die Tiere, die im Wasser leben.

Temperatur °C	Sauerstoff mg/l
5	12,4
10	10,9
15	9,8
20	8,8
25	8,1
30	7,5
35	6,9

5 *Wassertemperatur und Sauerstoffgehalt*

6 *In Mineralwasser ist viel von dem Gas Kohlenstoffdioxid gelöst.*

Interessantes

Tubifex

Tubifex oder „Schlammröhrenwurm" ist ein ganz kleiner rötlicher Wurm, der im Süßwasser lebt. Er baut kleine Röhren, in denen er mit seinem Vorderende steckt. Das hintere Ende bewegt er im Wasser hin und her. Je weniger Sauerstoff im Wasser ist, desto schneller pendelt Tubifex hin und her. Daher kann man Tubifex „wie ein Messgerät" nutzen, um den Sauerstoffgehalt des Wassers festzustellen.

Durch die Pendelbewegungen holt er sauerstoffreiches Wasser in die Nähe seines Körpers. Er nimmt ihn mit seiner gesamten Körperoberfläche auf.

Der Schlammröhrenwurm lebt in großen Kolonien. Im Hamburger Hafen hat man auf einer Fläche so groß wie eine Hand über 90 000 dieser kleinen Würmer gezählt. Tubifex ist in Aquariengeschäften als Fischfutter erhältlich.

7 *Tubifex*

Aufgaben

1 Erläutere, warum in Aquarien ständig Luft eingeleitet werden muss.

2 Erstelle ein Säulendiagramm aus der Tabelle 5 „Wassertemperatur und Sauerstoffgehalt". Eine Anleitung befindet sich auf Seite 157. Verwende hierzu Millimeterpapier.
Schätze aus dem Diagramm ab, wie viel Sauerstoff bei 18 °C in Wasser gelöst ist.

3 Was ist destilliertes Wasser? Beschreibe, auf welche Weise man es selbst herstellen kann.

Wasser – eine (besondere) Verbindung

Ohne Wasser wäre das Leben auf der Erde undenkbar. Deshalb ist die Suche nach Leben im Weltall auch eine Suche nach Wasser. Ist Wasser also ein Grundbaustein des Universums?

Ostdeutsche Allgemeine

Phoenix-Mission 10.08.2008

Wasser auf dem Mars entdeckt

Durchbruch in der Erforschung des Weltalls: In Bodenproben des Planenten Mars ist Wasser enthalten. Dies ergaben Untersuchungen der Marssonde „Phoenix". Wasser gilt als wichtigste Voraussetzung für die Existenz von Lebewesen.

1 *Die Vier-Elemente-Lehre des Altertums*

Wasser – ein alter Stoff

Im Altertum galt Wasser als ein unzerlegbarer Stoff. Es gehörte zu den vier Elementen des Universums: Erde, Feuer, Luft und Wasser. Alles sollte durch Mischung dieser vier Grundelemente entstanden sein. Bereits vor über 2000 Jahren beschrieb Aristoteles (384–322 v. Chr.) diese Idee. Er ordnete jedem dieser vier „Elemente" Eigenschaften zu (feucht, warm, kalt, trocken). Wasser stand für die Eigenschaften „feucht" und „kalt". ↑1

Wasser ist „Wasserstoffoxid"

Vor etwa 250 Jahren führte der französische Chemiker Antoine de Lavoisier neue Versuche mit Wasser durch. Er erhitzte Eisennägel und ließ sie mit Wasser(dampf) reagieren.
Dabei entstanden zwei Produkte: Eisenoxid und ein farbloses Gas. Dieser Stoff aus dem Wasser wurde als Wasserstoff bezeichnet. Seit dieser Zeit wissen wir, dass Wasser keiner der Grundbausteine der anderen Stoffe ist. Wasser ist eine Verbindung aus Wasserstoff und Sauerstoff (Oxygenium). Wasser müsste deshalb eigentlich Wasserstoffoxid heißen.

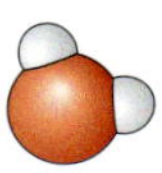

2 *Wassermolekül*

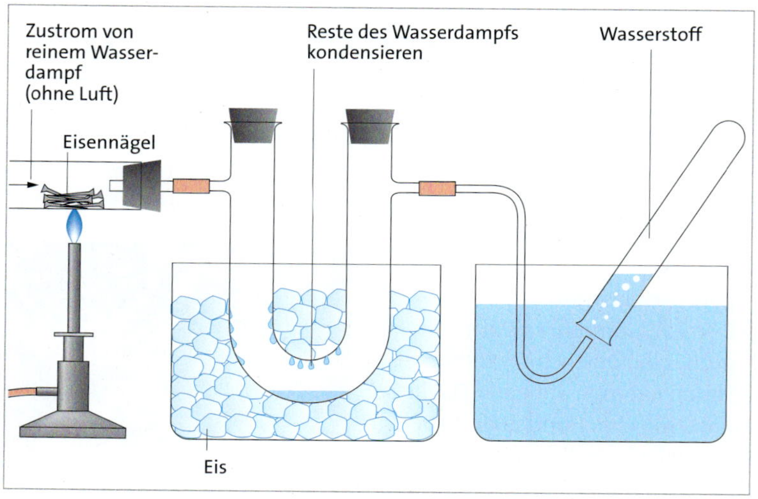

3 *Lavoisier ließ Wasserdampf mit Eisen reagieren.*

Zerlegung und Herstellung von Wasser

Heute kann man Wasser einfacher mit elektrischem Strom in Sauerstoff und Wasserstoff zerlegen. Dazu füllt man Wasser in einen Hofmannschen Zersetzungsapparat und legt eine Spannung an. ↑S. 143, Abb. 3 Am Minuspol entsteht dann Wasserstoff, am Pluspol Sauerstoff. Die Zerlegung eines Stoffs in seine Bestandteile nennt man **Analyse**.

Wasser → Wasserstoff + Sauerstoff
$2\,H_2O \rightarrow 2\,H_2 + O_2$

Der umgekehrte Vorgang heißt **Synthese**. Dazu braucht man ein Gemisch aus Wasserstoff und Sauerstoff. Sobald man ein solches Gemisch zündet, reagiert es explosionsartig. Aus den beiden Gasen ist dann Wasser entstanden. Lässt man die Reaktion in einem geschlossenen Gefäß stattfinden, kann man hinterher eine Flüssigkeit am Gefäßrand sehen: neu entstandenes Wasser.

Wasserstoff + Sauerstoff → Wasser
$2\,H_2 + O_2 \rightarrow 2\,H_2O$

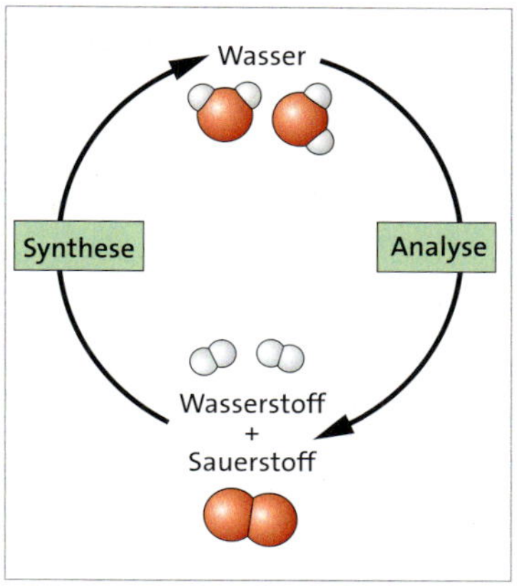

4 *Analyse und Synthese von Wasser bilden einen Kreislauf.*

Die beiden Bausteine des Wassers nachweisen

Sauerstoff fördert die Verbrennung. Du kannst ihn mit der **Glimmspannprobe** nachweisen. Überführe den Sauerstoff in ein Reagenzglas und verschließe es mit dem Daumen. Führe dann einen glimmenden Holzspan in das Reagenzglas ein. Was stellst du fest?

Wasserstoff ist ein brennbares Gas. Du kannst ihn mit der **Knallgasprobe** nachweisen. ↑5
Wenn das Reagenzglas nicht nur Wasserstoff, sondern auch Sauerstoff enthält, gibt es einen kleinen Knall. Wenn das Reagenzglas nur Wasserstoff enthält, verbrennt der Wasserstoff ruhig.

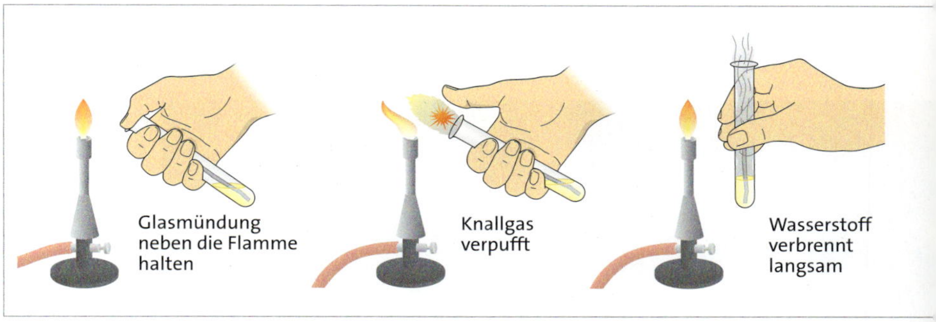

5 *Durchführung der Knallgasprobe*

Aufgaben

1 Recherchiere, welche Sicherheitsvorkehrungen beim Umgang mit Wasserstoff einzuhalten sind. Erstelle dazu ein Poster.

2 Lavoisier ließ Eisenspäne nicht mit Sauerstoff, sondern mit reinem Wasserdampf reagieren. ↑3 Er stellte fest, dass die Späne nach dem Versuch mehr wogen als vorher. Erkläre diese Beobachtung.

3 Analyse und Synthese von Wasser haben auch mit Energie zu tun:
- Bei einem der Vorgänge muss ständig Energie zugeführt werden
- Bei dem anderen Vorgang wird genau diese Energie wieder frei

Erläutere, bei welchem der beiden Vorgänge Energie frei wird.

Apfelschorle – ein Energydrink?

Auf dieser Doppelseite findest du einen Text und dann Aufgaben dazu. Wenn du die Grundlagen über Wasser verstanden hast, solltest du zusammen mit dem Text die Aufgaben lösen können. Überprüfe dich selbst.

Der Sportunterricht war heute richtig anstrengend. Alle haben viel geschwitzt. Nach dem Unterricht trinkt Sonja eine selbst gemachte Apfelschorle. Sebastian trinkt einen Energydrink. Die beiden fangen an zu streiten.
Sebastian behauptet: „Mein Energydrink ist besser. Auf der Flasche steht, dass er isotonisch ist. Außerdem enthält er viel Zucker. Das gibt dem Körper Energie."
Sebastian weiß, was isotonisch bedeutet. Isotonisch meint, dass das Getränk genauso viele Mineralien enthält wie unsere Körperflüssigkeit.

Sonja erwidert: „Der Apfelsaft in meiner Apfelschorle enthält Traubenzucker als Energiespender und auch viele Mineralien. Weil im Apfelsaft auch noch Vitamine enthalten sind, ist meine Apfelschorle sogar besser als dein Energydrink."
„Und warum trinkst du dann nicht gleich Apfelsaft oder ein Fruchtsaftgetränk?", fragt Sebastian.
„Fruchtsaftgetränke enthalten oft weniger Apfelsaft als Apfelsaftschorle", gibt Sonja zurück. „Außerdem mag ich das Sprudelige in der Apfelschorle. Das ist sehr erfrischend. Dein Energydrink ist doch auch sprudelig."

Bei einem genaueren Blick auf das Etikett seiner Flasche stellt Sebastian fest: „Das stimmt, aber für das Erfrischende ist noch etwas vorhanden: Mein Energydrink enthält auch noch Taurin. Taurin putscht auf und hält wach."
Sonja antwortet: „Bist du sicher, ob das auch gut ist? In Deutschland ist die Menge an Taurin begrenzt, die ein Getränk enthalten darf. Getränke dürfen nicht mehr als 300 mg Taurin pro Liter enthalten. Dafür wird es einen Grund geben. Ich weiß zwar nicht, ob Taurin schädlich ist. Ich habe aber auch schon gehört, dass man in Tests viele Energydrinks gefunden hat, die deutlich mehr Taurin enthalten."

1 *Welches Getränk ist eine gute Wahl?*

Getränk	Apfelsaftanteil
Apfelsaft	100 %
Apfelnektar	mind. 50 %
Fruchtsaftgetränk	30 %

Wissen und Anwenden

1 Wie bezeichnet man Getränke, deren Mineraliengehalt genauso groß ist wie der in der menschlichen Körperflüssigkeit.

2 Apfelschorle 1 enthält 2/3 Apfelsaft, Apfelschorle 2 enthält 3/5 Apfelsaft. Berechne: Welche Apfelschorle enthält mehr Apfelsaft?

3 Wie viel Taurin darf in Deutschland in einem 0,2-l-Glas eines Getränks enthalten sein? Gib den Wert in Gramm an.

4 Der Hauptbestandteil aller Getränke ist Wasser. Wasser kommt in drei Aggregatzuständen vor. Nenne die Aggregatzustände und die Übergänge zwischen den Aggregatzuständen.

5 Apfelschorle und Energydrinks sind meistens „sprudelig". Welcher gelöste Stoff verursacht die Bläschen, die wir als „sprudelig" empfinden? In welchem Aggregatzustand liegt dieser Stoff in reiner Form vor?

6 Lässt man Apfelschorle lange genug offen stehen, verdunstet das Wasser und es bilden sich Zuckerkristalle am Boden. Erkläre beide Beobachtungen.

Planen und Untersuchen

7 Wenn man eine Flasche Apfelsaftschorle öffnet, entweicht ein Gas. Benenne das Gas und beschreibe eine Apparatur, mit der man die Menge des Gases bestimmen kann.

8 Beschreibe einen Versuch, mit dem du herausfinden kannst, wie viel Zucker ungefähr in einem Glas Energydrink enthalten ist.

Kommunizieren, Bewerten und Entscheiden

9 Apfelsaft, Apfelnektar und Fruchtsaftgetränke enthalten unterschiedliche Anteile Apfelsaft. Wähle eine geeignete Diagrammform aus und stelle diesen Unterschied in einem Diagramm dar.

10 Ist Apfelschorle gesund? Welche der folgenden Aussagen sind richtig?
a Alles, was gut schmeckt, ist auch gesund.
b Es kommt auf die Art und Menge der gelösten Stoffe an, ob ein Getränk als „gesund" gelten kann.

11 In dem Energydrink befindet sich Taurin. Nimm zu den folgenden Aussagen Stellung und begründe, ob sie deiner Meinung nach sinnvoll sind.
a Die Einnahme von Taurin kann für die Leistung bei bestimmten Sportarten förderlich sein. Deshalb sollte man beim Sport Energydrinks trinken.
b Falls Taurin tatsächlich schädlich sein kann, sollte man ganz darauf verzichten.

12 Welches Getränk würdest du trinken: Apfelschorle oder Energydrink? Formuliere und begründe deine Antwort.

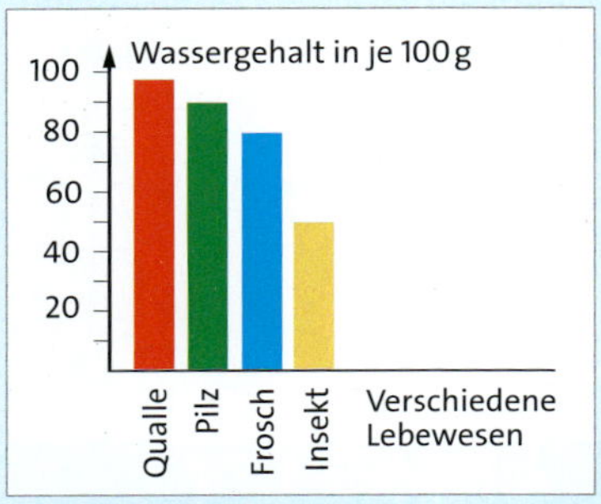

1 *Säulendiagramm: Wassergehalt in je 100 g verschiedener Lebewesen*

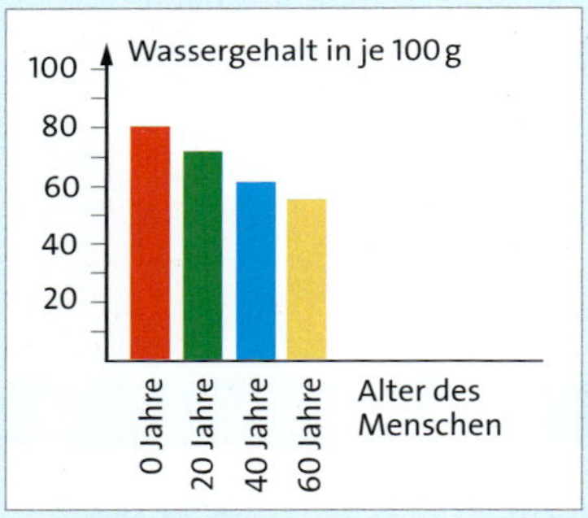

2 *Säulendiagramm: Wassergehalt in je 100 g beim Menschen*

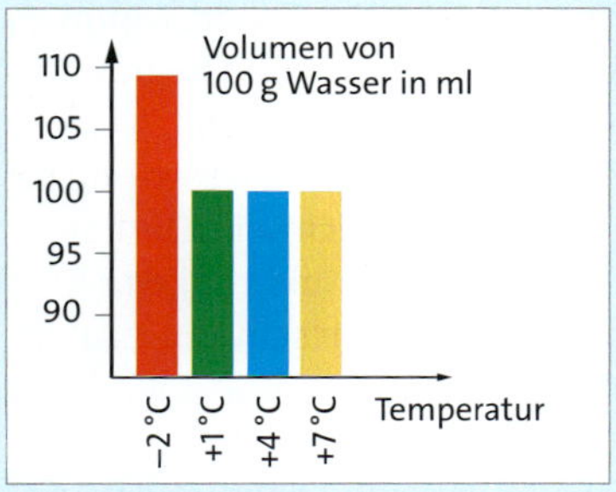

3 *Säulendiagramm: Volumen von 100 g Eis bzw. Wasser je nach Temperatur*

Wasserkreislauf
Ständig verdunsten große Mengen Wasser, vor allem in den Meeren. Der so gebildete Wasserdampf kann Wolken bilden. Flüssiges Wasser fällt dann als Regen wieder zu Boden. Das Regenwasser verdunstet anschließend wieder oder fließt über die Flüsse zurück ins Meer.

Der Wert des Trinkwassers
Die großen Mengen an Wasser auf unserem Planeten sind weit überwiegend Salzwasser. Die Vorräte an Süßwasser sind recht begrenzt. Noch geringer sind die verfügbaren Mengen an wirklich sauberem Trinkwasser – und sauberes Wasser ist in Haushalt, Industrie und Landwirtschaft unersetzlich.

Gewinnung und Reinigung
Bevor Trinkwasser zu den Haushalten geleitet wird, muss es im Wasserwerk in mehreren Schritten gründlich aufbereitet werden. Bevor Abwasser in Flüsse eingeleitet wird, muss es im Klärwerk ebenfalls gründlich gereinigt werden.

Wasser als Lösemittel
Viele Stoffe können sich in Wasser lösen, z. B. Salz, Zucker oder Alkohol. Sogar Gase können sich in Wasser lösen, beispielsweise Sauerstoff oder Kohlenstoffdioxid.
Für alle diese Stoffe ist Wasser ein gutes Lösemittel. Für andere Stoffe wie Gummi oder Öl ist Wasser dagegen kein gutes Lösemittel.

Verschiedene Wasserproben
Der Geschmack und die Qualität einer Wasserprobe hängen davon ab, welche Stoffe im Wasser gelöst sind. In destilliertem Wasser etwa sind überhaupt keine Feststoffe gelöst. In Mineralwasser dagegen sind recht viele Feststoffe und viel Kohlenstoffdioxid gelöst. Die Menge an gelöstem Sauerstoff ist für das Leben in Gewässern wichtig.

Wasser im menschlichen Körper
Auch in unserem Körper ist Wasser vor allem ein Lösemittel. Im Blut z. B. sind Nährstoffe, Sauerstoff und Kohlenstoffdioxid gelöst und werden an die richtige Stelle im Körper transportiert.

Besonderheiten des Wassers
Wasser hat eine größere Oberflächenspannung als viele andere Flüssigkeiten: Eine Portion Wasser hält recht fest zusammen. Daher bildet Wasser auf vielen Oberflächen runde Tropfen, während z. B. Öl stärker zerläuft.
Noch ungewöhnlicher ist, dass Wasser als Feststoff leichter ist als als Flüssigkeit: Im Winter schwimmt das feste Eis auf dem Seewasser. Ohne diese Besonderheit würden Seen im Winter bis zum Grund gefrieren.

1 Wasser ist auf unserer Erde überhaupt nicht wegzudenken.
a Beschreibe den Kreislauf des Wassers auf der Erde.
b Was ist sauberer: Grundwasser oder das Wasser in Flüssen und Seen? Erläutere.

2 Hier geht es um den Wasserverbrauch in deiner Schule.
a Erstelle eine Liste: Wo wird in deiner Schule überall Wasser verbraucht?
b Schätze ab, wie viel Wasser jede Schülerin und jeder Schüler in der Schule pro Tag braucht.
c Erstelle ein Säulendiagramm aus deinen Schätzwerten.
d Erstelle ein Plakat, das über mögliche Sparmaßnahmen für den Wasserverbrauch in der Schule informiert.
e Jeder Deutsche braucht am Tag durchschnittlich 126 Liter Trinkwasser im Haushalt. Erläutere, warum der wirkliche Verbrauch in Deutschland viel höher ist.

3 Fische können im Winter in einem See überleben, auch wenn der See zugefroren ist.
a Erläutere, warum am Grund des Sees noch flüssiges Wasser ist.
b Warum schlägt man im Winter Löcher in das Eis von Seen und legt Ballen mit Strohhalmen hinein?

4 Verschmutztes Wasser muss im Klärwerk gereinigt werden.
a Erläutere die verschiedenen Reinigungsstufen im Klärwerk.
b Wasser wird manchmal durch darauf treibendes Öl verunreinigt. Wie kann man das Öl entfernen? Beschreibe ein mögliches Verfahren.

5 Viele Stoffe lösen sich im Wasser, andere nicht.
a Nenne zwei feste, zwei flüssige und zwei gasförmige Stoffe, die sich im Wasser lösen.
b Mit einem Wassersprudler kann man sich sprudelnde Getränke selbst herstellen. ↑4
Was macht das Gerät? Erläutere.
c In Backpulver finden wir denselben Stoff, aus dem bei Brausetabletten das Kohlenstoffdioxid entsteht. Welche Funktion hat dieser Stoff beim Backen?

4 *Wassersprudler*

Schätze deine Kenntnisse und Fähigkeiten ein!
Ordne dazu deiner Lösung im Heft ein Smiley zu:
☺ Ich konnte die Aufgabe richtig lösen.
😐 Ich konnte die Aufgabe nicht komplett lösen.
☹ Ich konnte die Aufgabe nicht lösen.

→ **Die Lösungen findest du im Anhang.**

Nr.	Ich kann ...
1	den Kreislauf des Wassers zeichnen und erklären.
2	Säulendiagramme zeichnen.
2	Ideen entwickeln, um mit Wasser sparsam umzugehen.
3	die Besonderheiten des Wassers an Beispielen aus dem Alltag erläutern.
4	erklären, wie die Abwasserreinigung im Klärwerk funktioniert.
4	die Gefährdung der Gewässer durch Ölverschmutzung einschätzen.
5	erklären, welche verschiedenen Stoffe in Wasser gelöst sein können.

Einstufung von Gefahrstoffen nach der GHS-Verordnung

Mit dem neuen GHS (*Globally Harmonised System of Classification and Labelling of Chemicals*) werden die Kriterien für die Einstufung der Gefahrstoffe neu festgelegt und mit international einheitlichen Piktogrammen versehen. Neu ist auch die Verwendung der Signalworte **„Gefahr"** und **„Achtung"** für das Ausmaß der Gefahr: „Gefahr" bei hoher Gefährdung oder „Achtung" bei geringerer Gefährdung.

Gefahrenpiktogramm und Piktogrammcode	Mit dem Gefahrenpiktogramm gekennzeichnete Stoffe und Gemische	Signalwort	Kennzeichnung nach bisheriger Gefahrstoffverordnung	
			Gefahrensymbol	Gefahrenhinweise
GHS01	explosive und sehr gefährliche selbstzersetzliche Stoffe und Gemische sowie sehr gefährliche organische Peroxide	Gefahr oder Achtung	E	R2, R3
GHS02	entzündbare, selbsterhitzungsfähige und gefährliche selbstzersetzliche Stoffe und Gemische, pyrophore Stoffe sowie Stoffe und Gemische, die bei Berührung mit Wasser entzündbare Gase entwickeln	Gefahr oder Achtung	F+ oder F oder –	R12, R11 oder R10; R17; R15
GHS02	gefährliche organische Peroxide	Gefahr oder Achtung	O	R7
GHS03	Stoffe und Gemische mit oxidierender Wirkung	Gefahr oder Achtung	O	R8, R9
GHS04	Gase unter Druck	Achtung	–	
GHS05	Stoffe und Gemische, die korrosiv auf Metalle wirken	Achtung	–	
GHS05	Stoffe und Gemische, die schwere Verätzungen der Haut und/oder schwere Augenschäden verursachen	Gefahr	C oder Xi	R34, R35, R41
GHS06	lebensgefährliche und giftige Stoffe und Gemische	Gefahr	T+ oder T	R26, R27, R28 oder R23, R24, R25
GHS07	gesundheitsschädliche Stoffe und Gemische	Achtung	Xn	R20, R21, R22
GHS07	Stoffe und Gemische, die Haut- und/oder Augenreizungen verursachen und/oder allergische Hautreaktionen, Reizungen der Atemwege und/oder Schläfrigkeit und Benommenheit verursachen können	Achtung	Xi	R36, R37, R38; R43; R67
GHS08	Stoffe und Gemische, die bei Verschlucken und Eindringen in die Atemwege tödlich sein können und/oder eine Gefahr für die Gesundheit darstellen. Diese Stoffe und Gemische schädigen bestimmte Organe und/oder können Krebs erzeugen, die Fruchtbarkeit beeinträchtigen, das Kind im Mutterleib schädigen und/oder genetische Defekte und/oder beim Einatmen Allergien, asthmaartige Symptome oder Atembeschwerden verursachen.	Gefahr oder Achtung	T+ Xn T oder	R45, R49, R40; R60, R62; R61, R63; R46; R39/...; R68/...; R48/...; R42; R33; R65
GHS09	Stoffe und Gemische, die sehr giftig oder giftig für Wasserorganismen sind	Achtung oder –	N	R50, R50/53 R51/53

Gefahrenhinweise, ergänzende Gefahrenmerkmale und ergänzende Kennzeichnungselemente

Gefahrenhinweise (H-Sätze)

Gefahrenhinweise für physikalische Gefahren

H200 Instabil, explosiv

H201 Explosiv, Gefahr der Massenexplosion.

H202 Explosiv; große Gefahr durch Splitter, Spreng- und Wurfstücke.

H203 Explosiv; Gefahr durch Feuer, Luftdruck oder Splitter, Spreng- und Wurfstücke.

H204 Gefahr durch Feuer oder Splitter, Spreng- und Wurfstücke.

H205 Gefahr der Massenexplosion bei Feuer.

H220 Extrem entzündbares Gas.

H221 Entzündbares Gas.

H222 Extrem entzündbares Aerosol.

H223 Entzündbares Aerosol.

H224 Flüssigkeit und Dampf extrem entzündbar.

H225 Flüssigkeit und Dampf leicht entzündbar.

H226 Flüssigkeit und Dampf entzündbar.

H228 Entzündbarer Feststoff.

H240 Erwärmung kann Explosion verursachen.

H241 Erwärmung kann Brand oder Explosion verursachen.

H242 Erwärmung kann Brand verursachen.

H250 Entzündet sich in Berührung mit Luft von selbst.

H251 Selbsterhitzungsfähig; kann in Brand geraten.

H252 In großen Mengen selbsterhitzungsfähig; kann in Brand geraten.

H260 In Berührung mit Wasser entstehen entzündbare Gase, die sich spontan entzünden können.

H261 In Berührung mit Wasser entstehen entzündbare Gase.

H270 Kann Brand verursachen oder verstärken; Oxidationsmittel.

H271 Kann Brand oder Explosion verursachen; starkes Oxidationsmittel.

H272 Kann Brand verstärken; Oxidationsmittel.

H280 Enthält Gas unter Druck; kann bei Erwärmung explodieren.

H281 Enthält tiefkaltes Gas; kann Kälteverbrennungen oder -verletzungen verursachen.

H290 Kann gegenüber Metallen korrosiv sein.

Gefahrenhinweise für Gesundheitsgefahren

H300 Lebensgefahr bei Verschlucken.

H301 Giftig bei Verschlucken.

H302 Gesundheitsschädlich bei Verschlucken.

H304 Kann bei Verschlucken und Eindringen in die Atemwege tödlich sein.

H310 Lebensgefahr bei Hautkontakt.

H311 Giftig bei Hautkontakt.

H312 Gesundheitsschädlich bei Hautkontakt.

H314 Verursacht schwere Verätzungen der Haut und schwere Augenschäden.

H315 Verursacht Hautreizungen.

H317 Kann allergische Hautreaktionen verursachen.

H318 Verursacht schwere Augenschäden.

H319 Verursacht schwere Augenreizung.

H330 Lebensgefahr bei Einatmen.

H331 Giftig bei Einatmen.

H332 Gesundheitsschädlich bei Einatmen.

H334 Kann bei Einatmen Allergie, asthmaartige Symptome oder Atembeschwerden verursachen.

H335 Kann die Atemwege reizen.

H336 Kann Schläfrigkeit und Benommenheit verursachen.

H340 Kann genetische Defekte verursachen *<Expositionsweg angeben, sofern schlüssig belegt ist, dass diese Gefahr bei keinem anderen Expositionsweg besteht>*.

H341 Kann vermutlich genetische Defekte verursachen *<Expositionsweg angeben, sofern schlüssig belegt ist, dass diese Gefahr bei keinem anderen Expositionsweg besteht>*.

H350 Kann Krebs erzeugen *<Expositionsweg angeben, sofern schlüssig belegt ist, dass diese Gefahr bei keinem anderen Expositionsweg besteht>*.

H350i Kann beim Einatmen Krebs erzeugen.

H351 Kann vermutlich Krebs erzeugen *<Expositionsweg angeben, sofern schlüssig belegt ist, dass diese Gefahr bei keinem anderen Expositionsweg besteht>*.

H360 Kann die Fruchtbarkeit beeinträchtigen oder das Kind im Mutterleib schädigen *<konkrete Wirkung angeben, sofern bekannt> <Expositionsweg angeben, sofern schlüssig belegt ist, dass die Gefahr bei keinem anderen Expositionsweg besteht>*.

H360F Kann die Fruchtbarkeit beeinträchtigen.

H360D Kann das Kind im Mutterleib schädigen.

H360FD Kann die Fruchtbarkeit beeinträchtigen. Kann das Kind im Mutterleib schädigen.

H360Fd Kann die Fruchtbarkeit beeinträchtigen. Kann vermutlich das Kind im Mutterleib schädigen.

H360Df Kann das Kind im Mutterleib schädigen. Kann vermutlich die Fruchtbarkeit beeinträchtigen.

H361 Kann vermutlich die Fruchtbarkeit beeinträchtigen oder das Kind im Mutterleib schädigen *<konkrete Wirkung angeben, sofern bekannt> <Expositionsweg angeben, sofern schlüssig belegt ist, dass die Gefahr bei keinem anderen Expositionsweg besteht>*.

H361f Kann vermutlich die Fruchtbarkeit beeinträchtigen.

H361d Kann vermutlich das Kind im Mutterleib schädigen.

H361fd Kann vermutlich die Fruchtbarkeit beeinträchtigen. Kann vermutlich das Kind im Mutterleib schädigen.

H362 Kann Säuglinge über die Muttermilch schädigen.

H370 Schädigt die Organe *<oder alle betroffenen Organe nennen, sofern bekannt> <Expositionsweg angeben, sofern schlüssig belegt ist, dass diese Gefahr bei keinem anderen Expositionsweg besteht>*.

H371 Kann die Organe schädigen *<oder alle betroffenen Organe nennen, sofern bekannt> <Expositionsweg angeben, sofern schlüssig belegt ist, dass diese Gefahr bei keinem anderen Expositionsweg besteht>*.

H372 Schädigt die Organe *<alle betroffenen Organe nennen>* bei längerer oder wiederholter Exposition *<Expositionsweg angeben, wenn schlüssig belegt ist, dass diese Gefahr bei keinem anderen Expositionsweg besteht>*.

H373 Kann die Organe schädigen *<alle betroffenen Organe nennen, sofern bekannt>* bei längerer oder wiederholter Exposition *<Expositionsweg angeben, wenn schlüssig belegt ist, dass diese Gefahr bei keinem anderen Expositionsweg besteht>*.

Gefahrenhinweise für Umweltgefahren

H400 Sehr giftig für Wasserorganismen.

H410 Sehr giftig für Wasserorganismen mit langfristiger Wirkung.

H411 Giftig für Wasserorganismen, mit langfristiger Wirkung.

H412 Schädlich für Wasserorganismen, mit langfristiger Wirkung.

H413 Kann für Wasserorganismen schädlich sein, mit langfristiger Wirkung.

Ergänzende Gefahrenmerkmale

Physikalische Eigenschaften

EUH001 In trockenem Zustand explosionsgefährlich.

EUH006 Mit und ohne Luft explosionsfähig.

EUH014 Reagiert heftig mit Wasser.

EUH018 Kann bei Verwendung explosionsfähige/entzündbare Dampf/Luft-Gemische bilden.

EUH019 Kann explosionsfähige Peroxide bilden.

EUH044 Explosionsgefahr bei Erhitzen unter Einschluss.

Gesundheitsgefährliche Eigenschaften

EUH029 Entwickelt bei Berührung mit Wasser giftige Gase.

EUH031 Entwickelt bei Berührung mit Säure giftige Gase.

EUH032 Entwickelt bei Berührung mit Säure sehr giftige Gase.

EUH066 Wiederholter Kontakt kann zu spröder oder rissiger Haut führen.

EUH070 Giftig bei Berührung mit den Augen.

EUH071 Wirkt ätzend auf die Atemwege.

Umweltgefährliche Eigenschaften

EUH059 Die Ozonschicht schädigend.

Ergänzende Kennzeichnungselemente/Informationen über bestimmte Stoffe und Gemische

EUH201 Enthält Blei. Nicht für den Anstrich von Gegenständen verwenden, die von Kindern gekaut oder gelutscht werden könnten.

EUH201A Achtung! Enthält Blei.

EUH202 Cyanacrylat. Gefahr. Klebt innerhalb von Sekunden Haut und Augenlider zusammen. Darf nicht in die Hände von Kindern gelangen.

EUH203 Enthält Chrom (VI). Kann allergische Reaktionen hervorrufen.

EUH204 Enthält Isocyanate. Kann allergische Reaktionen hervorrufen.

EUH205 Enthält epoxidhaltige Verbindungen. Kann allergische Reaktionen hervorrufen.

EUH206 Achtung! Nicht zusammen mit anderen Produkten verwenden, da gefährliche Gase (Chlor) freigesetzt werden können.

EUH207 Achtung! Enthält Cadmium. Bei der Verwendung entstehen gefährliche Dämpfe. Hinweise des Herstellers beachten. Sicherheitsanweisungen einhalten.

EUH208	Enthält <*Name des sensibilisierenden Stoffes*>. Kann allergische Reaktionen hervorrufen.
EUH209	Kann bei Verwendung leicht entzündbar werden.
EUH209A	Kann bei Verwendung entzündbar werden.
EUH210	Sicherheitsdatenblatt auf Anfrage erhältlich.
EUH401	Zur Vermeidung von Risiken für Mensch und Umwelt die Gebrauchsanleitung einhalten.

Sicherheitshinweise (P-Sätze)

Sicherheitshinweise – Allgemeines

P101	Ist ärztlicher Rat erforderlich, Verpackung oder Kennzeichnungsetikett bereithalten.
P102	Darf nicht in die Hände von Kindern gelangen.
P103	Vor Gebrauch Kennzeichnungsetikett lesen.

Sicherheitshinweise – Prävention

P201	Vor Gebrauch besondere Anweisungen einholen.
P202	Vor Gebrauch alle Sicherheitshinweise lesen und verstehen.
P210	Von Hitze/Funken/offener Flamme/heißen Oberflächen fernhalten. Nicht rauchen.
P211	Nicht gegen offene Flamme oder andere Zündquelle sprühen.
P220	Von Kleidung/.../brennbaren Materialien fernhalten/entfernt aufbewahren.
P221	Mischen mit brennbaren Stoffen/... unbedingt verhindern.
P222	Kontakt mit Luft nicht zulassen.
P223	Kontakt mit Wasser wegen heftiger Reaktion und möglichem Aufflammen unbedingt verhindern.
P230	Feucht halten mit ...
P231	Unter inertem Gas handhaben.
P232	Vor Feuchtigkeit schützen.
P233	Behälter dicht verschlossen halten.
P234	Nur im Originalbehälter aufbewahren.
P235	Kühl halten.
P240	Behälter und zu befüllende Anlage erden.
P241	Explosionsgeschützte elektrische Betriebsmittel/Lüftungsanlagen/Beleuchtung/... verwenden.
P242	Nur funkenfreies Werkzeug verwenden.
P243	Maßnahmen gegen elektrostatische Aufladungen treffen.
P244	Druckminderer frei von Fett und Öl halten.
P250	Nicht schleifen/stoßen/.../reiben.
P251	Behälter steht unter Druck: Nicht durchstechen oder verbrennen, auch nicht nach der Verwendung.
P260	Staub/Rauch/Gas/Nebel/Dampf/Aerosol nicht einatmen.
P261	Einatmen von Staub/Rauch/Gas/Nebel/Dampf/Aerosol vermeiden.
P262	Nicht in die Augen, auf die Haut oder auf die Kleidung gelangen lassen.
P263	Kontakt während der Schwangerschaft und der Stillzeit vermeiden.
P264	Nach Gebrauch ... gründlich waschen.
P270	Bei Gebrauch nicht essen, trinken oder rauchen.
P271	Nur im Freien oder in gut belüfteten Räumen verwenden.
P272	Kontaminierte Arbeitskleidung nicht außerhalb des Arbeitsplatzes tragen.
P273	Freisetzung in die Umwelt vermeiden.
P280	Schutzhandschuhe/Schutzkleidung/Augenschutz/Gesichtsschutz tragen.
P281	Vorgeschriebene persönliche Schutzausrüstung verwenden.
P282	Schutzhandschuhe/Gesichtsschild/Augenschutz mit Kälteisolierung tragen.
P283	Schwer entflammbare/flammhemmende Kleidung tragen.
P284	Atemschutz tragen.
P285	Bei unzureichender Belüftung Atemschutz tragen.
P231 + P232	Unter inertem Gas handhaben. Vor Feuchtigkeit schützen.
P235 + P410	Kühl halten. Vor Sonnenbestrahlung schützen.

Sicherheitshinweise – Reaktion

P301	BEI VERSCHLUCKEN:
P302	BEI BERÜHRUNG MIT DER HAUT:
P303	BEI BERÜHRUNG MIT DER HAUT (oder dem Haar):
P304	BEI EINATMEN:
P305	BEI KONTAKT MIT DEN AUGEN:
P306	BEI KONTAMINIERTER KLEIDUNG:
P307	BEI Exposition:
P308	BEI Exposition oder falls betroffen:
P309	BEI Exposition oder Unwohlsein:
P310	Sofort GIFTINFORMATIONSZENTRUM oder Arzt anrufen.
P311	GIFTINFORMATIONSZENTRUM oder Arzt anrufen.
P312	Bei Unwohlsein GIFTINFORMATIONSZENTRUM oder Arzt anrufen.
P313	Ärztlichen Rat einholen/ärztliche Hilfe hinzuziehen.
P314	Bei Unwohlsein ärztlichen Rat einholen/ärztliche Hilfe hinzuziehen.
P315	Sofort ärztlichen Rat einholen/ärztliche Hilfe hinzuziehen.
P320	Besondere Behandlung dringend erforderlich (siehe ... auf diesem Kennzeichnungsetikett).
P321	Besondere Behandlung (siehe ... auf diesem Kennzeichnungsetikett).
P322	Gezielte Maßnahmen (siehe ... auf diesem Kennzeichnungsetikett).
P330	Mund ausspülen.
P331	KEIN Erbrechen herbeiführen.
P332	Bei Hautreizung:
P333	Bei Hautreizung oder -ausschlag:
P334	In kaltes Wasser tauchen/nassen Verband anlegen.
P335	Lose Partikel von der Haut abbürsten.
P336	Vereiste Bereiche mit lauwarmem Wasser auftauen. Betroffenen Bereich nicht reiben.
P337	Bei anhaltender Augenreizung:
P338	Eventuell Vorhandene Kontaktlinsen nach Möglichkeit entfernen. Weiter ausspülen.
P340	Die betroffene Person an die frische Luft bringen und in einer Position ruhig stellen, die das Atmen erleichtert.
P341	Bei Atembeschwerden an die frische Luft bringen und in einer Position ruhig stellen, die das Atmen erleichtert.
P342	Bei Symptomen der Atemwege:
P350	Behutsam mit viel Wasser und Seife waschen.
P351	Einige Minuten lang behutsam mit Wasser ausspülen.
P352	Mit viel Wasser und Seife waschen.
P353	Haut mit Wasser abwaschen/duschen.
P360	Kontaminierte Kleidung und Haut sofort mit viel Wasser abwaschen und danach Kleidung ausziehen.
P361	Alle kontaminierten Kleidungsstücke sofort ausziehen.
P362	Kontaminierte Kleidung ausziehen und vor erneutem Tragen waschen.
P363	Kontaminierte Kleidung vor erneutem Tragen waschen.
P370	Bei Brand:
P371	Bei Großbrand und großen Mengen:
P372	Explosionsgefahr bei Brand.
P373	KEINE Brandbekämpfung, wenn das Feuer explosive Stoffe/Gemische/Erzeugnisse erreicht.
P374	Brandbekämpfung mit üblichen Vorsichtsmaßnahmen aus angemessener Entfernung.
P375	Wegen Explosionsgefahr Brand aus der Entfernung bekämpfen.
P376	Undichtigkeit beseitigen, wenn gefahrlos möglich.
P377	Brand von ausströmendem Gas: Nicht löschen, bis Undichtigkeit gefahrlos beseitigt werden kann.
P378	... zum Löschen verwenden.
P380	Umgebung räumen.
P381	Alle Zündquellen entfernen, wenn gefahrlos möglich.
P390	Verschüttete Mengen aufnehmen, um Materialschäden zu vermeiden.
P391	Verschüttete Mengen aufnehmen.
P301 + P310	BEI VERSCHLUCKEN: Sofort GIFTINFORMATIONSZENTRUM oder Arzt anrufen.
P301 + P312	BEI VERSCHLUCKEN: Bei Unwohlsein GIFTINFORMATIONSZENTRUM oder Arzt anrufen.
P301 + P330 + P331	BEI VERSCHLUCKEN: Mund ausspülen. KEIN Erbrechen herbeiführen.
P302 + P334	BEI KONTAKT MIT DER HAUT: In kaltes Wasser tauchen/nassen Verband anlegen.
P302 + P350	BEI KONTAKT MIT DER HAUT: Behutsam mit viel Wasser und Seife waschen.
P302 + P352	BEI KONTAKT MIT DER HAUT: Mit viel Wasser und Seife waschen.
P303 + P361 + P353	BEI KONTAKT MIT DER HAUT (oder dem Haar): Alle kontaminierten Kleidungsstücke sofort ausziehen. Haut mit Wasser abwaschen/duschen.
P304 + P340	BEI EINATMEN: An die frische Luft bringen und in einer Position ruhig stellen, die das Atmen erleichtert.
P304 + P341	BEI EINATMEN: Bei Atembeschwerden an die frische Luft bringen und in einer Position ruhig stellen, die das Atmen erleichtert.
P305 + P351 + P338	BEI KONTAKT MIT DEN AUGEN: Einige Minuten lang behutsam mit Wasser spülen. Vorhandene Kontaktlinsen nach Möglichkeit entfernen. Weiter spülen.
P306 + P360	BEI KONTAKT MIT DER KLEIDUNG: Kontaminierte Kleidung und Haut sofort mit viel Wasser abwaschen und danach Kleidung ausziehen.
P307 + P311	BEI Exposition: GIFTINFORMATIONSZENTRUM oder Arzt anrufen.

P308 + P313 BEI Exposition oder falls betroffen: Ärztlichen Rat einholen/ärztliche Hilfe hinzuziehen.
P309 + P311 BEI Exposition oder Unwohlsein: GIFTINFORMATIONSZENTRUM oder Arzt anrufen.
P332 + P313 Bei Hautreizung: Ärztlichen Rat einholen/ärztliche Hilfe hinzuziehen.
P333 + P313 Bei Hautreizung oder -ausschlag: Ärztlichen Rat einholen/ärztliche Hilfe hinzuziehen.
P335 + P334 Lose Partikel von der Haut abbürsten. In kaltes Wasser tauchen/nassen Verband anlegen.
P337 + P313 Bei anhaltender Augenreizung: Ärztlichen Rat einholen/ärztliche Hilfe hinzuziehen.
P342 + P311 Bei Symptomen der Atemwege: GIFTINFORMATIONSZENTRUM oder Arzt anrufen.
P370 + P376 Bei Brand: Undichtigkeit beseitigen, wenn gefahrlos möglich.
P370 + P378 Bei Brand: ... zum Löschen verwenden.
P370 + P380 Bei Brand: Umgebung räumen.
P370 + P380 + P375 Bei Brand: Umgebung räumen. Wegen Explosionsgefahr Brand aus der Entfernung bekämpfen.
P371 + P380 + P375 Bei Großbrand und großen Mengen: Umgebung räumen. Wegen Explosionsgefahr Brand aus der Entfernung bekämpfen.

Sicherheitshinweise – Aufbewahrung

P401 ... aufbewahren.
P402 An einem trockenen Ort aufbewahren.
P403 An einem gut belüfteten Ort aufbewahren.
P404 In einem geschlossenen Behälter aufbewahren.
P405 Unter Verschluss aufbewahren.
P406 In korrosionsbeständigem/... Behälter mit korrosionsbeständiger Auskleidung aufbewahren.
P407 Luftspalt zwischen Stapeln/Paletten lassen.
P410 Vor Sonnenbestrahlung schützen.
P411 Bei Temperaturen von nicht mehr als ... °C aufbewahren.
P412 Nicht Temperaturen von mehr als 50 °C aussetzen.
P413 Schüttgut in Mengen von mehr als ... kg bei Temperaturen von nicht mehr als ... °C aufbewahren.
P420 Von anderen Materialien entfernt aufbewahren.
P422 Inhalt in/unter ... aufbewahren.
P402 + P404 In einem geschlossenen Behälter an einem trockenen Ort aufbewahren.
P403 + P233 Behälter dicht verschlossen an einem gut belüfteten Ort aufbewahren.
P403 + P235 Kühl an einem gut belüfteten Ort aufbewahren.
P410 + P403 Vor Sonnenbestrahlung geschützt an einem gut belüfteten Ort aufbewahren.
P410 + P412 Vor Sonnenbestrahlung schützen und nicht Temperaturen von mehr als 50 °C aussetzen.
P411 + P235 Kühl und bei Temperaturen von nicht mehr als ... °C aufbewahren.

Sicherheitshinweise – Entsorgung

P501 Inhalt/Behälter ... zuführen.

Entsorgungsratschläge (E-Sätze)

E 1 Verdünnen, in den Ausguss geben (WGK 0 bzw. 1)
E 2 Neutralisieren, in den Ausguss geben
E 3 In den Hausmüll geben, gegebenenfalls im Polyethylenbeutel (Stäube)
E 4 Als Sulfid fällen
E 5 Mit Calcium-Ionen fällen, dann E 1 oder E 3
E 6 Nicht in den Hausmüll geben
E 7 Im Abzug entsorgen
E 8 Der Sondermüllbeseitigung zuführen (Adresse zu erfragen bei der Kreis- oder Stadtverwaltung), Abfallschlüssel beachten
E 9 Unter größter Vorsicht in kleinsten Portionen reagieren lassen (z. B. offen im Freien verbrennen)
E 10 In gekennzeichneten Behältern sammeln:
1. „Organische Abfälle – halogenhaltig"
2. „Organische Abfälle – halogenfrei"
dann E 8
E 11 Als Hydroxid fällen (pH = 8), den Niederschlag zu E 8
E 12 Nicht in die Kanalisation gelangen lassen
E 13 Aus der Lösung mit unedlem Metall (z. B. Eisen) als Metall abscheiden (E 14, E 3)
E 14 Recycling-geeignet (Redestillation oder einem Recyclingunternehmen zuführen)
E 15 Mit Wasser vorsichtig umsetzen, frei werdende Gase absorbieren oder ins Freie ableiten
E 16 Entsprechend den speziellen Ratschlägen für die Beseitigungsgruppen beseitigen

Entsorgung von Chemikalienabfällen

Nach dem Experimentieren werden die Reste in die dafür vorgesehenen Sammelbehälter gegeben:

nicht gefährliche und wasserlösliche Chemikalien	nicht gefährliche und feste Chemikalien	Säuren und Laugen	giftige anorganische Chemikalien	halogenfreie organische Chemikalien	halogenhaltige organische Chemikalien
z. B. Natriumchlorid, Natriumcarbonat, Wasserstoffperoxidlösung	z. B. Eisen, Indikatorpapier	z. B. Salzsäure, Natronlauge	z. B. Kupfersulfat	z. B. Petroleumbenzin, Methanol	z. B. Trichlormethan

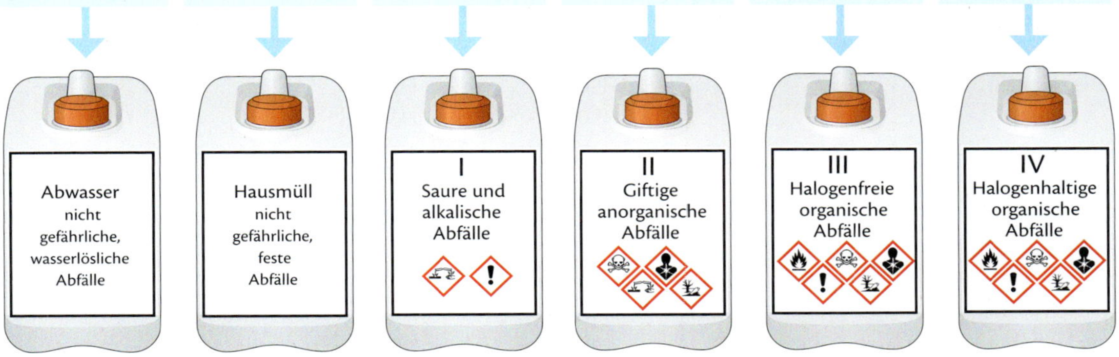

Die weitere Behandlung und Entsorgung bzw. Übergabe der Abfälle zur Sondermüllentsorgung erfolgt durch die Lehrerin bzw. den Lehrer.

Liste der verwendeten Gefahrstoffe

Gefahrstoff	Signalwort	Piktogrammcode	H-Sätze und EUH-Sätze	E-Sätze
Aceton (Nagellackentferner)	Gefahr	GHS02 GHS07	H225 H319 H336 EUH066	1-10-14
Aluminium (als Pulver)	Gefahr	GHS02	H261 H228	6-9
Bariumnitrat	Gefahr	GHS03 GHS07	H272 H302 H332	16
Ethanol (Alkohol, Spiritus)	Gefahr	GHS02	H225	1-10
Iod	Achtung	GHS07 GHS09	H332 H312 H400	1-16
Kaliumchlorat	Gefahr	GHS03 GHS07 GHS09	H271 H302 H332 H411	16
Kaliumnitrat	Achtung	GHS03	H272	1
Kaliumpermanganat	Gefahr	GHS03 GHS07 GHS09	H272 H302 H410	1-6
Kupfer(II)-oxid	Achtung	GHS07 GHS09	H302 H410	8-16
Kupfersulfat	Achtung	GHS07 GHS09	H302 H319 H315 H410	11
Magnesium (als Band)	Gefahr	GHS02	H228 H261 H252	3
Ozon	Gefahr	GHS03 GHS08		
Petroleum	Gefahr	GHS08	H304	10-12
Propanol (n-Propanol)	Gefahr	GHS02 GHS05 GHS07	H225 H318 H336	10
Schwefelsäure $w \geq 15\,\%$	Gefahr	GHS05	H314	2
Schwefelsäure $5\,\% \leq w \leq 15\,\%$	Achtung	GHS07	H319 H315	2
Strontiumnitrat	Gefahr	GHS03 GHS07	H272 H315 H319	16
Zink (als Zinkwolle, Pulver)	Achtung	GHS09	H410	3

Speisen und Getränke untersuchen (S. 55)

1a Stoffe: Luft, Wasser, Salz, Eisen, Cola.
Keine Stoffe: Musik, Gedanken, Wärme.

b Gegenstände erkennt man an ihrer Form, Stoffe an ihren Stoffeigenschaften. Gegenstände werden aus festen Stoffen hergestellt; sie können aus unterschiedlichen Stoffen bestehen.

c Gold: goldgelbe Farbe, fest, leitet den Strom.
Luft: gasförmig, leicht, farblos.
Kochsalz: weiß, bildet Kristalle, schmeckt salzig.
Wasser: flüssig, farblos, Siedetemperatur von 100 °C.

2a Eisen ist hart und ein wenig elastisch. Es macht das Fahrrad stabil und ziemlich bruchfest.

b Gummi ist elastisch und federt Stöße beim Fahren ab.

c Kupfer leitet den elektrischen Strom besser als Eisen.

3a Man versucht die Stoffe miteinander anzuritzen. Der härteste Stoff ritzt alle anderen, der weichste wird von allen anderen geritzt.

b Man wartet, bis sich der Sand unten abgesetzt hat. Dann gießt man das überstehende Wasser vorsichtig ab. Die zweite Möglichkeit wäre das Filtrieren des Wasser-Sand-Gemischs.

c Das Wasser wird in einer Destillationsapparatur abgetrennt. Übrig bleiben das Salz und andere Stoffe, die im Wasser gelöst waren.

4a Man gibt das Lebensmittel in Nagellackentferner. Der Nagellackentferner löst das Fett aus dem Lebensmittel. Das Gemisch wird dann filtriert. Den Nagellackentferner lässt man verdunsten und erhält das Fett.

b Extraktion: Der Rohstoff wird in einem Mörser mit einem Pistill gepresst. Anschließend wird Wasser zugegeben, das die Duftstoffe herauslöst. Danach muss man eventuell noch filtrieren.

5a Man braucht 15 Anteile Orangenduft, 25 Anteile Rosenduft und 60 Anteile Wasser.

b Der Schüler von Bild 8 wird den richtigen Wert ablesen, da er aus gleicher Höhe auf den Flüssigkeitsspiegel blickt.

Brände und Brandbekämpfung (S. 87)

1a Kamin, Kerze, Streichholz, heiße Asche, überhitztes Bügeleisen und überhitzter Elektroofen können Zündquellen sein.

b Reinigungsbenzin, Haarspray, Tischtuch, T-Shirt, Zeitung, Eimer oder Vorhang können sich entzünden.

c Man sollte die entflammbaren Stoffe und die Zündquellen weiter voneinander entfernt halten oder die Zündquellen löschen.

d Die Dämpfe des Reinigungsbenzins können sich entzünden, selbst wenn sich das brennende Streichholz nicht direkt an der Flaschenöffnung befindet.

e Fenster schließen, Stromstecker ziehen, Brand mit Teppich oder Jacke abdecken. Brennende Elektrogeräte und brennendes Benzin nicht mit Wasser löschen!

2a Sobald die Entzündungstemperatur von Fett erreicht ist, entzündet es sich in Anwesenheit von Sauerstoff selbst.

b Das Wasser verdampft in der heißen Pfanne sofort und reißt dabei viele Fetttröpfchen mit. Diese reagieren dann schlagartig mit Sauerstoff.

3a Es entstehen neue Stoffe, vor allem Kohlenstoffdioxid und Wasser.

b Die Ausgangsstoffe sind Sauerstoff und Holz.

c Sauerstoff + Holz $\rightarrow$ Kohlenstoffdioxid + Wasser

d Bei der chemischen Reaktion zwischen Holz und Sauerstoff werden die kleinen Teilchen der Ausgangsstoffe umgebaut. Dabei entstehen als Reaktionsprodukte die kleinen Teilchen des Kohlenstoffdioxids und die kleinen Teilchen des Wassers.

4 a Durch den Prozess wird Wärmeenergie an die Umgebung abgegeben. Es handelt sich um einen exothermen Vorgang.

b Durch die Flamme wird Aktivierungsenergie zugeführt, damit die Reaktion beginnt. Durch die Verbrennung wird ständig weitere Wärmeenergie frei. Diese Energie reicht, um die Reaktion am Laufen zu halten.

Die Welt der Metalle (S. 125)

1 Man baut je ein Drahtstück der Metalle in den immer gleichen Stromkreis ein und vergleicht die Stromstärke. Alle Drähte müssen gleich dick und lang sein und z. B. darf die Raumtemperatur nicht schwanken.

2 Man wiegt kleine und gleiche Mengen der Verbindungen ab. Auf einem Keramikdrahtnetz werden sie mit einer glühenden Nadel in einem dunklen Raum entzündet (Schutzbrille!). Die Verbindungen sind unterschiedlich giftig, entzünden sich unterschiedlich leicht und brennen unterschiedlich hell.

3a Man kratzt den Stoff an der braunen Stelle vorsichtig ab und untersucht seine Stoffeigenschaften, z. B. Farbe, Härte oder Dichte. Eisen hat andere Stoffeigenschaften als Rost.

b Eisen reagiert zu Rost, wenn es Kontakt zu Sauerstoff und Wasser hat.

c Man könnte den Briefkasten mit Rostschutzlack streichen, mit Öl einfetten oder mit einer Kunststofffolie überkleben. So verhindert man, dass Eisen mit Wasser und Sauerstoff Kontakt hat.

4 a Ein Tontopf (Blumentopf) wird mit einem Thermitgemisch (Eisenoxid und Aluminium) gefüllt. In das Thermitgemisch wird eine Wunderkerze gesteckt. Der Tontopf wird in ein Stativ eingespannt und darunter wird eine Sandschale aufgestellt.

b Eisenoxid und Aluminium reagieren zu Eisen und Aluminiumoxid.

c Die Aktivierungsenergie wird durch die brennende Wunderkerze zugeführt.

Gute Luft – schlechte Luft (S. 151)

1 a Der Unterschied liegt in der Größe der Staubteilchen: 0,01 mm gelten als Grenze zwischen Staub und Feinstaub. Feinstaub ist für unsere Gesundheit erheblich gefährlicher.

b Der Gefahrstoff Stickstoffdioxid ist sehr reaktiv und schädigt unser Atmungssystem durch verschiedene chemische Reaktionen. Außerdem kann er mit Feuchtigkeit Salpetersäure bilden, die für unsere Schleimhäute ebenfalls gefährlich ist.

2 a Sauerstoff ist ein farb- und geruchloses Gas. Es geht viele chemische Reaktionen ein, z. B. ist es an allen Verbrennungsreaktionen beteiligt. Alle Tiere müssen Sauerstoff ständig aus der Luft oder aus dem Wasser aufnehmen.

b Sauerstoff wird in Gasflaschen für Taucher oder in Beatmungsgeräten im Krankenhaus verwendet. Außerdem ist er für viele chemische Reaktionen unentbehrlich: Bei der Eisenerzeugung im Hochofen oder bei der Benzinverbrennung im Automotor muss gezielt Luftsauerstoff zugeführt werden.

c Der Sauerstoffgehalt kann mit der Apparatur von Seite 134, Abb. 2 bestimmt werden. Dabei lässt man z. B. 100 ml Gas mit Eisen reagieren. Wenn danach nur noch 70 ml Gas vorhanden sind, kann man annehmen, dass der Sauerstoffgehalt in diesem Gas bei 30 % lag.

3 a Das Fällen von Bäumen ändert am CO_2-Gehalt der Atmosphäre erst einmal gar nichts (wenn man von den Abgasen der Motorsäge einmal absieht).

b Beim Abbrennen von Waldflächen wird CO_2 freigesetzt. Eine Brandrodung verstärkt also den Treibhauseffekt, während dies beim Fällen der Bäume nicht der Fall ist.
Wichtig ist aber auch, was anschließend geschieht: Man kann man auf der gerodeten Fläche wieder Pflanzen wachsen lassen. Dann wird auch wieder CO_2 aus der Atmosphäre aufgenommen, weil Pflanzen bei ihrem Wachstum CO_2 aufnehmen. Lässt man die gefällten Baumstämme verfaulen, wird dabei schließlich doch CO_2 freigesetzt. Baut man aus dem Holz Möbel, so gelangt kein CO_2 in die Atmosphäre.

4 a Das Bündnis „Gute Luft“ wird den Eindruck erwecken wollen, dass die Luftqualität sehr schlecht ist bzw. sich in den letzten Jahren rasch verschlechtert hat. Das Bündnis „Freie Fahrt“ dagegen wird zeigen wollen, dass die Luft gar nicht so schlecht ist, jedenfalls nicht viel schlechter, als sie immer schon war.

b Die „Gute Luft“-Gruppe wird Diagramme zeichnen, die erst bei etwa 30 $\mu g/m^3$ beginnen. Die „Freie Fahrt“-Gruppe dagegen wird Diagramme zeichnen, die bereits bei 0 $\mu g/m^3$ beginnen.

5 Ozon ist ein giftiges Gas und daher in Bodennähe unerwünscht. In der Ozonschicht, in 25 km Höhe, ist es aber nützlich, weil es UV-Strahlung absorbiert.

6 Im Sonnenlicht können aus Luftschadstoffen wie NO_2 freie Sauerstoff-Atome abgespalten werden. Diese können mit O_2 zu O_3 kombinieren. Insofern bildet sich bodennahes Ozon vor allem bei Sonnenschein.
In der Ozonschicht ist dies etwas komplizierter: Hier führt UV-Licht ebenfalls zur Freisetzung von Sauerstoff-Atomen, die wieder mit O_2 zu O_3 kombinieren können. Gleichzeitig wird O_3 durch UV-Licht aber auch wieder gespalten. Es herrscht dort also ständig ein Gleichgewicht zwischen Auf- und Abbau von Ozon.

Wasser – mehr als H_2O (S. 173)

1 a Wasser verdunstet überall auf der Erde: Meer, Flüsse, Seen, Erdoberfläche, aber auch Menschen, Tiere und Pflanzen verdunsten Wasser. Der Wasserdampf steigt auf und es bilden sich Wolken. Daher gibt es auch überall mehr oder weniger viel Niederschlag (Regen, Hagel, Schnee). Die Niederschläge verdunsten entweder anschließend wieder oder fließen als Grund- oder Oberflächenwasser zum Meer.

b Grundwasser ist meist sauberer als Fluss- oder Seewasser: Es ist durch verschiedene Erdschichten „gefiltert“ und „natürlich“ gereinigt worden. In Fluss- oder Seewasser können sich verschiedene Verschmutzungen befinden, z. B. Industrieabwässer oder Altölreste.

2 a Reinigung der Schule, Toiletten, Duschen, Wasser-

hähne, Tafelputzen, Händewaschen, Nutzung im Unterricht (Chemie, Kunst, Biologie), tropfende Wasserhähne, defekte Spülungen ...

b Umweltschulen können durch gezielte Sparmaßnahmen den Pro-Kopf-Verbrauch auf einen Kubikmeter (1 m^3) pro Jahr senken. Der Verbrauch kann aber auch bis zu 15 m^3 und höher sein.

c Siehe Seite 157.

d Kürzeres Duschen nach dem Sport, tropfende Wasserhähne sofort dem Hausmeister melden, kein Spielen mit dem Wasser ...

e Die meisten Güter aus Industrie und Landwirtschaft benötigen Wasser zur Herstellung. Dieser Verbrauch ist sogar durchschnittlich höher als der private Wasserverbrauch.

3a Eis ist „leichter" als Wasser und schwimmt darauf. Die Eisschicht schwimmt auf dem Wasser und isoliert es gegen die Kälte.

b Durch die Löcher im Eis werden die Lebewesen im See weiter mit Sauerstoff versorgt.

4a Mechanische Stufe: Gegenstände und feste Teile werden aus dem Abwasser entfernt.
Biologische Stufe: Mikroorganismen zerstören viele Verunreinigungen. Sie sind besonders aktiv, wenn viel Sauerstoff im Wasser ist.

b Am besten ist es, das Öl abzusaugen. Es gibt auch Chemikalien, die das Öl binden und verklumpen lassen. Dies ist aber umstritten. Denn diese Klumpen sinken auf den Meeresgrund und verseuchen damit das Ökosystem am Meeresboden.

5a Feste Stoffe: Zucker und Salz.
Flüssige Stoffe: Alkohol und Aceton (Nagellackentferner).
Gasförmige Stoffe: Sauerstoff und Kohlenstoffdioxid.

b Unter Druck wird Kohlenstoffdioxid, das sich in den Gaskartuschen befindet, in das Wasser gedrückt. Dies kann sich im Wasser lösen und bildet die Kohlensäure.

c Das Kohlenstoffdioxid entweicht beim Backen und lockert so den festen Teig auf.

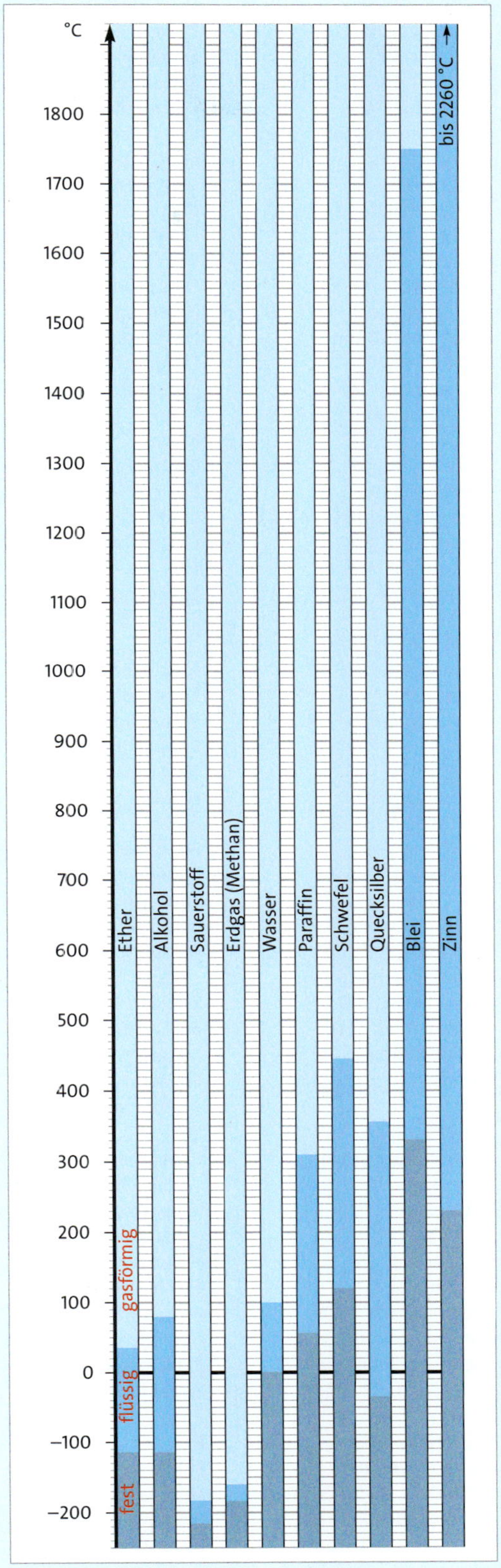

1 *Aggregatzustände von Stoffen*

Bildnachweis

A1PIX: 17/1, 32/1, 94/2, 127/8, 179/5, 385/3/Taufkirchen; Agentur FOCUS, Hamburg/Science Photo Library: 66/1-3, 67/6, 67/8, 83/6, 86/1; akg-images: 68/2; allOver, Kleve: 194/1; almidi.net/Oliver Brand: 88/1; Ansmann/Assamstadt: 389/3; argus fotoarchiv: 40/1/Mike Schroeder, 110/1/Rudhart, 117/4/Schwarzbach, 146/1/Schröder, 172/2/Rudhart, 206/1/Karwasz; artvertise: 240/2; ASA/MMC/Harald Rettig: 16/1; Augenklick/sampics: 360/4; Avenue Images GmbH, Hamburg: 189/6; Bayer AG, Leverkusen: 310/1, 331/5; Bayerisches Zentrum für Angewandte Energieforschung (ZAE Bayern), Würzburg: 200/3; Beiersdorf „eucerin®": 63/6; Beiersdorf AG: 327/5; Berlin Heart AG, Berlin: 362/2; Berliner Stadtreinigung: 34/1; Berliner Wasserbetriebe: 261/5; Bianchetti, S./Corbis: 368/2; Bildarchiv Preussischer Kulturbesitz, Berlin: 283/4; Bilderberg, Hamburg: 184/2; BilderBox.com: 28/3, 53/3, 64/2/Wodicka, E., 79/1, 123/5/Wodicka, E., 140/1, 162/1, 312/1; BIOS/Fotograf: 82/1; biosphoto/Gunter Michel: 81/7; Blickwinkel:57/8/Schmidtbauer, 311/10/F. Hecker; Blume, R., Bielefeld: 347/2, 350/1-2; BMW AG, München:169/5; Bode, Haltern:111/7; Botschaft der USA, Berlin: 237/7; Bridgeman Art.com: 342/2; buchcover.com/Hendel: 81/5; Buenavista.de: 369/7; Bundesanstalt für Materialforschung, Berlin: 67/7; Cargolifter AG: 167/13; Caro Fotoagentur: 94/1, 355/6/Aufschlager, T.; Chillmaid, M./Science Photo Library: 257/8, 284/1; Colin Cuthbert/Science Photo Library: 227/5; Compo GmbH, Münster: 217/5; Conrad Electronic SE, Hirschau: 386/1; Corbis/Thornton: 80/3; Daimler-Chrysler AG: 369/4, 370/1, 389/2a-b; Das Fotoarchiv, Essen: 9/1/Manfred Vollmer, 128/1/Paas; Degussa-Bild, Frankfurt/M.: 164/3, 168/1; Dennerle, Münchweiler: 313/6; Der Grüne Punkt – Duales System Deutschland GmbH: 34/2, 35/3-4, 386/3; Deuter, W.: 88/2; Deutsche BP, Hamburg: 237/8; Deutsches KunststoffMuseum Düsseldorf, Studio Menzel: 348/2; Deutsches Museum, München: 165/9 (Curie), 182/3; Deutsches Technikmuseum, Zucker-Museum, Berlin: 276/1; DHV, Gmund am Tegernsee: 360/1; dia/mediacolors: 33/5; Dombauarchiv, Köln: 147/5; Döring, V., Hohen Neuendorf: 14/1-3, 15/6-8, 21/6, 22/1-2, 24/1-2, 26/1, 36/2, 37/5, 38/1-4, 43/9, 45/5-6, 47/2, 47/4, 58/2, 60/1, 72/2-4, 75/3, 80/2, 81/4, 90/2-3, 91/6-8, 95/5, 98/4, 99/11, 100/1, 101/4-7, 102/2, 103/4, 106/2-3, 107/5, 109/HG, 110/3, 111/4-5, 113/5-6, 114/2, 116/3, 122/2-3, 124/2-3, 125/6, 129/4-5, 132/3, 136/2, 147/3, 158/3, 161/3, 164/2, 164/5, 166/4, 166/6-7, 167/8, 171/5, 173/4, 188/4, 205/4, 207/5, 208/1, 222/1, 257/10-11, 265/5-7, 267/9, 268/1, 274/1, 275/5-6, 276/2, 278/1, 292/1a-b, 297/4-5, 310/2, 311/6, 311/8, 317/5, 321/5-6, 322/1, 323/5, 328/1-2, 329/3a-b, 329/4, 330/2, 349/3, 351/4-6, 360/2, 362/3, 363/4-7; dpa-Bildarchiv: 16/2/ Rolf Vennerbrand, 50/5, 176/4/epa/Chang, 199/7/Seeger, 199/8/Breloer, 256/4/Lethikuwa Oy, Frankfurt/M.; dpa-Zentralbild: 141/10; Dt. UNESCO-Kommission e.V.: 256/3; Eilks, I., Bremen: 124/4, 136/1, 182/2, 249/3-5; Emsa-Werke Wulff GmbH & Co., Emsdetten: 174/1; Esso, Paris: 238/2; Estersohn, P./Beateworks/Corbis:/140/4; European Space Agency: 52/2; Eye of Science/Agentur Focus: 320/3, 358/2; F1 online: 172/1, 262/1; FAN Travelstock: 388/1; fertin pharma A/S, Dk.: 222/2; Fischer, R., Berlin: 309/1, 367/1; Focus, Hamburg: 180/1, 218/2, 237/9, 246/1, 319/3; Fotoatelier H.-J. Mock, Mühlhausen: 113/4, 141/8, 188/3, 332/2; fotofinder/f1online: 121/1(Baum); FOTOGRAF/Peter Arnold: 189/7; FreeLensPool: 139/1, 247/5; Gasometer Oberhausen GmbH: 90/1; Gaulke, Thomas/FIRE Foto: 81/8; getty images deutschland/Ary Diesendruck GmbH: 97/1; go-digitalpro! Peter Gottschalk: 181/7; Graphitwerk Kropfmühl, Hauzenbach: 191/6; Greenpeace, Hamburg: 54/2; Grossmann/Lade: 216/1; Haarmann + Reimer, Holzminden: 44/4, 47/3; Hart-Davis, A./Science Photo Library: 256/5, 264/2-3; Hecker, F.: 61/7; Helga Lade Fotoagentur, Frankfurt am Main: 225(Shuttle), 244/2, 320/1; Heseltine, J./Science Photo Library: 280/2; Hollatz, J., Heidelberg: 63/4, 242/3; Hooge, H., Gleichen-Benniehausen: 327/4; H-Tec, Lübeck: 370/3; IBM Corporation: 163/1, 177/5; images.de, Berlin: 390/1; Jalag-Syndication: 82/2; Jenkinson/Midirs/Science Photo Library: 257/7; Joerg Lantelme, Kassel: 83/5; K2, Penzberg: 346/1d; Kali und Salz, Kassel: 199/9, 200/2, 224/1a-b; Kefrig, U., Osnabrück: 169/6; Keystone: 129/6/Zick, J., 244/1/Schulz, V., 246/4/Zick, J., 364/1; Klapp Cosmetics GmbH, Hessisch Lichtenau: 63/5; Kleesattel, Schwäbisch-Gmünd: 50/2; Knopfe, M., Freiberg: Titelbild, 68/1, 111/6, 197(HG), 198/1, 215/3, 221/7; Kolbatz, K.-P., Berlin: 156/1a-b; Kostarelos, K./Science Photo Library: 345/4; Kuck, C., Wehr: 109/2-3, 118/1, 143/2; Kulkafoto.com: 260/2; Kuttig, S.: 252/1; Langnese-Iglu GmbH, Hamburg: 323/7; Lawrence Livermoore Lab./Science Photo Library: 366/1; Lawry, L./Science Photo Library: 191/5; Lowa, Jetzendorf: 346/1e; Ludwig Preiß Industrie- und Pressedienst GmbH, Berlin: 314/1, 314/4, 318/1; Luedecke, M.: 390/2; Machmüller, D., Berlin: 93/4; Mahler, B., Berlin: 44/2, 46/1, 50/7, 56/1, 56/3-4, 61/6, 70/1, 75/4, 99/8, 104/1, 119/2, 119/4-5, 122/4, 144/1, 145/3, 153/2, 155/4, 164/4, 164/6, 166/1-3, 166/5, 167/11-12, 167/14-15, 168/3, 201/4, 218/1, 261/3, 268/2, 270/1, 271/4, 272/2, 300/1-3, 305/1, 306/1, 310/4, 311/7, 313/3, 313/7, 314/2, 316/6, 322/4, 333/4, 352/2, 392/1; Mauritius Die Bildagentur, Berlin: 122/1; mauritius images: 20/3, 29/4, 62/1, 72/1/Alexander Kupka, 74/2, 88/3; Max-Beckmann-OS, Berlin: 160/1; McLennan, C./jump: 272/1; MCM Klosterfrau Vertriebsgesellschaft mbH: 317/4; Miele Photos: 327/3; Mineralogie der Universität Bremen: 220/1; Minimax GmbH, Bad Oldesloe: 92/1; Mobil, Hamburg: 231/6; Morsch, R./Corbis: 314/3; Most, B., Dortmund: 69/5-7, 378/1, 379/2-3; Moulds, S./Science Photo Library: 190/1; NASA/Science Photo Library: 264/1; NASA/STSI/ESA: 361/7; NASA: 127/6, 228/1(Shuttle); Nayhauß, D. v., Berlin: 301/6; New Holland Brand Communications: 44/1; Nike, USA: 346/1a; NOAA/ Science Photo Library: 157/2; Nuridsany, C. & Perennou, M./Science Photo Library: 190/3; Offermann, Arlesheim (Schweiz): 198/5, 220/2; OKAPIA KG: 49(unten), 59/4, 81/6, 91/5, 121/1(Blatt)/Klein, 141/4/De Costa, 200/1(HG), 225(Brand), 246/3/Schrempp; OMICRON Vakuumphysik GmbH, Taunusstein: 68/3, 183/6; Opel AG, Rüsselsheim: 226/3; OSRAM, München: 167/16; Oster, K.: 84/1; Ostkreuz, Berlin: 293/4(Disco)/Hauswald, 346/1b/Vanhöfen; PA/dpa/Hiekel: 50/6; Paul Rapson/Science Photo Library: 227/7; Philips GmbH, Hamburg: 372/2; photothek.net/Koehler, T.: 114/1; Phywe, Göttingen: 60/4; Pictor, München: 332/1; picture NEWS/Vedder, M.: 94/3; picture-alliance/dpa: 107/6, 244/3; picture-alliance/ZB: 89/6, 361/6; Pixelio/H. Lunke: 105/4; Pixelquelle: 343/3, 352/1, 369/6, 380/1 (unten); Plainpicture: 40/3; Planetary Visions Ltd./Science Photo Library: 256/1; Pressedienst GmbH, Hamburg: 270/2; Prisma/F1 Online: 238/1; project Photos: 10/1(Stamm), 10/2, 11/4-6, 18/1, 33/3, 36/1, 51/8, 98/1-3, 98/5-6, 99/7, 99/9-10, 105/3, 106/1, 194/2, 197/1, 216/4, 242/1, 251/3, 286/1, 289, 290, 291, 293/4(Baden), 293/4(Rad), 293/4(Ski), 302/2, 308/1, 330/1, 340/1-5, 341/1, 361/5, 382/1b, 383/4a-b; Psaila, P./Science Photo Library: 191/4, 342/1; Quabbe, R.: 65/6; Quedens, G.: 216/3; Reinhard, H.: 216/2; Roemer- und Pelizaeus-Museum, Hildesheim: 202/1; Rowell, G./Corbis: 141/5; Ruhrverband, Essen: 51/10, 140/2; Science Photo Library: 37/4, 384/1-2, 385/6; Science, Industry & Business Library/New York Public Library/Science Photo Library: 227/10; Seilnacht, T., Mühlheim: 221/8; Shemilt, J./Science Photo Library: 372/1; Siemens AG, München: 28/2, 161/5; Silvestris, Kastl/Obb.: 45/7, 242/2; Simeon, R., Baden-Baden: 212/2; SodaClub GmbH, Limburg: 91/4; Sony Deutschland GmbH, Köln: 20/1; Steger, V./Sandia National Laboratory/Science Photo Library: 343/4; Steinmetz: 19/6; Stiftung gemeinsames Rücknahmesystem Batterien (GRS): 382/1c, 387/4; Stock Food Munich: 30/3, 33/4, 295/3, 301/7/Krieg, R.; Stock, M./Science Photo Library: 358/1a, 358/1c; Stock4B/Jochim, T.: 354/1; Stockmaritime.com/Uwe Roettgering: 336/1; Stoppel, G., Stuttgart: 80/1; Superbild Bildagentur GmbH, Berlin: 108/1, 140/3, 164/1, 167/9, 198/2, 212/1, 236/1, 256/2, 339/1, 356/1; Surig: 313/4; Symank, T., Berlin: 32/2; Synatschke/Bio-Info: 333/5; Syred, A./Science Photo Library: 281/5; Terry, S./Science Photo Library: 358/1b; Theophel, Giessen: 347/3-5; Theuerkauf, H., Gotha: 231/5, 257/6, 282/1, 299/4-5, 311/9; Thyssen, Duisburg: 112/1; Tiophoto/F1 online: 364/2; Ton Kinsbergen/Science Photo Library: 235/8; TREK Fahrrad GmbH: 344/1; TV-yesterday: 372/3; Ufop, Bonn: 246/2; Ullrich, D., Berlin: 10/1(Stuhl); ullstein bild, Berlin:124/1, 202/2/Rühe, 229/3, 263/2/Leber, 315/5; ullstein-AP: 261/4; ullstein-CARO/Trappe: 260/1; UNI-CYC GmbH, Bremerhaven: 386/2; vario images: 181/6, 189/5, 248/2/Raupach, T., 252/2; vario-press, Bonn: 51/9/ Classen, 128/2/Oed, 128/3/Baumgarten, 212/3/Schauhuber, 230/1/Baumgarten; Varta AG: 367 (HG), 369/5, 373/6, 380/1(oben), 381/3, 382/1a, 387/6; VAW Aluminium AG, Bonn: 174/4; Veba, Gelsenkirchen: 237/6; Vincent Farben GmbH: 105/5, 119/3; vision photos: 58/1; visum/Steinmetz, M.: 123/7; Voigt, U./direktfoto: 172/3; Weisflog, R., Cottbus: 345/3; Welke, F., Berlin: 226/4, 234/3; Widmann, P., Tutzing: 362/1; Wirtz, P., Dormagen: 357/4-5; Wise, K./Agstock/Science Photo Library: 280/1; www.h2O-store.de: 123/8, 133/4, 259/2; Xinhua/Das Fotoarchiv: 134/1; ZB-Fotoreport/Kalaene: 165/11, 183/5; zefa visual media: 49 (oben), 102/1/Langmeier, 167/10, 200/1(VG)/Kiefer, 212/4/Hackenberg, 226/1, 294/1, 302/1/Raga; 360/3; zefa/masterfile: 123/6/Klemm, 255/1/Christopher

Alle anderen Fotos: Cornelsen Verlag, Berlin

Periodensystem der Elemente

blau	Metall
grün	Halbmetall
gelb	Nichtmetall

schwarz = Feststoff
weiß = Flüssigkeit
rot = Gas
hellblau = künstliches Element
* = radioaktives Element

[1] = Gruppennummerierung IUPAC (1989): Gruppennummern 1 bis 18
[2] = vorläufiges IUPAC-Symbol

Periode	1[1] I. Hauptgruppe	2 II. Hauptgruppe	3 III. Nebengruppe	4 IV. Nebengruppe	5 V. Nebengruppe	6 VI. Nebengruppe	7 VII. Nebengruppe	8 VIII. Nebengruppe	9 VIII. Nebengruppe
1	1 1,008 H Wasserstoff								
2	3 6,94 Li Lithium	4 9,01 Be Beryllium							
3	11 22,99 Na Natrium	12 24,31 Mg Magnesium							
4	19 39,10 K Kalium	20 40,08 Ca Calcium	21 44,96 Sc Scandium	22 47,88 Ti Titan	23 50,94 V Vanadium	24 51,996 Cr Chrom	25 54,94 Mn Mangan	26 55,85 Fe Eisen	27 58,93 Co Cobalt
5	37 85,47 Rb Rubidium	38 87,62 Sr Strontium	39 88,91 Y Yttrium	40 91,22 Zr Zirconium	41 92,91 Nb Niob	42 95,94 Mo Molybdän	43 [98] Tc* Technetium	44 101,07 Ru Ruthenium	45 102,91 Rh Rhodium
6	55 132,91 Cs Caesium	56 137,33 Ba Barium	57 138,91 La ● Lanthan	72 178,49 Hf Hafnium	73 180,95 Ta Tantal	74 183,84 W Wolfram	75 186,21 Re Rhenium	76 190,23 Os Osmium	77 192,22 Ir Iridium
7	87 [223] Fr* Francium	88 226,03 Ra* Radium	89 227,03 Ac* ●● Actinium	104 [261] Rf* Rutherfordium	105 [262] Db* Dubnium	106 [266] Sg* Seaborgium	107 [264] Bh* Bohrium	108 [277] Hs* Hassium	109 [268] Mt* Meitnerium

● Elemente der Lanthanreihe (Lanthanoide)

Periode					
6	58 140,12 Ce Cer	59 140,91 Pr Praseodym	60 144,24 Nd Neodym	61 [145] Pm* Promethium	62 150,36 Sm Samarium

●● Elemente der Actiniumreihe (Actinoide)

Periode					
7	90 232,04 Th* Thorium	91 231,04 Pa* Protactinium	92 238,03 U* Uran	93 [237] Np* Neptunium	94 [244] Pu* Plutonium

Ordnungszahl — 7
Atommasse in u — 14,007
Symbol — N
Name — Stickstoff

Die Atommassen in eckigen Klammern beziehen sich auf das längstlebige gegenwärtig bekannte Isotop des betreffenden Elements.